Werner Diederich

Strukturalistische Rekonstruktionen

Wissenschaftstheorie
Wissenschaft und Philosophie

Gegründet von
Prof. Dr. Simon Moser Karlsruhe

Herausgegeben von
Prof. Dr. Siegfried J. Schmidt, Siegen
Dr. Peter Finke, Bielefeld

Werner Diederich

Strukturalistische Rekonstruktionen

Untersuchungen zur Bedeutung, Weiterentwicklung
und interdisziplinären Anwendung des strukturalistischen
Konzepts wissenschaftlicher Theorien

Friedr. Vieweg & Sohn   Braunschweig/Wiesbaden

CIP-Kurztitelaufnahme der Deutschen Bibliothek

Diederich, Werner:
Strukturalistische Rekonstruktionen: Unters. zur
Bedeutung, Weiterentwicklung u. interdisziplinären
Anwendung d. strukturalist. Konzepts wissenschaftl.
Theorien/Werner Diederich. — Braunschweig;
Wiesbaden: Vieweg, 1981.
   (Wissenschaftstheorie, Wissenschaft und Philo-
   sophie; Bd. 18)

   ISBN 978-3-528-08478-3   ISBN 978-3-322-86293-8 (eBook)
   DOI 10.1007/978-3-322-86293-8
NE: GT

1981

Inhaltsverzeichnis

		Seite
1.	EINFÜHRUNG	
1.1	Ziele und Aufriß der Arbeit	1
1.2	Das Beispiel der Stoßmechanik	3
1.3	Kurzvorstellung der Sneedschen Metatheorie	12
1.4	Erkenntnistheoretische Aspekte	21
2.	ANALYTISCHE WISSENSCHAFTSTHEORIE UND STRUKTURALISMUS; DIE EINHEIT DER WISSENSCHAFT	
2.1	Die neuere Entwicklung der analytischen Wissenschaftstheorie	33
2.2	Einheit der Wissenschaft	43
3.	DIE STRUKTURALISTISCHE KONZEPTION WISSENSCHAFTLICHER THEORIEN	
3.0	Vorbemerkungen	51
3.1	Theorie-Elemente	52
3.2	Theorie-Netze	63
3.3	Rekonstruktionsheuristik	84
4.	ANWENDUNGEN AUF PHYSIKALISCHE THEORIEN	
4.1	Rekonstruktion der klassischen Partikelmechanik	90
4.2	Rekonstruktion der Thermodynamik	97
4.3	Rekonstruktion der Geometrie und der Kinematik	105
4.4	Physikalische Theorie-Netze	117
5.	ANWENDUNGEN AUF ÖKONOMISCHE THEORIEN	
5.1	Arbeitswertlehre und Wertgesetz	125
5.2	Erweiterungen: Geldware und Ware Arbeitskraft	148
5.3	Kapital-Theorie	162

		Seite
6.	VERGLEICH VON THEORIESTRUKTUREN	
6.1	Der strukturalistische Vergleichsrahmen	175
6.2	Strukturvergleich physikalischer und ökonomischer Theorien	177
6.3	Theorie-Entwicklung vom Einfachen zum Komplexen	183
	ANMERKUNGEN	191
	LITERATURVERZEICHNIS	231
	ERLÄUTERUNG EINIGER SYMBOLE UND SCHREIBWEISEN	238

Vorwort

Die Wissenschaftstheorie der letzten Jahrzehnte sah sich
nur allzu leicht und oft zu Recht dem Verdacht ausgesetzt,
sie wolle den Wissenschaften Vorschriften machen. Ist die
Wissenschaftstheorie ein letzter Versuch der Philosophie,
die ihr längst entwachsenen Einzelwissenschaften zu nor-
mieren?

<u>Strukturalistische Rekonstruktionen</u> sind der Weg einer
Wissenschaftstheorie, die sich <u>deskriptiv</u> versteht und die
einen Wissenschaftsbegriff allererst zu gewinnen hofft.
(Die Bezeichnung "Strukturalismus" hat sich in der Wissen-
schaftstheorie der letzten Zeit - besonders seit Wolfgang
Stegmüllers "The Structuralist View of Theories" (1979) -
für den mengentheoretischen Ansatz von Patrick Suppes,
Joseph Sneed u.a. eingebürgert; vgl. Anm. 1 zu Kap. 1.)

Die vorliegende Arbeit setzt sich zum Ziel, die Tragweite
dieses neuen Ansatzes zu erproben. Dabei richtet sich das
Hauptinteresse auf die interdisziplinäre Anwendung des
strukturalistischen Theorienkonzepts bei der Rekonstruktion empirischer Theorien (Kap. 4 - 6). Die dafür nötigen
Mittel werden in Kap. 3 bereitgestellt. Die einleitenden
ersten beiden Kapitel sollen den strukturalistischen Ansatz mit möglichst geringem formalen Aufwand verständlich
machen und die Bedeutung abschätzen, die ihm innerhalb der
gegenwärtigen Wissenschaftsphilosophie zukommt.

Joseph Sneed gebührt mein besonderer Dank für den Gewinn,
den ich aus Diskussionen mit ihm ziehen konnte. Lorenz
Krüger, Hans Friedrich Fulda und Carlos Ulises Moulines
danke ich für die gute Zusammenarbeit in ausführlichen und
fruchtbaren Gesprächen, deren Niederschlag in dieser Arbeit ich nicht im einzelnen aufzuführen vermag; das 5. Kapitel geht auf eine gemeinsame Arbeit von H.F. Fulda und
mir zurück. Für hilfreiche Kritik und Anregungen möchte

ich auch Illka Niiniluoto und in bezug auf das Marx-Kapitel
besonders Johannes Berger meinen Dank sagen, ferner für
kritische Bemerkungen und Verbesserungsvorschläge Michael
Wolff und Jürgen Frese. Frau Erika Einsporn danke ich für
die überaus sorgfältige Herstellung des gesamten Typoskripts.

Die Arbeit wurde im wesentlichen bereits im Frühjahr 1979
abgeschlossen und der damaligen Fakultät für Pädagogik,
Philosophie, Psychologie der Universität Bielefeld als
Habilitationsschrift eingereicht. Für die vorliegende Fassung habe ich sie durchgesehen und in einer Reihe von Punkten verbessert, im wesentlichen aber unverändert gelassen.
Insbesondere habe ich davon abgesehen, noch in dieser
Schrift auf die jüngste Entwicklung einzugehen, besonders
auf die erwähnte Monographie Stegmüllers; vgl. dazu jedoch
meine im Literaturverzeichnis angekündigten Arbeiten.

Bielefeld, den 15. Dezember 1980   Werner Diederich

Einführung

.1   <u>Ziele und Aufriß der Arbeit</u>

Diese Arbeit befaßt sich mit einem in den letzten Jahren
entwickelten neuen wissenschaftstheoretischen Ansatz, der
gelegentlich "Strukturalismus" genannt wird und im wesentlichen auf Joseph D. Sneed zurückgeht[1]. Kernstück dieses
Ansatzes ist eine neue Auffassung und mengentheoretische
Konzeptualisierung der Struktur und Funktionsweise wissenschaftlicher Theorien. Sneed hat dieses Theorie-Konzept ursprünglich zur Analyse von Theorien der mathematischen
Physik entwickelt und zuerst zur systematischen Rekonstruktion der klassischen Partikelmechanik eingesetzt[2]. Später
haben besonders Carlos Ulises Moulines und Wolfgang Balzer
weitere physikalische Theorien in diesem Rahmen rekonstruiert[3]. Auch hat es Versuche gegeben, Theorien außer-
physikalischer Wissenschaften strukturalistisch zu rekonstruieren, z.B. ökonomische Theorien[4]. Diesen Versuchen lag
die Überzeugung zugrunde, daß die Anwendung der von Sneed
entwickelten Metatheorie auch in diesen Bereichen wichtige
Aufschlüsse zu geben imstande ist.

In dieser Arbeit soll die Fruchtbarkeit des strukturalistischen Ansatzes auf zweierlei Weise gezeigt werden: einmal
dadurch, daß er in seiner generellen Bedeutung für die Wissenschaftstheorie gewürdigt und weiter ausgebaut wird
(Kap. 1 - 3), zum anderen dadurch, daß diesem Ansatz entsprechende strukturalistische Rekonstruktionen verschieden-
artiger wissenschaftlicher Theorien vorgeführt und miteinander verglichen werden (Kap. 4 - 6).

Des näheren liegt unseren Untersuchungen der folgende Plan
zugrunde. Im <u>3. Kapitel</u> wird der strukturalistische Ansatz
soweit vorgetragen und weiterentwickelt, wie es für die

systematischen Rekonstruktionen physikalischer und ökonomischer Theorien in den beiden darauf folgenden Kapiteln nötig erscheint. Das wird einen gewissen formalen Aufwand erfordern, der dem Verständnis des strukturalistischen Ansatzes bei denjenigen Lesern, die mit der von Sneed benutzten mengentheoretischen Ausdrucksweise weniger vertraut sind, im Wege stehen dürfte. Deshalb soll in den folgenden Abschnitten dieses 1. Kapitels zunächst eine informellere Einführung in einige Grundgedanken und Konzeptionen des Sneedschen Ansatzes gegeben werden. Wir gehen dazu aus von einem - für diese Zwecke zurechtgelegten - einfachen Beispiel: der sogenannten Stoßmechanik (Abschn. 1.2). Anhand dieses Beispiels führen wir Grundbegriffe der Sneedschen Theorie ein und geben von ihr eine kurze Darstellung (Abschn. 1.3). Wir beschließen das Kapitel mit der Diskussion einiger erkenntnistheoretischer Aspekte des Strukturalismus (Abschn. 1.4).

Im 2. Kapitel wird die Bedeutung des Sneedschen Ansatzes für Probleme der herkömmlichen analytischen Wissenschaftstheorie erörtert. Dabei wird einem in letzter Zeit eher vernachlässigten wissenschaftstheoretischen Topos: der Frage nach der Einheit der Wissenschaft, besondere Beachtung geschenkt. Die Überzeugung, daß die Sneedsche Metatheorie tatsächlich einen Rahmen für interdisziplinären Vergleich von Theorie-Strukturen und damit eine erneute und aufschlußreiche Behandlung des Themas 'Einheit der Wissenschaft' abgeben könnte, motiviert die Untersuchungen im zweiten, die Kapitel 4 - 6 umfassenden Teil der Arbeit.

Im 4. Kapitel werden die wichtigsten der bisher im Sneedschen Rahmen durchgeführten Rekonstruktionen physikalischer Theorien in einheitlicher Form präsentiert und auf verallgemeinerbare Züge hin abgewogen. Das 5. Kapitel präzisiert und erweitert den gemeinsam mit Hans Friedrich Fulda

unternommenen Versuch einer Sneedschen Rekonstruktion von
Teilen der <u>Marxschen Ökonomie</u>. Das <u>6. Kapitel</u> schließlich
vergleicht die dabei gewonnenen Resultate und gemachten
Erfahrungen mit denen bei Rekonstruktionen im physikalischen Bereich. Dabei wird sich die Perspektive einer vergleichenden Wissenschaftstheorie abzeichnen, die spezifische Gemeinsamkeiten und Unterschiede natur- und sozialwissenschaftlicher Theorien in einem einheitlichen Rahmen
zu behandeln gestattet[5].

1.2   <u>Das Beispiel der Stoßmechanik</u>

Wenn sich zwei materielle Körper stoßen, treten im einzelnen recht komplizierte Phänomene auf. Z.B. können sich die
Körper beim Stoß verformen und erwärmen, sie können Dreh-
bewegungen ausführen und anderes mehr. Die theoretische
Behandlung all dieser Erscheinungen ist recht schwierig.
Es gibt aber einen Aspekt von Stoßprozessen, der sich relativ einfach verstehen läßt: der Zusammenhang der linearen
Geschwindigkeiten der sich stoßenden Körper vor und nach
dem Stoß.

Hängt man beispielsweise zwei gleichgebaute Metallkugeln
an Fäden so nebeneinander auf, daß sie sich in der Ruhela-
ge berühren, lenkt eine der beiden Kugeln in Richtung der
Verbindungsgeraden der Kugeln ein wenig aus und läßt sie
elastisch auf die andere prallen, so wird sie unmittelbar
nach dem Stoß zur Ruhe kommen, während die andere näherungsweise mit derselben Geschwindigkeit, mit der die erste sie
erreicht hat, sich von dieser wegbewegen wird:

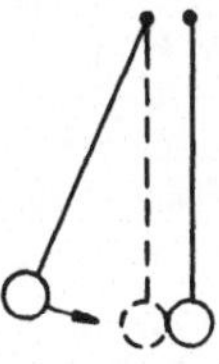 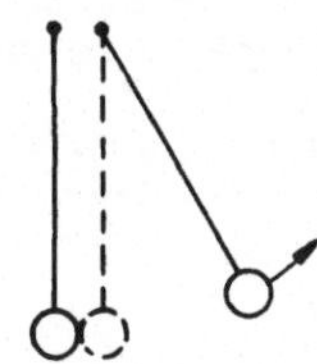

vor dem Stoß   nach dem Stoß

Einen analogen Effekt kann man bei Billardkugeln, die sich zentral stoßen, feststellen. Auch in der kinematischen Theorie der Gase wird angenommen, daß die Gasmolekeln bei Stößen untereinander in ähnlicher Weise ihre Geschwindigkeiten austauschen[6].

Die Stoßmechanik, wie sie im folgenden zu Illustrationszwecken skizziert werden soll, beschäftigt sich allein mit diesen Phänomenen der Geschwindigkeitsänderungen durch Stöße, genauer: der linearen Geschwindigkeitsänderungen, da von Dreh- und sonstigen nichtlinearen Bewegungen abgesehen werden soll[7]. Auch bleiben eventuelle Deformationen der sich stoßenden Körper und Reibungsphänomene außer Betracht; einfachheitshalber wird angenommen, daß es sich bei den Stoßpartnern um sich reibungsfrei bewegende, ausdehnungslose Partikeln handelt[8].

Das Problem, auf das die Stoßmechanik eine Antwort geben soll, tritt typischerweise z.B. bei einem Pendelversuch der geschilderten Art dann auf, wenn die beiden Kugeln unterschiedlich schwer sind. Stoßende und gestoßene Kugel werden sich dann verschieden schnell bewegen, und man kann sich fragen, ob es eine von der Geschwindigkeit verschiedene Größe gibt, die auch in solchen Fällen erhalten bleibt. Die Antwort der Stoßmechanik lautet: es gibt eine solche Größe, den sogenannten Impuls, das Produkt aus Geschwindigkeit und Masse[9].

Zum Konzept des Impulses kann man etwa durch folgende Überlegungen gelangen. Wenn die gestoßene Kugel nur halb so schwer ist wie die stoßende, so wird sie sich doppelt so schnell fortbewegen wie sie angestoßen wurde:

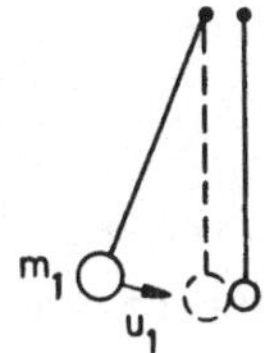

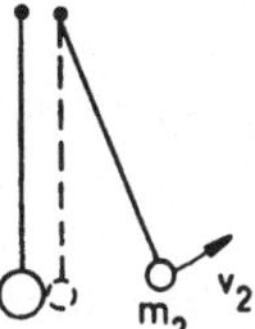

Die beiden Geschwindigkeiten - sie mögen, wie in der Zeichnung angedeutet, u_1 resp. v_2 genannt werden - verhalten
sich also umgekehrt zueinander wie die Massen m_1 und m_2
der Stoßpartner[10]:

$$\frac{u_1}{v_2} = \frac{m_2}{m_1} \quad ,$$

oder umgeformt:

$$m_1 \cdot u_1 = m_2 \cdot v_2 \quad ;$$

m.a.W.: das Produkt aus Masse und Geschwindigkeit ist bei
der ersten Kugel vor dem Stoß und bei der zweiten Kugel
nach dem Stoß gleich groß. Für dieses Produkt wird die Größe
Impuls eingeführt, so daß wir für den betrachteten Fall: daß
eine Kugel elastisch auf eine ruhende zweite stößt, dabei
zur Ruhe kommt und die gestoßene Kugel sich von ihr fortbewegt, sagen können, der Impuls bleibt beim Stoß erhalten.
Wenn wir der gestoßenen Kugel vor dem Stoß den Impuls
$m_2 \cdot 0 = 0$ und ebenso der stoßenden Kugel nach dem Stoß den
Impuls $m_1 \cdot 0 = 0$ zuschreiben, können wir auch sagen, die
Summe der Impulse der beiden Kugeln ist vor dem Stoß dieselbe wie nach dem Stoß:

$$m_1 \cdot u_1 + m_2 \cdot 0 = m_1 \cdot 0 + m_2 \cdot v_2 \quad .$$

Diese Aussage kann verallgemeinert werden zu einer Hypothese
für Fälle, in denen beide Kugeln vor und nach dem Stoß in

Bewegung sind. Seien die Geschwindigkeiten der Kugeln vor
dem Stoß u_1 bzw. u_2, nach dem Stoß v_1 bzw. v_2. Dann gilt

$$m_1 \cdot u_1 + m_2 \cdot u_2 = m_1 \cdot v_1 + m_2 \cdot v_2 \quad .$$

Man braucht nicht bei zwei Teilchen und bei linearen Stoßprozessen stehen zu bleiben. Das vermutete Gesetz von der
Impulserhaltung bei Stoßprozessen kann allgemein so formuliert werden: Sei P eine endliche Menge von Partikeln, zwischen denen in einem gewissen Zeitraum Stoßprozesse statt-
finden (in die nicht alle Partikeln aus P tatsächlich verwickelt sein müssen). Dann wird behauptet, daß der Gesamtimpuls (das ist die Summe der Impulse) des Systems vor und
nach den Stößen gleich groß ist, d.h. daß

$$\sum_{p \in P} m_p \cdot \underline{u}_p = \sum_{p \in P} m_p \cdot \underline{v}_p$$

gilt, wenn für jede Partikel $p \in P$ unter m_p die Masse von p
und unter $\underline{u}_p$ und $\underline{v}_p$ die vektoriellen Geschwindigkeiten von
p vor bzw. nach den Stoßprozessen verstanden werden. ($\underline{u}_p$ und
$\underline{v}_p$ sind Tripel reeller Zahlen, $\underline{u}_p = \langle u_p^1, u_p^2, u_p^3 \rangle$ und
$\underline{v}_p = \langle v_p^1, v_p^2, v_p^3 \rangle$, wobei die u_p^i, $i = 1,2,3$, die Komponenten der Geschwindigkeiten $\underline{u}_p$ und $\underline{v}_p$ relativ zu einem carte-
sischen räumlichen Koordinatensystem sind.)

Wir versuchen, die Stoßmechanik als eine selbständige, aussagefähige Theorie mit dem Impulserhaltungssatz als funda-
mentalem Gesetz zu verstehen und zu rekonstruieren. Wie
können wir die Gültigkeit der angegebenen Gleichung für die
Impulserhaltung überprüfen? Nun, wir messen die auftretenden Größen und rechnen nach. Für die Geschwindigkeiten $\underline{u}$
und $\underline{v}$ können wir das im Prinzip kinematisch, durch raum-
zeitliche Beobachtungen am System selbst, erledigen; das
sei hier als unproblematisch vorausgesetzt. Bei den Massen
müssen wir hingegen indirekter vorgehen. Wenn wir - und das
würde insbesondere dem Nichtphysiker vielleicht naheliegen -

die Massen der beteiligten Partikeln durch Wägung bestimmen (was im Prinzip möglich ist, wenn auch u.U. - bei sehr großen oder sehr kleinen Massen - nur indirekt), so müssen wir nach Überzeugung heutiger Physiker streng genommen von einem tiefliegenden Theorem: dem der Äquivalenz schwerer und träger Masse, Gebrauch machen, so daß nicht die Impulserhaltung allein, sondern deren Verbindung mit diesem Theorem zum Test anstünde. Versuchen wir dagegen, gemäß unserem Rekonstruktionsziel mit dem Impulserhaltungssatz ohne Rückgriff auf andere dynamische Gesetze einen empirischen Gehalt zu verbinden, so stoßen wir auf kompliziertere methodologische Verhältnisse.

In Grenzfällen, wie beim linearen Stoß zweier Partikeln, könnten wir Massenverhältnisse, also Massen bis auf einen Eichfaktor, aus der Impulserhaltung selbst bestimmen: aus

$$m_1 \cdot u_1 + m_2 \cdot u_2 = m_1 \cdot v_1 + m_2 \cdot v_2$$

berechnet man

$$\frac{m_1}{m_2} = \frac{v_2 - u_2}{u_1 - v_1} \quad ;$$

aber das wäre natürlich eine petitio principii, weil wir doch die Impulserhaltung prüfen wollten. Wir hätten vielmehr das zu prüfende Gesetz einfach vorausgesetzt, also eine Festsetzung getroffen. Können wir hoffen, dem Impulserhaltungssatz dennoch einen empirischen Gehalt zuzuschreiben? Angenommen, wir lassen die zweite Partikel sich mit einer dritten von der Masse m_3 stoßen und setzen auch bei diesem Stoß die Impulserhaltung voraus:

$$m_2 \cdot u_2' + m_3 \cdot u_3 = m_2 \cdot v_2' + m_3 \cdot v_3 \quad ,$$

worin u_2' und v_2' die Geschwindigkeiten der zweiten Kugel und u_3 und v_3 die Geschwindigkeiten der dritten Kugel vor bzw.

nach dem Stoß sein mögen. Dann können wir auch das Massen-
verhältnis m_2/m_3 berechnen:

$$\frac{m_2}{m_3} = \frac{v_3 - u_3}{u_2' - v_2'} \quad ;$$

hieraus und aus der Berechnung des Wertverhältnisses m_1/m_2
erhalten wir nun aber rein arithmetisch, ohne weitere Experimente und Messungen, auch das Verhältnis m_1/m_3:

$$\frac{m_1}{m_3} = \frac{m_1}{m_2} \cdot \frac{m_2}{m_3} \quad .$$

Da wir einen der drei Massenwerte durch passende Wahl der
Masseneinheit willkürlich festlegen können, sind durch die
beiden Experimente alle drei Massenwerte bestimmbar. Wenn
wir dann die erste Kugel die dritte stoßen lassen, so wird
die Impulserhaltung für diesen Stoß zu einer echten Aussage: da m_1 und m_3 nunmehr bekannt sind, kann die Gleichung

$$m_1 \cdot u_1' + m_3 \cdot u_3' = m_1 \cdot v_1' + m_3 \cdot v_3'$$

als Prognose über die Geschwindigkeiten u_1', u_3', v_1', v_3' der
ersten und dritten Kugel vor bzw. nach ihrem Stoß betrachtet werden.

Die Frage nach der Gültigkeit des Impulserhaltungssatzes
hat uns also in die folgende methodologische Lage gebracht:
Wir können diesen Satz - wenn wir nicht auf andere dynamische Gesetze, die uns Massenwerte liefern, zurückgreifen
wollen - nicht in allen Anwendungen zum Test stellen. Wir
können ihn aber in einigen Anwendungen testen, wenn wir ihn
in anderen Anwendungen zur Massenbestimmung voraussetzen.
Ferner müssen wir dabei voraussetzen - und haben früher
stillschweigend vorausgesetzt -, daß die Massen der beteiligten Körper sich nicht von einem zum anderen Stoßprozeß

ändern. Der Impulserhaltungssatz läßt sich also nicht als eine genuine Aussage über $\underline{alle}$ Stoßprozesse eines gewissen Phänomenenbereichs auffassen. Wenn ich ihn für Aussagen über einige Stoßprozesse verwende, muß ich ihn bei anderen Anwendungen zur Konvention degradieren.

Mit Sneed ist aus Überlegungen dieser Art die Konsequenz zu ziehen, daß - im Beispiel gesprochen - der Impulserhaltungssatz selbst überhaupt keine Aussage macht ("non statement view") und daß das, was man mit seiner Hilfe aussagen kann, ungefähr so auszudrücken ist: Habe ich eine Menge P sich stoßender Partikeln p mit den Geschwindigkeiten $\underline{u}_p$ und $\underline{v}_p$ vor bzw. nach den Stößen - kurz gesagt: ein "Stoßsystem" $\langle P, \underline{u}, \underline{v} \rangle$ -, so kann ich den Partikeln positive reelle Zahlen, ihre sogenannten Massen m_p, dergestalt zuordnen, daß diese gemeinsam mit den gemessenen Geschwindigkeiten den Impulserhaltungssatz

$$\sum_{p \in P} m_p \cdot \underline{u}_p = \sum_{p \in P} m_p \cdot \underline{v}_p$$

erfüllen. Die Zuordnung der Massenwerte kann ich als Funktion

$$m: P \longrightarrow \mathbb{R}^+$$

der Menge P in die Menge $\mathbb{R}^+$ der positiven reellen Zahlen auffassen, so daß die Aussage, die mit dem Impulserhaltungssatz für das System $\langle P, \underline{u}, \underline{v} \rangle$ gemacht wird, durch den Existenzsatz

$$(\exists m)(m: P \longrightarrow \mathbb{R}^+ \ \& \ \sum_{p \in P} m_p \cdot \underline{u}_p = \sum_{p \in P} m_p \cdot \underline{v}_p)$$

wiedergegeben werden kann.

Die Masse tritt hierin als Variable auf. Es wird also keine Aussage über Geschwindigkeiten $\underline{und\ Massen}$ sich stoßender Partikeln gemacht, sondern nur über Geschwindigkeiten, und zwar die Aussage, daß die Geschwindigkeiten der gestoßenen

Partikeln solche Werte annehmen, daß sich zu ihnen und zu
den Geschwindigkeiten der stoßenden Partikeln passende
"Massenwerte" finden lassen: Werte für m_p, die zusammen mit
den Geschwindigkeitswerten den Impulserhaltungssatz erfüllen. Welcher "Natur" diese Massenwerte sind, darüber sagt
die Stoßmechanik in dieser Auffassung selbst nichts aus;
Massen werden lediglich als mathematische Funktionen behandelt, mit deren Hilfe sich ein mathematischer Zusammenhang:
der Impulserhaltungssatz, formulieren läßt, der Geschwindig-
keitsverhältnisse bei Stoßprozessen zu charakterisieren gestattet: die Geschwindigkeitswerte bei Stoßprozessen lassen
sich durch sogenannte Massenwerte zu einer bestimmten mathematischen Struktur ergänzen. Das braucht nicht notwendig
der Fall zu sein: die Stoßpartner könnten sich mit solchen
Geschwindigkeiten bewegen, daß es keine im Sinne der Impulserhaltung passenden Massenwerte gibt.

Die mit dem Impulserhaltungssatz verbundene Aussage: die
Behauptung der Existenz einer geeigneten Massenfunktion,
ist neutral gegenüber der methodologischen Unterscheidung
von solchen Anwendungsfällen, bei denen der Impulserhaltungssatz per Konvention erfüllt wird, um Massenwerte zu berechnen, und solchen Anwendungsfällen, bei denen der Impulserhaltungssatz daraufhin geprüft werden kann. <u>Wie</u> man eine geeignete Massenfunktion findet, wird nicht vorgeschrieben.
Hat man eine Reihe von Stoßsystemen mit den zugehörigen
Existenzbehauptungen, so wird deren Gültigkeit in der Regel
nicht dadurch getestet werden, daß man simultan geeignete
Massenfunktionen rät, die Impulse berechnet und die Erhaltung der Impulse mathematisch prüft, sondern man wird versuchen - wie beschrieben -, mit den Massenwerten, die man
aus einigen besonders einfachen Fällen, für die man die
Impulserhaltung voraussetzt, gewonnen hat, in die anderen
Anwendungen hineinzugehen. Die methodologisch unterschiedlichen Gewichte der einzelnen Anwendungen werden in den

Existenzaussagen nivelliert. Aber darin, daß der Aussage-
gehalt überhaupt durch Existenzausagen ausgedrückt wird,
in die der problematische Massebegriff nur als Variable eingeht, drückt sich der besondere Charakter des Massebegriffs
aus.

Sneed nennt Begriffe einer Theorie, denen wie dem Masse-Begriff
der Stoßmechanik eine zirkuläre Struktur anhaftet, derzu-
folge sie nur im Rückgriff auf die betreffende Theorie selbst
bestimmt werden können, _theoretische_ Begriffe dieser Theorie.
Sie dürfen nicht zur vortheoretischen Beschreibung der Objekte, _über_ die erst mithilfe der Theorie etwas ausgesagt
werden soll, verwendet werden, sondern nur zur theoretischen
Erklärung der Objekte[11]; und auch in dieser Funktion tauchen
sie nur als Variable auf. Da nicht ausgeschlossen wird, daß
eben dieselben Begriffe auch in anderen Theorien auftreten
und dort eine andere Rolle spielen, ist die Theoretizität
eine Eigenschaft, die einem Begriff nur _relativ zu einer_
Theorie zukommt. Beispielsweise ist der Begriff der Geschwindigkeit, der in der Stoßmechanik nicht-theoretischer Natur
ist, ein theoretischer Begriff der Kinematik[12].

Für die Parzellierung eines denkbaren universalen Anwendungsbereichs einer Theorie in einzelne Anwendungsfälle ist noch
ein "Preis zu zahlen". Die einzelnen Anwendungsfälle stehen
ja nicht unverbunden nebeneinander. Wie wir gesehen haben,
spielt der Zusammenhang der Anwendungen sogar eine bedeutende methodologische Rolle für die Bestimmung der Werte theoretischer Funktionen. Wenn beispielsweise eine Partikel in
mehreren Anwendungen vorkommt, so soll sie natürlich in allen
diesen Anwendungen denselben Massenwert erhalten. Bedingungen
dieser Art, die die Wahl der theoretischen Funktionen aufgrund des Zusammenhangs der Anwendungen einschränken, nennt
Sneed _Constraints_ (vgl. 1.3). Sie können als Gesetze aufgefaßt
werden, die nicht von den einzelnen Systemen der Anwendungsfälle zu erfüllen sind, sondern von ganzen Klassen solcher

Systeme gemeinschaftlich. Mit einer solchen Klasse werden
darum nicht die Behauptungen entsprechend vieler unabhängiger Existenzsätze verbunden, sondern die _eine_ Behauptung, daß sich in allen Systemen der Klasse Massenfunktionen
finden lassen, die den Impulserhaltungssatz und zusammen die
Constraints erfüllen[13].

1.3 <u>Kurzvorstellung der Sneedschen Metatheorie</u>

In diesem Abschnitt sollen einige Grundbegriffe des Sneedschen metatheoretischen Rahmens kurz vorgestellt werden, ausgehend von dem im vorigen Abschnitt behandelten Beispiel der
Stoßmechanik. Eine ausführlichere systematische Darstellung
der Sneedschen Theorie folgt in Kapitel 3. Zunächst reformu-
lieren wir das Beispiel der Stoßmechanik mithilfe einiger
modelltheoretischer Begriffe. Ein System sich stoßender Teilchen kann - wie in 1.2 bereits gesagt - durch ein Tripel

$$\langle P, \underline{u}, \underline{v} \rangle$$

repräsentiert werden, worin P die Menge der Partikeln des
Systems, $\underline{u}$ die Geschwindigkeiten dieser Partikeln vor dem
Stoß und $\underline{v}$ die Geschwindigkeiten dieser Partikeln nach dem
Stoß bedeuten. P ist eine nichtleere endliche Menge:

$$P \in \mathfrak{M}, \quad 0 < |P| < \infty,$$

und $\underline{u}$ und $\underline{v}$ sind Funktionen, die jeder Partikel $p \in P$ Vektoren
(Tripel reeller Zahlen) $\underline{u}_p$ bzw. $\underline{v}_p$ zuordnen:

$$\underline{u}: P \rightarrow \mathbb{R}^3 \quad \text{mit} \quad \underline{u}(p) =: \underline{u}_p = \langle u_p^1, u_p^2, u_p^3 \rangle \in \mathbb{R}^3$$

und

$$\underline{v}: P \rightarrow \mathbb{R}^3 \quad \text{mit} \quad \underline{v}(p) =: \underline{v}_p = \langle v_p^1, v_p^2, v_p^3 \rangle \in \mathbb{R}^3$$

für $p \in P$.

Das Gesetz der Impulserhaltung läßt sich nicht unmittelbar
von solchen Systemen $\langle P, \underline{u}, \underline{v} \rangle$ behaupten. Erst wenn ein
System $\langle P, \underline{u}, \underline{v} \rangle$ um eine Funktion

$$m: P \longrightarrow \mathbb{R}^+ \text{ mit } m(p) =: m_p \in \mathbb{R}^+ \, ,$$

eine sogenannte Massenfunktion, erweitert wird, läßt sich sinnvoll nach der Impulserhaltung fragen. Solche erweiterten Systeme

$$\langle P, \underline{u}, \underline{v}, m \rangle$$

werden <u>potentielle Modelle</u> der Stoßmechanik genannt. Diejenigen potentiellen Modelle, für die die Impulserhaltung gilt, sind dann die <u>Modelle</u> der Stoßmechanik. Die Modelle bilden eine Teilmenge M der Menge M_p der potentiellen Modelle:

$$M \subsetneqq M_p.$$

Jene Systeme schließlich, die die Funktion m, die theoretische Funktion der Stoßmechanik, noch nicht enthalten, die Tripel $\langle P, \underline{u}, \underline{v} \rangle$ also, heißen partielle potentielle Modelle oder kurz <u>Partialmodelle</u> der Stoßmechanik. Die folgende Graphik möge diese Verhältnisse veranschaulichen:

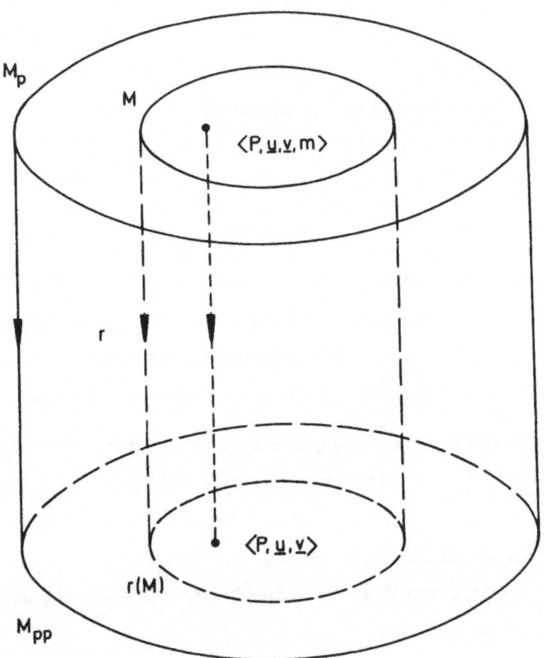

M und M_p sind zwei in einem Inklusionsverhältnis stehende
Mengen auf der "oberen", theoretischen Ebene, M_{pp} die "unter"
M_p liegende "Projektion" von M_p: Jedem potentiellen Modell
$\langle P, \underline{u}, \underline{v}, m \rangle$, also jedem Element von M_p, wird durch Weglassen der theoretischen Komponente m ein Partialmodell
$\langle P, \underline{u}, \underline{v} \rangle$ zugeordnet. Formal wird diese Projektion von der
sogenannten <u>Restriktionsfunktion</u>

$$r: M_p \longrightarrow M_{pp}$$

geleistet:

$$r(\langle P,\underline{u},\underline{v},m \rangle) = \langle P,\underline{u},\underline{v} \rangle \quad \text{für} \quad \langle P,\underline{u},\underline{v},m \rangle \in M_p \; .$$

Von einem System sich stoßender Teilchen, also einem Partial-
modell $\langle P, \underline{u}, \underline{v} \rangle$, weiß man zunächst nur, daß es in der Menge
M_{pp} liegt. Die Anwendung der Theorie auf ein solches System
bedeutet die Suche nach einer geeigneten Massenfunktion
$m: P \longrightarrow \mathbb{R}^+$, die zusammen mit den Geschwindigkeiten $\underline{u}$ und $\underline{v}$
das Impulserhaltungsgesetz erfüllt, m.a.W.: die Suche nach
einer Funktion m, so daß das ergänzte System $\langle P, \underline{u}, \underline{v}, m \rangle$
Modell ist, also in die ausgezeichnete Teilmenge M von M_p
fällt: $\langle P, \underline{u}, \underline{v}, m \rangle \in M$. Das kann man auch so ausdrücken, daß
man sagt: die Projektion des ergänzten Systems, also das ur-
sprüngliche System $\langle P, \underline{u}, \underline{v} \rangle$, soll in die Projektion der
Modellmenge fallen ("untere" Ebene des Schaubilds):

$$\langle P,\underline{u},\underline{v} \rangle \in r(M) .$$

Die Teilmenge r(M) der Menge M_{pp} aller Partialmodelle ist
i.a. unbekannt; die Zugehörigkeit eines vorgegebenen Systems
$\langle P, \underline{u}, \underline{v} \rangle$ zu dieser Menge r(M) bedeutet gerade die erfolg-
reiche Anwendbarkeit der Theorie auf dieses System.

Läßt sich die Theorie tatsächlich auf ein bestimmtes System
anwenden, kann man also eine passende, dieses System ergänzende Massenfunktion m finden, mit deren Hilfe sich der Im-
pulserhaltungs-Satz erfüllen läßt, so gibt es i.a. auch
mehrere solcher Funktionen. (Mindestens tut es dann auch

jede Funktion $\alpha \cdot m$ mit einem positiven reellen Faktor α.)
Das Schaubild ist in dieser Hinsicht irreführend und sollte
durch eines ersetzt werden, bei dem an die Stelle der zwei-
dimensionalen Gebilde der oberen Ebene zylindrische Gebilde
treten:

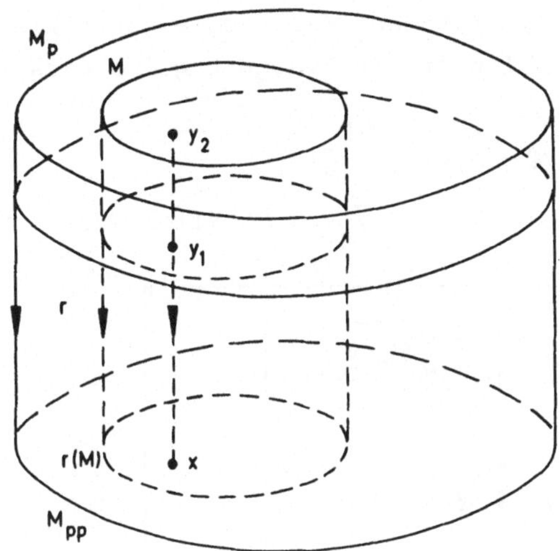

Zu jedem Partialmodell x gibt es i.a. eine Vielzahl zugehöriger potentieller Modelle y, im Bild durch eine Strecke
$y_1 y_2$ symbolisiert, die im Beispiel ganz in M liegt, deren
Punkte also allesamt Modelle sind. Wie jedes Schaubild trügt
wiederum auch dieses: in der Regel sind nicht alle potentiellen Modelle über einem in r(M) gelegenen Partialmodell auch
Modelle; M sollte flacher als M_p gezeichnet werden, was besser im Aufriß möglich ist[14]:

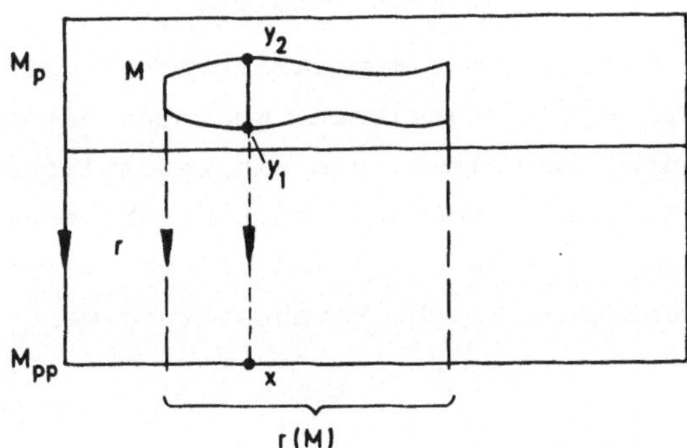

Ist x ein Partialmodell, $x \in M_{pp}$, so kann man über x mit Hilfe der Theorie die Behauptung aufstellen:

$$(\exists y) \ (y \in M \ \& \ r(y) = x),$$

in Worten: es gibt ein Modell y "über" x, oder: x läßt sich
zu einem Modell y ergänzen. Ist $\bar{x}$ eine ganze Klasse von Partialmodellen, so lautet die Behauptung für dies ganze $\bar{x}$ entsprechend

$$(\exists \bar{y}) \ (\bar{y} \subseteq M \ \& \ r(\bar{y}) = \bar{x}),$$

d.h.: Es gibt eine Klasse $\bar{y}$ von Modellen "über" x, im Schaubild:

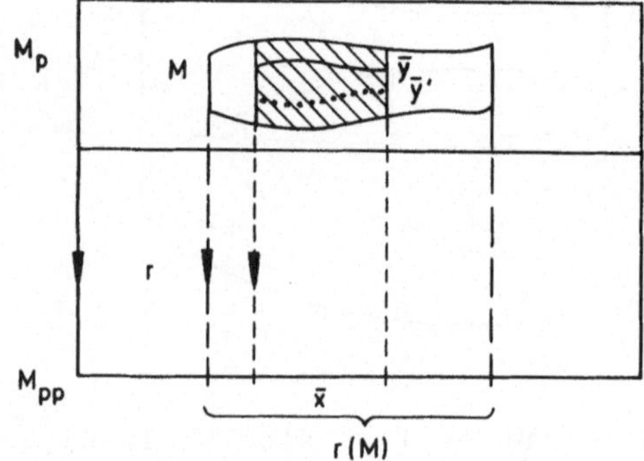

In dem veranschaulichten Fall liegt $\bar{x}$ günstig, nämlich ganz
in r(M); es gibt also in M einen Streifen (schraffiert), der
über ganz $\bar{x}$ liegt, aus dem sich also eine schlicht über $\bar{x}$
liegende Menge $\bar{y}$ (hier eindimensional dargestellt) von Modellen wählen läßt. Auch die Ergänzung einer Klasse $\bar{x}$ ist prinzipiell mehrdeutig; in der Regel gibt es eine Reihe von
Klassen $\bar{y}$, $\bar{y}'$, ..., die dasselbe leisten.

Die Verhältnisse werden etwas komplizierter und sind nicht
mehr so einfach zu veranschaulichen, wenn man die schon er-
wähnten Constraints hinzunimmt, die ein wesentliches Moment
des Sneedschen Theorie-Konzepts ausmachen. Wir gehen wieder
aus vom Beispiel der Stoßmechanik. An keiner Stelle wurde
vorausgesetzt - und eine solche Voraussetzung wäre auch ganz

unsinnig -, daß dieselben Partikeln nicht in verschiedene
Stoßprozesse verwickelt sein können. Beispielsweise kann
ich - wie schon in 1.2 erörtert - zunächst einen Stoß zweier
Kugeln betrachten, danach einen Stoß der einen der beiden
Kugeln mit einer dritten Kugel. Es sind also Massenfunktionen
m und m' zu finden, so daß - bei naheliegender Deutung der
Zeichen u_1, u_2, u_2', m_2, m_2', ... -

$$m_1 \cdot u_1 + m_2 \cdot u_2 = m_1 \cdot v_1 + m_2 \cdot v_2$$

und

$$m_2' \cdot u_2' + m_3' \cdot u_3' = m_2' \cdot v_2' + m_3' \cdot v_3'$$

gilt[15]. Nichts schließt bisher aus, daß der Kugel 2 in den
beiden Stoßprozessen verschiedene Massenwerte zugeschrieben
werden: $m_2 \neq m_2'$ ist zugelassen, im Bild (für überlappende Bereiche $\bar{x}$ und $\bar{x}'$ von Partialmodellen[16]):

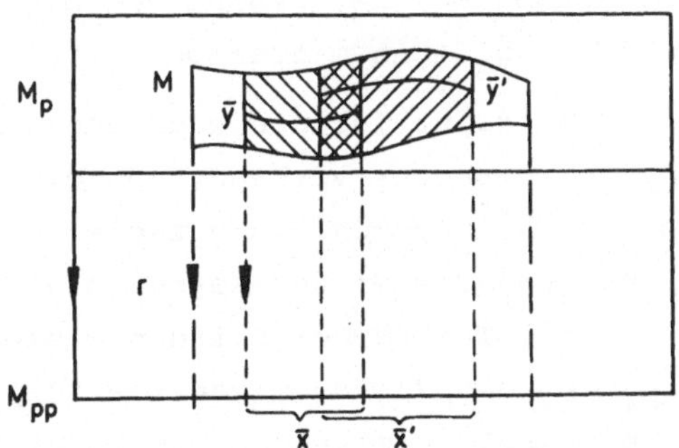

Die Ergänzungen $\bar{y}$ und $\bar{y}'$ von $\bar{x}$ bzw. $\bar{x}'$ brauchen also im überlappenden Teil der über $\bar{x}$ und $\bar{x}'$ liegenden Streifen von M
nicht übereinzustimmen. Aber genau das möchte man natürlich
ausschließen. Man fordert also zusätzlich: sind x = $\langle P, \underline{u}, \underline{v} \rangle$
und x' = $\langle P', \underline{u}', \underline{v}' \rangle$ zwei Systeme sich stoßender Teilchen
mit nicht disjunkten Teilchenmengen: $P \cap P' \neq \emptyset$, so sollen
x und x' nur um solche Funktionen m und m' ergänzt werden
dürfen, die auf dem Bereich $P \cap P'$ übereinstimmen; technisch
ausgedrückt: die Vereinigung von m und m' (betrachtet als

Teilmengen von $P \times \mathbb{R}^+$ bzw. $P' \times \mathbb{R}^+$) soll eine Funktion auf $P \cup P'$ sein:

$$m \cup m' : P \cup P' \longrightarrow \mathbb{R}^+.$$

Dieser sogenannten Identitäts-Einschränkung (identity constraint) - der Identität von Partikeln entspricht die Identität von Funktionswerten für diese Partikeln - kommt, wie wir in 1.2 gesehen haben, auch eine methodologische Bedeutung für die Auffindung geeigneter Funktionswerte zu. Hat man beispielsweise ein System vieler einander stoßender Partikeln, so wird es i.a. schwerfallen, eine zu den gemessenen Geschwindigkeiten im Sinne der Impulserhaltung passende Massenfunktion aufzufinden. Sind aber jedenfalls einige der beteiligten Körper zugleich Mitglieder in kleineren Stoß-Systemen, etwa Zwei-Partikel-Systemen, so lassen sich die in diesen kleineren Systemen u.U. leichter durchführbaren Massenbestimmungen bei der Behandlung des Vielteilchensystems verwenden, gleichsam transportieren.

Ein anderes wichtiges Constraint ist die sogenannte <u>Extensivität der Massenfunktion</u>. Darunter versteht man die Bedingung, daß einem Körper, der durch Zusammenfügung zweier Körper entsteht, die Summe der Massenwerte dieser Körper als Massenwert zukommt: Wenn p_1 und p_2 die Teilkörper mit den Massen $m(p_1)$ bzw. $m(p_2)$ sind und $p_1 \circ p_2$ der zusammengesetzte Körper ist, so soll dessen Masse $m(p_1 \circ p_2)$ gleich der Summe der Massen der Teilkörper sein:

$$m(p_1 \circ p_2) = m(p_1) + m(p_2).$$

Die Körper p_1, p_2 und $p_1 \circ p_2$ können verschiedenen Anwendungsfällen angehören, so daß die Extensivität der Massenfunktion als eine Anwendungen übergreifende Forderung, mithin als Constraint, aufzufassen ist. Auch dieses Constraint hat eine naheliegende methodologische Bedeutung für die Massenbestimmung.

Die Constraints sind Bedingungen, die die Verbindungen einzelner Systeme erfüllen müssen, mithin ganze Mengen von Systemen betreffen. Die Aussage, daß eine Menge von Systemen (potentiellen Modellen) ein gewisses Constraint erfüllt, ist daher in der Sprache der Mengenlehre dadurch wiederzugeben, daß man sagt, diese Menge von Systemen gehört zu einer Klasse zulässiger Mengen von Systemen, "zulässig" im Sinne des betreffenden Constraints. Formal wird das Constraint einfach mit dieser Klasse C zulässiger Mengen von Systemen identifiziert; C ist also Teil der Potenzmenge von M_p:

$$C \subseteq \text{Pot}(M_p).$$

Daß eine Menge $\overline{y}$ potentieller Modelle dem Constraint C genügt, kann dann einfach durch

$$\overline{y} \in C$$

ausgedrückt werden, und die Behauptung, daß eine Menge $\overline{x}$ von Partialmodellen sich zu einer Menge $\overline{y}$ von Modellen, die dem Constraint C genügen, ergänzen läßt, durch die Existenzaussage

$$(\exists \overline{y})(\overline{y} \subseteq M \ \& \ r(\overline{y}) = \overline{x} \ \& \ \overline{y} \in C).$$

Im Beispiel der Stoßmechanik können wir, wenn es außer dem Identitäts-Constraint C^{id} und dem Extensivitäts-Constraint C^{ext} keine weiteren Constraints gibt, die Behauptung der Theorie für eine Menge $\overline{x}$ von Systemen sich stoßender Partikeln konkreter so schreiben:

$$(\exists \overline{y})(\overline{y} \subseteq M \ \& \ r(\overline{y}) = \overline{x} \ \& \ \overline{y} \in C^{id} \wedge C^{ext}).$$

Constraints und ihre Verwendung in Aussagen dieser Art lassen sich nur schwer graphisch veranschaulichen, da Modellmengen und Constraints mengentheoretisch verschiedenen Schichten zugehören. Man kann allerdings die benutzten Schaubilder uminterpretieren, indem man die Flächenstücke, die Modellmengen darstellten, nunmehr deren Potenzmengen darstellen läßt.

Modellmengen werden dann durch Punkte und Constraints durch
Flächenstücke wiedergegeben; aus dem letzten Schaubild wird
damit:

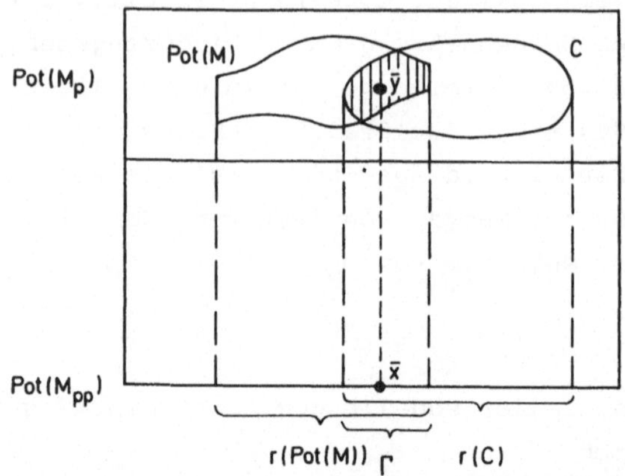

Das schraffierte Gebiet, Pot(M)$\cap$C, in das hinein Mengen $\bar{x}$
von Partialmodellen ergänzt werden sollen, wird "theoretischer Gehalt" genannt, dessen Projektion

$$\Gamma := r(Pot(M) \cap C)$$

<u>Gehalt</u> der betrachteten Theorie[17]. Zum Gehalt gehören die-
jenigen Mengen von Partialmodellen, die im Sinne der Theorie
theoretisch ergänzt werden können.

Der Gehalt einer Theorie ist i.a. unbekannt. In der Regel
weiß man nur von einigen Partialmodellen x, daß sie sich gemeinschaftlich zu einer Menge $\bar{y}$ von Modellen, die den Constraints genügen, ergänzen läßt, daß also die Menge $\bar{x}$ dieser
x zu Γ gehört. Der Anspruch auf Anwendbarkeit einer Theorie
erstreckt sich jedoch meist auf einen viel größeren Bereich I
sogenannter intendierter Anwendungen, der zudem nur in Ausnahme-
fällen genau begrenzt sein dürfte; eher wird er durch einige
paradigmatisch gelungene Anwendungsfälle bestimmt sein. Formal wird der Bereich I mit der Menge der Partialmodelle dieser Anwendungsfälle identifiziert; I wird also als Teil von
M$_{pp}$ angesehen:

$$I \subseteq M_{pp}.$$

Der Anspruch oder die Hoffnung auf Anwendbarkeit, die mit
einem solchen I verbunden wird, kann einfach durch

$$I \in \Gamma$$

ausgedrückt werden; bezogen auf das letzte Schaubild heißt
das, daß I wie das eingezeichnete $\bar{x}$ ein unterhalb des theoretischen Gehalts, also des Durchschnitts Pot(M)$\cap$C, gele-
gener Punkt sein soll.

Formal abgerundet wird das eingeführte begriffliche Instru-
mentarium durch die Konzepte des Theorie-Elements und des
Kerns eines Theorie-Elements:
Die Modellmengen M, M_p und M_{pp}, die in der beschriebenen
Weise zusammenhängen, bilden zusammen mit der Restriktions-
funktion r und den Constraints C den sogenannten <u>Kern</u>

$$K := \langle M, M_p, M_{pp}, r, C \rangle$$

eines Theorie-Elements, aus dem durch Hinzunahme des intendierten Anwendungsbereichs I das volle <u>Theorie-Element</u>

$$T := \langle K, I \rangle$$

entsteht. Der Ausdruck "Theorie-Element", der anstelle von
"Theorie" für solche Paare gewählt wird, soll andeuten, daß
Theorien oft als komplexere Gebilde, die sich aus einer Mehrzahl von Theorie-Elementen zusammensetzen, zu verstehen sind.
Die Behandlung solcher "Theorie-Netze" verschieben wir wie
die genauere Erörterung des Konzepts des Theorie-Elements
auf Kapitel 3.

1.4   <u>Erkenntnistheoretische Aspekte</u>

In diesem Abschnitt sollen einige erkenntnistheoretische
Aspekte angesprochen werden, in bezug auf welche der Strukturalismus kontrastiert werden kann zu älteren - aprioristi-
schen wie empiristischen - Positionen, sowie zum modernen
Konstruktivismus[18]. Wir konzentrieren uns dafür auf die

Physik, die diesen Positionen seit jeher als paradigmatisch
für wissenschaftliche Erkenntnis galt, auf die die Sneedsche
Meta-Theorie zuerst angewandt worden ist und die auch wohl
weiterhin als deren primäres Anwendungsfeld gelten wird. -
Im nächsten Kapitel wird dann erörtert, welcher Beitrag vom
Strukturalismus zu einigen Problemen zu erwarten ist, die
die moderne analytische Wissenschaftstheorie aufgeworfen hat,
insbesondere zur Frage nach der Einheit der Wissenschaft.

Die Physik gilt der Philosophie seit langem als ein Muster-
beispiel empirisch fundierter, theoretisch systematisierter
und praktisch anwendbarer Erkenntnis, deren Möglichkeit kaum
ernsthaft zu bestreiten, sondern nur zu erklären ist. So fragen sich Philosophen spätestens seit David Hume: Wie können
uns empirische Daten, die prinzipiell singulärer Natur sind,
zur Erkenntnis allgemeiner Gesetzmäßigkeiten befähigen? Andererseits: Könnten sie es nicht, wie wären dann die vielen
erfolgreich vorhergesagten Beobachtungen und Experimentaus-
gänge zu verstehen, und wie könnten die behaupteten Gesetzmäßigkeiten so verläßlich praktisch angewandt werden?
Die weitreichendste philosophische Theorie, die Allgemeinheit
und empirische Gültigkeit physikalischer Erkenntnis zu begründen versuchte, indem sie die Bedingungen ihrer Möglichkeit in der Struktur des erkennenden Subjekts selbst ange-
legt sah: die Transzendentalphilosophie Kants, geriet später
in Mißkredit, als sich durch die Konstruktion und mögliche
Anwendbarkeit nichteuklidischer Geometrien die Aufstellung
der Relativitätstheorie und die Entwicklung der Quantenmechanik physikalische Prinzipien und Theorien durch Alternativen
ersetzbar schienen. Während Kant so zuviel zu zeigen versuchte, zeigten die empiristischen Gegenspieler von Hume bis
Carnap notorisch zu wenig. Sie vermochten weder das empiristische Basisproblem zu lösen, also unumstößliche und zugleich intersubjektiv gültige empirische Daten auszuzeichnen,
noch die von ihnen selbst für verläßlich oder jedenfalls

genuin wissenschaftlich gehaltenen Gesetze und Theorien auf
eine solche Basis zurückzuführen. Angesichts des Scheiterns
der extremen Positionen: des Empirismus wie des Apriorismus
Kantscher Prägung, gewannen konventionalistische Auffassungen[19] an Boden, die die physikalische oder überhaupt wissenschaftliche Erkenntnis als weder durch Empirie noch durch
Prinzipien a priori determiniert ansahen. Wissenschaftliche
Erkenntnis kommt dieser Auffassung nach überhaupt erst zustande, indem objektive Empirie und subjektive Setzungen
(Konventionen) eine Verbindung eingehen, deren Komponenten
nicht mehr getrennt werden können. Ganzheitliche (holistische)
Vorstellungen von der Interdependenz aller Einzelerkenntnisse
(extrem bei Quine[20]) stützen diese Auffassungen. Ihre grundsätzliche Plausibilität wird jedoch m.E. in der Regel mit
einer unbefriedigenden Pauschalität erkauft.

Worauf es ankäme, wäre eine möglichst genaue Bestimmung der
tatsächlichen Interdependenzen physikalischer Erkenntnisse
und des Spielraums konventioneller Willkür, deren Existenz
kaum zu leugnen ist. Solche Bestimmungen könnten im Prinzip
extreme Positionen wie die des Empirismus oder die des Konstruktivismus - als einer modernen Form des Apriorismus -
stützen. Denn ein mögliches Resultat solcher Bemühungen ist
die Etablierung einer linearen, hierarchischen Ordnung physikalischer Theorien, die eine sukzessive Reduktion auf eine empirische Basis oder aber eine eindeutige methodische
Abfolge von Erfahrungsschichten und vernünftigen Festsetzun-
gen im Sinne des Konstruktivismus zuläßt. Letzterer setzt
sich zur Aufgabe, physikalische Begriffs- und Theoriebildung
Schritt für Schritt - "ohne Zirkel und Sprünge" -, durchzu-
führen. Bisher ist dieses Programm allerdings nicht viel
weiter gediehen als bis zur sogenannten Protophysik, die mit
Geometrie, Chronometrie und Hylometrie Meßtheorien für die
fundamentalen Größen Länge, Dauer und Masse umfaßt[21].

Sowohl die prospektive konstruktivistische Physik, als auch
empiristische Deutungen der Physik scheinen in einem scharfen Kontrast zu stehen zur Physik, wie sie tatsächlich betrieben wird. Wir brauchen gar nicht <u>Feyerabend</u> zu lesen, um diesen Eindruck zu bekommen. Es genügt, einen Blick in physikalische Textbücher zu werfen und sich zu vergegenwärtigen, wie
Physiker ihre Wissenschaft lernen zu betreiben. Im allgemeinen
wird der Physik-Student zunächst in die sogenannte Experimen-
talphysik eingeführt, in der ihm eine Fülle empirischer Resultate angeboten wird. Ist er sensibel und skrupulös genug, so
wird er bemerken, daß zugleich mit der Präsentation experi-
menteller Befunde ihm zugemutet wird, bestimmte Interdependenzen hinzunehmen und theoretische Zusammenhänge zu glauben,
die gar nicht den Verdacht aufkommen lassen können, die Physik sei ein empiristisches oder konstruktivistisches Unternehmen. Dem ungeduldigen Frager wird beschieden, seinen Wunsch
nach strenger Systematik - ein Wunsch, in dem er durch das
meist parallel laufende Mathematik-Studium bestärkt wird -
zurückzustellen bis zum Besuch der Kurse in <u>theoretischer</u>
Physik. Hier nun erlernt er nacheinander Mechanik, Thermodynamik und statistische Mechanik, Elektrodynamik, spezielle
und vielleicht auch allgemeine Relativitätstheorie, sowie
Quantenmechanik I, Quantenmechanik II usw. (oder das ganze
in etwas anderer Reihenfolge). Verliert er sich nicht in
Detail-Studien, sondern fragt nach dem systematischen Zusammenhang all dieser Theorien, so erhält er Auskünfte wie:
/ Die klassische Mechanik ist Grundlage aller weiteren
  Theorien.
/ Die Thermodynamik ist 'eigentlich' Teil der statistischen
  Mechanik.
/ Die klassische Mechanik ist nur ein Grenzfall der speziell
  relativistischen Mechanik und diese wiederum nur ein Grenz-
  fall der allgemeinen Relativitätstheorie.
/ Die Maxwellsche Elektrodynamik ist mit der speziellen Rela-
  tivitätstheorie verträglich.

/ Die Quantenmechanik ist mit der allgemeinen Relativitätstheorie wie mit allen Feldtheorien unverträglich.

/ Die Quantenmechanik ist streng genommen auch mit der klassischen Mechanik unverträglich, enthält diese aber als einen Grenzfall und setzt sie doch wieder in einem gewissen
Sinn voraus. "Das Nähere regeln die Philosophen".

Unserem vorgestellten philosophisch infizierten Physik-
Studenten bietet sich also schon im Bereich der Grundlagen-
theorien nicht gerade ein einfaches, klares Bild, wie es ihm
die empiristischen oder konstruktivistischen philosophischen
Lehrer zeichnen, die er von Zeit zu Zeit in der Hoffnung kon-
sultiert, sie könnten ihm bei der Aufklärung dessen, was er
treibt, hilfreich zur Seite stehen.

Ich glaube, die Wissenschaftsphilosophie täte gut daran, in
dieser Lage zuzugeben, daß sie weit davon entfernt ist, die
erkenntnistheoretischen Fragen des Physikers in concreto be-
antworten zu können. Sie sollte, meine ich, die "großen Antworten" zurückstellen, bis bei einer genaueren Analyse des
theoretischen Gefüges der Physik klarere Konturen sich abzeichnen, die die Frage nach der empirischen oder außerempi-
rischen Fundierung der Physik überhaupt erst beantwortbar
erscheinen lassen. Kernstück einer solchen zuvor zu leisten-
den Analyse scheint mir die nähere Umschreibung dessen zu
sein, was ich mit <u>Theoretisierung</u> bezeichnen möchte: den
Vorgang des theoretischen Überschreitens eines jeweilig Vorgegebenen, sei dieses Vorgegebene empirischer Natur oder bereits ein hochtheoretisches Gebilde. In diesem Sinne theoretisiert werden also nicht nur Erfahrungsdaten. Wenn beispielsweise nach einer Vielzahl astronomischer Beobachtungen
und Berechnungen die Planetenbewegungen beschrieben werden,
so können diese wiederum Ausgangspunkt für eine Theoretisierung sein: für die Erklärung der Bahnen mithilfe dynami-
scher Größen, nämlich Gravitationskraft und (schwere) Masse.
"Theoretisierung" meint also weitere Entfernung von unmittel-
barer Erfahrung, wie entfernt von dieser auch immer man

schon ist; Theoretisierungen sind immer relativ. - Später
werden wir den Vorgang der Theoretisierung genauer explizieren[22]. Worauf es ankommen wird, ist vor allem, Theoretisierungsschritte zu verstehen, ohne davon auszugehen, schon
zu wissen, von woher diese Schritte ihren Ausgang nehmen
und wohin sie uns führen: ob von einer absoluten Basis aus,
ob zu einem bestimmten Ziel hin, ob geradlinig oder in Schlei-
fen, ob auf kleinen, genormten Stufen oder in großen Sprüngen.

Können wir hoffen, mit einer Analyse, die gleichsam von der
Mitte ausgeht, allmählich zu einer Aufklärung des gesamten
physikalischen Theoriengefüges vorzustoßen? Mir scheint, daß
uns mit dem strukturalistischen Ansatz von Patrick Suppes,
Joseph Sneed und anderen seit einigen Jahren ein analytisches
Instrumentarium zur Verfügung steht, das - wenn man es in bestimmter Weise weiterentwickelt - zu solchen Hoffnungen berechtigt. In neueren Versionen dieses Ansatzes werden sogenannte <u>Theorie-Elemente</u> als Bausteine theoretischer Systeme
angesehen. Theorie-Elemente sind beispielsweise die klassische physikalische Geometrie, die Newtonsche Gravitationstheorie, die relativistische Kinematik, die Thermodynamik
des Gleichgewichts etc., jeweils in einer bestimmten Formulierung und bezogen auf einen bestimmten Bereich intendierter Anwendungen.

Wie sind nun Theorie-Elemente allgemein zu kennzeichnen?
Mittlerweile ist es ein wissenschaftsphilosophischer Allge-
meinplatz, daß einzelne theoretische Sätze für sich genommen
keinen Aussagewert beanspruchen können. Oft wird das Kind
mit dem Bade ausgeschüttet und nur dem "Ganzen der Wissenschaft" (Quine) Aussagefähigkeit zugesprochen[23]. Ich meine,
daß wir uns um eines besseren Verständnisses willen bemühen
sollten, in unseren Analysen zu Einheiten mittlerer Größenordnung vorzustoßen, ohne deren Zusammenhang zu leugnen. In
diesem Sinne verstehe ich Theorie-Elemente als die kleinsten

aussagefähigen Theorie-Stücke, d.h. Teile von Theorien, deren Aussagegehalte sich angeben lassen unabhängig vom einbettenden theoretischen Gefüge. Diese Gefüge selbst sind dann in einem zweiten Schritt als Netze von Theorie-Elementen zu rekonstruieren, wobei die Theorie-Elemente durch Relationen verschiedenen Typs miteinander verbunden werden können. Ich möchte mich zunächst der Mikroanalyse: der Untersuchung der internen Struktur von Theorie-Elementen zuwenden, weil m.E. bereits dort die wesentlichen Aspekte der Theoretisierung zu entwickeln sind. Bezogen auf das Konzept von Theorie-Elementen und -Netzen ist Theoretisierung zugleich als inneres Konstitutionsprinzip von Theorie-Elementen und als äußere Hierarchien stiftende Verbindung von Theorie-Elementen zu explizieren. Zunächst geht es uns um Theoretisierung im ersten Sinn, um "innere Theoretisierung"[24].

Orientieren wir uns wieder an der Stoßmechanik als Beispiel eines Theorie-Elements. Der mit ihr verbundene Theoretisierungsschritt besteht in der Einführung geeigneter Massenfunktionen in Systeme sich stoßender Teilchen, d.h. in Versuchen, solche Systeme $\langle P, \underline{u}, \underline{v} \rangle$ zu deuten als Systeme, für die eine gewisse Größe, der Gesamtimpuls, bei den Stößen konstant bleibt. Da die bei den Stößen übertragenen Geschwindigkeiten i.a. nicht konstant sind, sondern offenbar - etwa bei homogenen Kugeln ein- und desselben Materials - von der Größe der Kugeln abhängen, allgemeiner: von der Masse (im noch vagen Sinn von "Materiemenge") der stoßenden Partikeln abhängen, wird im Rahmen der Stoßmechanik - und darin besteht deren besondere, erfinderische Leistung - der Impuls als Produkt aus Masse und Geschwindigkeit konzipiert und _dessen_ Erhaltung behauptet. Versteht man unter der Masse eines Körpers eine ihm an sich zukommende (metrische) Eigenschaft, im Prinzip wie seine - momentane - Geschwindigkeit und weitere Eigenschaften auch, so gerät man in die unter 1.2 erörterten Schwierigkeiten beim Test des Impulserhaltungssatzes. Läßt man jedoch die Frage nach dem ontologischen Status der Masse

offen - oder als eine Frage gelten, die man als eine nicht-
physikalische, metaphysische Frage auch noch stellen kann -,
so bietet sich zur Formulierung des Aussagegehalts der Stoßmechanik an, die Masse als eine theoretische Größe im Sinne
Sneeds zu interpretieren, von der lediglich behauptet wird,
daß sie als eine mathematische Funktion bestimmten Typs und
passender Form existiert. Die (empirisch beschriebenen) Ob-
jekte der Theorie: die Systeme $\langle P, \underline{u}, \underline{v} \rangle$, werden dazu ver-
suchsweise um jeweils eine Funktion $m : P \to \mathbb{R}^+$ ergänzt in der
Hoffnung, daß die ergänzten Systeme $\langle P, \underline{u}, \underline{v}, m \rangle$ das Gesetz
von der Impulserhaltung (und gemeinsam die Constraints) er-
füllen. (Natürlich wird die Wahl der Funktionen m nicht
blindlings, sondern im Hinblick auf dieses Ziel erfolgen.)
Ob Massenfunktionen, die dieser Forderung genügen, "die"
Masse der Partikeln im Sinne eines Vorverständnisses beschreiben, und vielleicht sogar eindeutig beschreiben, ist keine
Frage, über die die Theorie selbst etwas aussagt. Die Aussage
der Theorie besteht nur darin, daß die - zum intendierten An-
wendungsbereich gezählten - Systeme $\langle P, \underline{u}, \underline{v} \rangle$ von der Art
sind, daß sie eine mathematische Beschreibung mit Hilfe pas-
sender m-Funktionen gestatten. Das ist eine Eigenschaft der
Systeme $\langle P, \underline{u}, \underline{v} \rangle$, nicht der "Massen" bzw. der ergänzten
Systeme $\langle P, \underline{u}, \underline{v}, m \rangle$.

Die Physik ist nicht einfach eine Ansammlung von unverbun-
denen Theorie-Elementen wie dem der Stoßmechanik. Vielmehr
treten physikalische Theorie-Elemente zueinander in Relationen verschiedenen Typs, die in Kapitel 3 abstrakt vorgestellt
und in Kapitel 4 an physikalischen Theorien konkretisiert
werden. Im jetzigen Zusammenhang sei nur schon kurz eine besondere Relation, die Theoretisierungsrelation τ, erwähnt,
mit der sich geeignete Theorie-Elemente hierarchisch aufeinander aufbauen lassen. Mit der Relation τ soll der zweite
der oben genannten Aspekte von Theoretisierung, die sogenannte äußere Theoretisierung, expliziert werden[25].

Ein Theorie-Element Kern K' = $\langle M', M'_p, M'_{pp}, r', C' \rangle$ heißt,

kurz gesagt, dann Theoretisierung eines Kerns $K = \langle M, M_p,$
$M_{pp}, r, C \rangle$,

$$K' \tau K,$$

wenn der Kern K' seine Partialmodelle, also seine Objekte,
der Menge M_p der potentiellen Modelle des zugrundeliegenden
Kerns entnimmt,

$$M'_{pp} \subseteq M_p,$$

und wenn einige weitere Bedingungen gelten[26]. Theoretische
Strukturen des "unteren" Kerns werden also zu nicht-theoretischen Strukturen des darauf aufbauenden Kerns gemacht und
von diesem wiederum um theoretische Komponenten ergänzt.
(Ein Theorie-Element $\langle K', I' \rangle$ heißt Theoretisierung eines
anderen $\langle K, I \rangle$ einfach dann, wenn $K' \tau K$.)

Im Sinne der Theoretisierungsrelation τ, die das innere
Konstitutionsprinzip von Theorie-Elementen zu einem hierar-
chiebildenden Prinzip von Theorie-Elementen untereinander
macht, bilden einige grundlegende Theorien der Physik:
Geometrie/Chronometrie, Kinematik, Mechanik und Thermodynamik,
in dieser Reihenfolge, eine Theoretisierungshierarchie, wobei
allerdings in einigen Fällen die an die τ-Relation geknüpften
Bedingungen abgeschwächt werden müssen[27].

Versuchen wir aus dieser Skizze physikalischer Anwendungen
des Sneedschen Apparats einige erkenntnistheoretische Konsequenzen zu ziehen.
a) Die geschilderte Rekonstruktionsmethode geht davon aus,
daß mit Theorien nur Existenzaussagen gemacht werden. Sie
steht damit in scharfem Gegensatz zu empiristischen und konstruktivistischen Auffassungen und übrigens auch zu der des
kritischen Rationalismus[28]. Der Vergleich mit dem Konstruktivismus verspricht besondere Aufschlüsse, weil beide Seiten
sich immerhin in dem gemeinsamen Bemühen treffen, hierarchisch
gestuft, und zwar möglichst fein gestuft, zu rekonstruieren.
Logisch gesehen ist es da belanglos, ob man - bildlich

gesprochen - im Erdgeschoß oder im soundsovielten Stockwerk
zu rekonstruieren anfängt. Nicht belanglos ist dagegen
Sneeds Verzicht auf die Forderung nach _eindeutiger_ Existenz
theoretischer Größen, wie sie das konstruktivistische Programm - übrigens schon bei Hugo Dingler - auszeichnet[29].
Im Falle der Stoßmechanik haben wir schon gesehen, daß, wenn
m für ein Stoßsystem eine geeignete Massenfunktion ist, dann
auch jede Funktion $\alpha \cdot m$ für positives reelles α. Prinzipiell
muß man davon ausgehen, daß die Existenz theoretischer Komponenten auf weniger triviale Weise mehrdeutig ist; die theoretischen Komponenten werden ja durch theoretische Forderungen u.U. nur sehr wenig festgelegt. Der Spielraum, in dem
die theoretischen Komponenten variieren können, braucht
nicht einmal genau auszumachen zu sein. Auch könnte die Behauptung der Existenz geeigneter theoretischer Komponenten
prinzipiell auf eine Weise erfüllt werden, die es einem
nicht zugleich gestattet, die theoretischen Komponenten auch
anzugeben; mit solch einem nichteffektiven Existenznachweis
könnte man sich, wenn es einem nur um gewisse theoretische
Konsequenzen aus dem Existenzsatz geht, zufriedengeben[30].
Dagegen erlaubt dem Konstruktivisten erst die effektive Angabe einer theoretischen Größe, nicht schon der irgendwie
geartete Nachweis ihrer Existenz, das Fortschreiten.

Im Bilde: Der Konstruktivist wagt nicht, eine Stufe zu betreten, die er nicht selbst nach seinen eigenen Normen ge-
zimmert hat. Erst muß er Massen messen können, bevor er über
Massen etwas auszusagen unternimmt. Der Strukturalist dagegen
hat die Stufen, die er rekonstruieren möchte, in Umrissen
vor Augen und ist bereit, sich u.U. auch auf einen nicht
effektiven Existenzbeweis für theoretische Funktionen zu verlassen. Etwas weniger bildhaft gesprochen, kehrt der Strukturalist die konstruktivistische (und im übrigen auch empiristische) Reihenfolge: erst Bestimmung ("Einführung") theoretischer Größen, dann Aufbau der Theorie, gewissermaßen um:

erst Formulierung der Theorie, dann die (prinzipiell mehrdeutige) Bestimmung theoretischer Größen. Die konstruktivistische Devise "Ohne Zirkel und Sprünge" verletzt der
Strukturalist, indem er uns Sprünge in die Theorie zumutet,
und das gerade, um dem methodologischen Zirkel, der nach
seiner Überzeugung theoretischen Begriffen in deren her-
kömmlicher Auffassung wesentlich ist, zu umgehen.

In concreto könnte dieser logisch und methodologisch bedeutende Gegensatz allerdings je nach Lage des Falles abgemildert werden: Wenn die theoretischen Forderungen eines Theorie-Kerns stark genug sind, werden die von ihm zugelassenen
verschiedenen theoretischen Ergänzungen eines nicht-theoretischen Systems in relevanter Hinsicht ähnlich sein. Sie
können etwa durch Transformationen auseinander hervorgehen,
in bezug auf welche Invarianz zu fordern ist[31]. Dafür wäre
beispielsweise die Kinematik so zu rekonstruieren, daß sie
die Metrik von Raum und Zeit gerade bis auf Galilei- bzw.
Lorentz-Invarianz eindeutig festlegt. (Die darauf zu er-
richtende dynamische Theorie müßte dann invariant gegenüber
entsprechenden Transformationen der kinematischen Beschreibungen ihrer Objekte formuliert werden[32].)

b) Die Vorstellung, die Theorien der Physik ließen sich
hierarchisch ordnen, läßt sich im Lichte der hier vorgeschla-
genen Theorie-Rekonstruktionen nur aufrechterhalten, wenn τ
nicht als einzige hierarchienbildende Relation zwischen Theorie-Elementen zugelassen ist. Neben der Theoretisierungsrelation τ spielt z.B. auch so etwas wie approximative Reduktion
eine Rolle. - Prinzipiell läßt der Rekonstruktionsrahmen sogar zirkuläre Strukturen zwischen Theorie-Elementen zu: Theorie-Elemente höherer Stufe könnten wiederum Ausgangsstruktu-
ren für Theorie-Elemente niedrigerer Stufe bereitstellen. In
einem veränderten Sinn wäre die konstruktivistische Devise
"Ohne Zirkel und Sprünge" dann auch in ihrem anderen Teil:
dem Zirkelverbot, verletzt[33]. Solche möglichen Zirkel wären

allerdings weder logisch noch erkenntnistheoretisch
katastrophal, insofern ja die Theorie-Elemente als logisch
und erkenntnistheoretisch eigenständige Gebilde konzipiert
sind.

c) Die dritte erkenntnistheoretische Konsequenz betrifft
die Berechtigung empiristischer oder alternativ aprio-
ristischer, besonders konstruktivistischer Überzeugungen.
Zunächst ist zu betonen, daß der strukturalistische Ansatz
keinen Empirismus einschließt. Er steht zwar in der Tradition der logisch-empiristisch geprägten analytischen Wissenschaftstheorie - und zwar in dem, wie ich meine, guten Sinne,
daß er eine Reihe von Problemen dieser Tradition zu lösen
gestattet -, aber die strukturalistische Analyse kann die
Rechtfertigung des Empirismus höchstens zum Ergebnis haben,
sie muß sie nicht voraussetzen. Ob der Empirismus durch
strukturalistische Rekonstruktionen eine Rechtfertigung erfährt, kann jetzt noch nicht entschieden werden; dafür müssen die Rekonstruktionen, besonders "nach unten", erst weiter vorangetrieben werden bis zu einer womöglich letzten
Basis. Ob diese Basis existiert und wenn, ob sie so beschaf-
fen ist, daß sie empiristischen Forderungen genügt, muß
einstweilen offen bleiben. Und selbst wenn sie existieren
sollte und die Grundlage einer alle Theorien der Physik ein-
schließenden Theoretisierungshierarchie abgäbe, hinge die
Möglichkeit einer empiristischen Interpretation der Physik
immer noch von der Art und Größe der Theoretisierungsschritte
in den einzelnen Theorieschichten ab[34].

2 Analytische Wissenschaftstheorie und Strukturalismus; Die Einheit der Wissenschaft

Nach der Kurzvorstellung und ersten erkenntnistheoretischen
Würdigung des Strukturalismus im 1. Kapitel wollen wir jetzt
darangehen, diese neue Entwicklung innerhalb der analytischen Wissenschaftstheorie zu verorten und auf die Möglichkeit, deren Probleme zu lösen, hin zu befragen (Abschn. 2.1).
Insbesondere werden wir die Frage nach der Einheit der Wissenschaft aufgreifen und prüfen, ob der strukturalistische
Ansatz für dieses Problem neue Perspektiven eröffnet (Abschnitt 2.2). - Unter "analytische Wissenschaftstheorie"
verstehen wir dabei die aus der philosophischen Bewegung des
logischen Empirismus und verwandten Strömungen hervorgegan-
gene "philosophy of science", die auf Explikation grundlegender wissenschaftlicher und metatheoretischer Begriffe und
die Rekonstruktion wichtiger wissenschaftlicher Theorien aus
ist und diese Ziele unter Einsatz logisch-technischer Mittel
verfolgt. Die ursprünglich vorherrschenden empiristischen
Überzeugungen der analytischen Wissenschaftstheoretiker betrachten wir nicht als unumgänglich zur analytischen Wissenschaftstheorie gehörig. Insofern kann auch der strukturalistische Ansatz, der eine empiristische Position weder voraussetzt noch eo ipso impliziert[1], seiner Zielsetzung nach
und seiner Verwendung formaler Mittel wegen zur analytischen
Wissenschaftstheorie gezählt werden.

2.1 Die neuere Entwicklung der analytischen Wissenschaftstheorie

Eine Zeitlang schien es, als habe sich mit dem Aufblühen der
analytischen Wissenschaftstheorie endlich einmal eine philosophische Disziplin entwickelt, die selbst wissenschaftlichen
Charakter hat, indem sie klar formulierbare Probleme und deren Lösungen vorweisen kann. Typischer Ausdruck für diesen
Anspruch ist im deutschen Sprachraum Wolfgang Stegmüllers
seit 1969 erscheinendes mehrbändiges enzyklopädisches Werk

"Probleme und Resultate der Wissenschaftstheorie und Analytischen Philosophie"[2], und es unterstreicht nur den wissenschaftlichen Charakter dieses Unternehmens, wenn Stegmüller
am Ende dieses ersten, dem Thema "Erklärung" gewidmeten Bandes eine Liste offener Probleme aufführt, vermittelt er doch
zugleich den Eindruck, daß diese Probleme mit den vorexer-
zierten Methoden prinzipiell lösbar seien. Die Wissenschaftstheorie scheint also im Zustand einer Normalwissenschaft zu
sein, um mit Thomas Kuhn zu sprechen, oder - mit Lakatos
formuliert -: sie stellt selbst ein progressives Forschungs-
programm dar, das weiterzuverfolgen "rational" ist[3].

Aber der erste Anschein trügt. Um wieder an Stegmüllers
"Probleme und Resultate ..." anzuknüpfen: Der alsbald (197o)
folgende zweite Band, "Theorie und Erfahrung", mußte bereits
drei Jahre später revidiert werden; darüber darf nicht hinwegtäuschen, daß Stegmüller diese Revision nicht dadurch vor-
nahm, daß er diesen Band zurückzog und durch einen anderen
ersetzte, sondern dadurch, daß er ihn zu einem Halbband erklärte und durch einen zweiten Halbband, betitelt "Theorienstrukturen und Theoriendynamik", ergänzte[4].

Hinter dieser publizistischen Episode verbirgt sich eine
tiefgreifende Krise der analytischen Wissenschaftstheorie,
die etwas weiter, nämlich bald zwei Jahrzehnte zurückdatiert
und auf die Stegmüller erst 1973 in besagtem zweiten Halbband
des II. Bandes seiner Wissenschaftstheorie eingeht, weil er
erst zu dieser Zeit einen Weg aus der Krise anzubieten hatte,
eben mithilfe des neuen, 1971 publizierten wissenschaftstheoretischen Ansatzes von J.D. Sneed.
Etwa Anfang der sechziger Jahre begannen historisch orientier-
te Wissenschaftstheoretiker, wie N.R. Hanson, St. Toulmin und
P. Feyerabend, mit ihrer Kritik an einigen Grundvorstellungen
der analytischen Wissenschaftstheorie Gehör zu finden; stärker noch sahen sich die Wissenschaftstheoretiker durch ein
Buch eines Wissenschaftshistorikers: durch Thomas Kuhns

"Struktur wissenschaftlicher Revolutionen" (1962), heraus-
gefordert[5]. Kuhn stellte die verbreitete Vorstellung, die
(Natur-)Wissenschaften verfügten über einen sich ständig
vermehrenden gesicherten Wissensbestand, infrage; erst recht
wurde der Sinn der bis dahin hauptsächlich geübten, nur sta-
tischen Analysen obsolet. Die sich an diese Kritik anschlies-
senden Debatten, besonders die m.E. im großen und ganzen ver-
geblichen Entgegnungen Poppers und seiner Schüler - Lakatos
vielleicht ausgenommen -, sind nur zu bekannt, als daß ich
auf sie hier eingehen müßte[6]. Ich möchte stattdessen auf einen anderen, weniger bekannten Aspekt dieser Krise der sechziger Jahre das Augenmerk lenken, der eher interne, weniger
öffentlich debattierte Probleme der analytischen Wissenschaftstheorie betrifft: nämlich die letztlich der empiristischen Tradition entstammenden Fragen nach Möglichkeit und
Art empirischer Fundierung unserer wissenschaftlichen Erkenntnis. Auf diesem Felde zeigte sich die Wissenschaftstheorie gleichsam von innen her geschwächt, in subtilen, aber
letzten Endes unbefriedigend verlaufenen Diskussionen er-
schöpft, so daß sie dem Angriff von außen, von der Wissenschaftsgeschichte her, nicht viel entgegenzusetzen vermochte.
Sie bot vielmehr selbst das Bild einer stagnierenden, von an-
stehenden Aufgaben überforderten Wissenschaft in einem Stadium, das Kuhn als "vorrevolutionäre Situation" typisiert[7].

Betrachten wir die angesprochene interne Problematik etwas
genauer. Die sprachlogische Analyse war **das** Mittel, mit dem
man auch das Problem der empirischen Fundierung wissenschaftlicher Erkenntnis behandeln zu können meinte - beeindruckt
von der gewaltigen Entwicklung der modernen formalen Logik
seit Frege, deren systematisierender Anwendung auf die Mathematik durch Russell und ihrer be- oder verzaubernden philosophischen Indienstnahme in Wittgensteins "Tractatus"[8].

Wie frühere Empirismen versuchte auch der logische Empirismus,
auf dessen Nährboden die moderne Wissenschaftstheorie entstand, alle Erkenntnis auf eine als unmittelbar zugänglich

geltende Erfahrungsbasis zurückzuführen; dazu mußte er -
wieder wie die älteren Empirismen - zwei Teilprobleme lösen:
er mußte

1. eine empirische Basis konstituieren,

2. die Art und Weise, wie alle wissenschaftliche Erkenntnis
   auf diese Basis zurückzuführen ist, beschreiben.

Anders als frühere Empiristen versuchten die logischen Empiristen beide Probleme auf der logisch-sprachlichen Ebene zu
lösen, d.h.

1. eine empiristische Basissprache, meist Beobachtungssprache genannt, ihrer logischen Struktur und ihrem nichtlo-
   gischen Vokabular nach auszuzeichnen,

2. zu zeigen, daß alle wissenschaftlichen Sätze ihrer logischen Form nach auf empirische Basissätze in einem näher
   zu bestimmenden Sinn zurückführbar sind.

Die Lösungsvorschläge zum <u>Basisproblem</u> fielen für die logischen Empiristen selbst nicht sehr befriedigend aus. Man
schwankte hauptsächlich zwischen einer positivistischen Er-
lebnissprache, mit Sätzen wie "Hier jetzt rot" und einer ob-
jektiven oder 'physikalistischen' Dingsprache, mit Sätzen wie
"Dieser Stein ist rot". Der größeren Unmittelbarkeit der Er-
lebnissprache stand die Intersubjektivität der Dingsprache
gegenüber. Ein wirklicher Konsens wurde nicht hergestellt.
R. Carnap - in einer für ihn typischen Wendung - machte aus
der Not eine Tugend: seinem Toleranzprinzip (1934) zufolge
darf die Wahl der Basissprache nach Gesichtspunkten der
Zweckmäßigkeit getroffen werden[9]. Man blieb letzten Endes
unentschieden und delegierte damit faktisch das Problem an
die Erkenntnistheorie (der man doch eigentlich, wie allen
traditionellen philosophischen Disziplinen außer der Logik,
das Wasser abgraben wollte). Aus pragmatischen Gründen bevor-
zugte man meistens die Wahl einer Objektsprache, die nicht
zuletzt im Hinblick auf die Lösung des zweiten Problems: die
Reduktion auf die Basis, vorzuziehen war.

Auf dieses zweite Problem, hier kurz <u>Reduktionsproblem</u> genannt, wurde bedeutend mehr Scharfsinn verwandt und zu guter
letzt auch ein beachtlicher Konsens erzielt, nicht nur unter
den Wissenschaftstheoretikern selbst, sondern auch unter philosophisch oder methodologisch interessierten Naturwissen-
schaftlern. Dieser Konsens bezieht sich auf das in den fünf-
ziger Jahren von Hempel, Carnap u.a. ausformulierte Zwei-
Stufenkonzept der Wissenschaftssprache[10], demzufolge sich alle mit Recht so zu nennenden wissenschaftlichen Theorien in
einer theoretischen Sprache ausdrücken lassen, die mit der
Beobachtungssprache über sogenannte Korrespondenzregeln zu
verbinden ist. Von der sogenannten Beobachtungssprache wurde
nurmehr angenommen, daß ihre Sätze sich prinzipiell intersubjektiv empirisch entscheiden lassen. Für Sätze der theoretischen Sprache braucht das keineswegs zu gelten; die Korrespondenzregeln gestatten i.a. lediglich eine partielle empirische Interpretation der theoretischen Terme.

Ich möchte hier der Kürze halber darauf verzichten, die Vorzüge dieser Zweistufenkonzeption - oder vorsichtiger gesagt:
die relativen Vorzüge, die diese Konzeption gegenüber ihren
Vorgängern zweifellos hat - darzulegen und nur einige Probleme, über die man im allgemeinen stillschweigend oder mit nur
pragmatischen Auskünften hinwegging, aufzählen, um so die
eingangs erwähnte latente interne Krise der Wissenschaftstheorie zu belegen:

(1) Das Basisproblem wurde eher verdrängt als gelöst.

(2) Die Forderungen an die Verbindungen von Theorie und Er-
    fahrung (also an die Korrespondenzregeln) sind zu liberal,
    um noch eine empiristische These halten zu können, und
    sind nach allen Erfahrungen der letzten Jahrzehnte kaum
    geeignet zu verschärfen[11]. (Die analogen Forderungen
    Poppers zur Abgrenzung wissenschaftlicher Erkenntnis sind
    zu eng, gemessen an seinen eigenen Standardbeispielen für
    empirische Theorien[12].)

(3) Die für die philosophische Position des logischen Empirismus grundlegende Dichotomie analytischer und empirischer
Sätze läßt sich nach der Kritik von W.V.O. Quine vermutlich nur in speziellen Kontexten überzeugend aufrechterhalten[13].

(4) Auf Grund von Argumenten, denen ebenfalls Quine Nachdruck
verliehen hat, die der Substanz nach aber mindestens auf
P. Duhem zurückgehen, gibt es keine einzelnen theoretischen Aussagen - vielleicht nicht einmal ganze Theorien -,
die für sich genommen einer empirischen Überprüfung fähig
sind (Holismus)[14].

(5) Das impliziert, daß der empirische Gehalt und damit die
Bedeutung (im empiristischen Sinn) begrenzter theoretischer Gebilde nicht angebbar ist.

(6) Verschiedene Vorschläge zur _Elimination_ theoretischer
Terme (Ramsey, Craig) entbehren angesichts der Wissen-
schaftspraxis jeder Plausibilität[15].

(7) Von der theoretischen Sprache wird gemeinhin angenommen,
sie sei von erster Ordnung; dagegen lassen sich schon
die meisten physikalischen und überhaupt mathematisierten
Theorien nur in wesentlich reicheren Sprachen formalisieren[16].

(8) Versuche, induktive Verfahren sprachlogisch zu kodifizie-
ren und zu begründen, scheitern aber schon für Sprachen
erster Ordnung im wesentlichen am klassischen Problem der
Rechtfertigung solcher Verfahren[17].

Bei meiner bisherigen Skizze der Problemlage der analytischen
Wissenschaftstheorie habe ich in erster Linie deren empiristischen Zweig im Auge gehabt, also vor allem an Carnap, Reichen-
bach, Hempel und deren Tradition gedacht, weniger an Popper
und seine Schüler, hierzulande meist "kritische Rationalisten"
genannt. Man überzeugt sich aber leicht, daß deren Wissenschaftsphilosophie im wesentlichen vor analogen Problemen,
wie den aufgezählten, steht. (In einem Fall - beim zweiten

Problem - habe ich das angedeutet.) Es scheint zwar auf den
ersten Blick nicht so zu sein; das liegt aber daran, daß
Popper und seine Anhänger charakteristischerweise nur spora-
disch ähnlich starke formale Mittel einsetzen wie die logischen Empiristen. Wenn man jedoch versucht, beispielsweise
die Falsifikationslogik oder die Theorie der Wahrheitsnähe
auf ein ähnlich hohes technisches Niveau zu heben, so handelt man sich gewiß Probleme ähnlicher Größenordnung ein.
Die Stärke der Popperschen Position liegt auch, meine ich,
woanders, nämlich, erstens in der dynamisch-methodologischen
statt nur logischen Ausrichtung, zweitens in dem, was ich
einmal überschlägig das Kritikprinzip nennen möchte: die Forderung, alle vorgebliche Erkenntnis der Kritik auszusetzen
oder allererst so zu formulieren, daß Kritik prinzipiell
möglich wird. Man muß dabei nur im Auge behalten, daß die
Art der zulässigen Kritik nicht zu eng bestimmt wird, etwa
als Kritik mittels empirischer Daten und in der Form schlüs-
siger Falsifikation. Die nötigen Liberalisierungen hat
I. Lakatos im wesentlichen vorgenommen (und dabei allerdings
den Boden der Methodologie verlassen und das Terrain einer
allgemeinen Theorie des wissenschaftlichen Wandels, einer
"theory of scientific change", betreten)[18].

Nach der strukturalistischen Wende nun erscheinen die Probleme und Aporien, in die die logisch-empiristischen Wurzeln
der analytischen Wissenschaftstheorie diese geführt haben,
in einem neuen, freundlicheren Licht. Bevor wir die aufgestell-
te Liste von Einzelproblemen durchgehen, sei ein genereller Ge-
sichtspunkt hervorgehoben, unter dem der Strukturalismus sich
grundsätzlich von den bisherigen analytischen Ansätzen unterscheidet: während die logisch-empiristischen Versuche, wissenschaftliche Erkenntnisse zu konzipieren, geprägt sind von der
Maxime, metatheoretische Forderungen im Konzept der Wissenschaftssprache selbst zu erfüllen, legen strukturalistische Rekonstruktionen nicht der Sprache empirischer Theorien Beschränkungen auf, sondern ihrer Struktur: wissenschaftliche

Theorien werden zu rekonstruieren versucht als Netze mit einer gewissen "Makrostruktur", deren Elemente eben die "Mikrostruktur" tragen, die im Konzept des Theorie-Elements vorgesehen ist[19]. Diese strukturellen Beschränkungen sind wesentlich weniger restriktiv als die logisch-empiristischen. Insbesondere wird nicht mehr versucht, in einem absoluten, für alle Theorien verbindlichen Sinne festzulegen, wann ein Begriff theoretischer und wann empirischer Natur ist, sondern es werden nur noch Kriterien dafür aufgestellt, wann ein Begriff <u>relativ zu einer Theorie</u> (genauer: relativ zu einem Theorie-Element) theoretisch oder nichttheoretisch zu nennen ist, wobei Nicht-Theoretizität eines Begriffs relativ zu einer Theorie nicht heißt, daß dieser Begriff deshalb in irgendeinem absoluten Sinn empirisch sein muß. Das, was wir "innere Theoretisierung" genannt haben, wird zu einer strukturellen, gleichsam lokalen Relation in Theorie-Elementen, die mit empiristischen Positionen nicht eo ipso etwas zu tun hat[20].

Gehen wir nun die Liste der Probleme, vor denen die empiristisch-analytische Wissenschafts-Theorie stand, durch.

(1) Das Basisproblem stellt sich nach dem eben Gesagten im Rahmen des strukturalistischen Ansatzes zunächst nicht. Man könnte es allerdings als ein Folgeproblem aufwerfen in dem Sinne, daß man nach der Existenz und dem epistemologischen Status einer untersten Theorie-Schicht in Theoretisierungshierarchien fragt[21].

(2) Ebenso entfällt die Forderung nach Rückführung von theoretischer auf empirische Erkenntnis in einem absoluten Sinn. Stattdessen wird nur verlangt, daß jede theoretische Einheit, jedes Theorie-Element also, einen Theoretisierungsschritt enthält: die Verbindung jeweiliger theoretischer mit jeweiligen nicht-theoretischen Komponenten, die sich in entsprechenden Existenzaussagen ausdrückt[22].

(3) Die - weitgehend berechtigte - Kritik an einer scharfen Dichotomie analytischer und synthetischer Sätze brachte die

logischen Empiristen deswegen in Schwierigkeiten, weil ihre Konzeption einer generellen Wissenschaftssprache eine Bedeutungstheorie enthalten mußte, die neben empirisch signifikanten nur analytische Sätze zuläßt. Der nicht-sprachliche (modelltheoretische) Ansatz der Strukturalisten setzt eine solche Dichotomie nicht in dieser Weise voraus.

(4) Die Interdependenzen theoretischer Aussagen berücksichtigt der Strukturalismus einmal dadurch, daß mit jedem Theorie-Element nur _eine_, i.a. komplexe, durch die Constraints gleichsam zusammengehaltene Aussage (die zeitlich variabel sein kann) verbunden gedacht wird, zum anderen dadurch, daß Theorie-Elemente als untereinander durch Relationen verknüpft aufgefaßt werden, die die Interdependenzen der Theorie-Elemente ihrem Umfang und ihrer Art nach beschreiben. Theorie-Elemente sind gerade diejenigen Einheiten einer mittleren Größenordnung, die für sich genommen einen Aussagegehalt besitzen, wie inhaltlich eng auch der Zusammenhang mit anderen Theorie-Elementen sei. Nicht schon eine einzelne theoretische Aussage - wie die Empiristen wollen -, aber auch nicht erst ein ganzes Theoriengefüge oder gar nur "the whole of science" (Quine) ist die aussagefähige theoretische Einheit, sondern das Theorie-Element. Der Strukturalismus gestattet eine m.E. weit realistischere Sicht der Interdependenzen wissenschaftlicher Theorien als einerseits der Empirismus, andererseits der Pragmatismus Quinescher Prägung[23].

(5) Der Gehalt eines Theorie-Elements $\langle K,I \rangle$ läßt sich prinzipiell mit

$$I \in \Gamma(K)$$

angeben; ob dieser Gehalt "empirisch" genannt werden darf oder nicht, ist eine andere Frage, die nicht vorgängig entschieden zu werden braucht[24].

(6) Die Frage der Eliminierbarkeit theoretischer Terme hat für die Strukturalisten nicht die Dringlichkeit wie für die

logischen Empiristen, für die die Elimination theoretischer
Terme à la Ramsey oder Craig letzter Ausweg nach dem Scheitern der Bemühungen um grundsätzliche Reduzierbarkeit theoretischer auf empirische Terme war. - Andererseits untersucht
und differenziert Sneed die Möglichkeiten, theoretische Terme
auf dem von Ramsey eingeschlagenen Weg zu eliminieren[25].

(7) Sneed benutzt die höhere Logik oder stattdessen die
Sprache der Mengenlehre, um Theorien zu rekonstruieren. Er
verfügt damit über wesentlich reichere Ausdrucksmittel als
die logischen Empiristen, die sich meist auf die Logik erster
Stufe beschränkten[26]. Viele physikalische Theorien lassen
sich jedoch adäquat nur mit höherstufiger Logik oder mengentheoretisch rekonstruieren.

(8) Die Probleme der induktiven Logik und Bestätigungs-
Theorie konnten von den logischen Empiristen (vor allem
Carnap) nicht einmal für Wissenschaftssprachen erster Stufe
befriedigend gelöst werden. Ein Induktionsproblem im Sinne
dieser Versuche taucht im Sneedschen Rahmen zunächst nicht
auf. Die   Behauptung $I \in \Gamma(K)$ eines Theorie-Elements $\langle K,I \rangle$
ist kein Allsatz über viele Instanzen, deren Durchprüfung
die induktive Wahrscheinlichkeit erhöhen könnte. Vielmehr
wird man, für einen bestimmten Kern K, in der Regel mit einem kleinen paradigmatischen Bereich I_o beginnen, so daß
$I_o \in \Gamma(K)$ nachweisbar (in gewisser Näherung) gilt, und dann
I_o sukzessive erweitern: $I_o \subset I_1 \subset I_2 \subset \ldots$, mit jeweils der
Hypothese $I_n \in \Gamma(K)$. Eventuelle Widerlegungen zwingen zur
Rücknahme der jeweiligen Erweiterung, aber zu nicht mehr.
Von einem Kern K kann so die Gültigkeit in einem in der Regel
relativ kleinen Bereich und die vermutete (nicht widerlegte)
Gültigkeit in einem umfassenderen Bereich ausgesagt werden.
Eine Induktionstheorie hinsichtlich der Ausdehnung des An-
wendungsbereichs wurde nicht versucht und wäre hier auch fehl
am Platze[27].

Zum Schluß dieses Abschnitts sei auf einen metamethodologi-
schen Unterschied von Strukturalismus und logischem Empirismus

hingewiesen. So wie die logischen Empiristen Theorien als Allsätze über einen bestimmten Bereich auffassen (statement view), scheinen sie auch ihre Meta-Theorie zu verstehen: als Allsatz über wissenschaftliche Theorien.

Dagegen überträgt der Strukturalist seinen non statement view auch auf die eigene Meta-Theorie: sie ist ein Instrument, das paradigmatisch auf bestimmte Fälle (zunächst die klassische Partikelmechanik) erfolgreich Anwendung gefunden hat und hypothetisch auf einen größeren Bereich angewandt wird; "Anwendung" heißt dabei Rekonstruktion im strukturalistischen metatheoretischen Rahmen. Ansprüche auf universelle Anwendbarkeit auf (empirische) wissenschaftliche Theorien überhaupt, werden nicht erhoben und wären dem Sneedschen Ansatz auch ganz fremd. - Der Strukturalismus ist abstrakt und konkret zugleich: abstrakt in seinen formalen Mitteln und seinem Theorie-Konzept, konkret in seinen rekonstruktiven Anwendungen, in der Durcharbeitung des Materials: wissenschaftlicher Theorien. Er ist deswegen die erste zugleich analytische und realistische Wissenschaftstheorie.

2.2   Einheit der Wissenschaft

Die analytische Wissenschafts-Theorie richtet sich vornehmlich auf die Naturwissenschaften. Es gibt jedoch eine im weiteren Sinne zur analytischen Wissenschaftstheorie zählende Schule: den sogenannten kritischen Rationalismus, der beansprucht, eine für Natur- wie Sozialwissenschaften gleichermaßen verbindliche Methodologie entwickelt zu haben. Poppers Wissenschafts-Philosophie ist - dank Hans Albert - in Westdeutschland sogar in erster Linie als Theorie der Sozialwissenschaften oder auch Sozialphilosophie rezipiert worden, und überhaupt scheint bei uns diese Wissenschaftstheorie in dieser Anwendung zu bestimmen, wie die Wissenschaftstheorie einer breiteren Öffentlichkeit erscheint. Bedauerlich ist das insofern, als das Interesse der Sozialwissenschaften an einer wissenschaftstheoretischen Fundierung von der Popperschen

Wissenschaftsphilosophie kaum befriedigt werden kann; denn
diese ist ihrer Anlage nach von den Naturwissenschaften,
besonders der Physik, bestimmt und erhebt weitgehend die
dort gewonnenen Einsichten zu Normen für die Sozialwissenschaften, die diesen äußerlich und deswegen unangemessen
bleiben müssen[28].

Verständlicherweise sind die Naturwissenschaftler nicht in
dem Maße an den Analysen, Vorschlägen und Normen der Wissenschaftstheoretiker interessiert wie die Sozialwissenschaft-
ler, obwohl die Wissenschaftstheoretiker diesen nach Lage
der Dinge viel weniger zu sagen haben. Die Naturwissenschaftler sind sich ihrer Methoden und Erfolge in der Regel viel
zu sicher, als daß sie bei den Wissenschaftstheoretikern Rat
suchten. Sie verfügen über eine meist implizit bleibende
Wissenschaftstheorie, und wenn sie ausnahmsweise auf Metho-
den- oder Grundlagenfragen reflektieren, so eher aus einem
philosophischen Interesse, das sie auch noch haben, und in
einer Weise, die keineswegs mit ihrer implizit vertretenen
Wissenschaftstheorie übereinzustimmen braucht[29].

Das Interesse der Sozialwissenschaften an wissenschaftstheoretischen Fragen entspringt aber m.E. nur zum Teil der Tatsache, daß sie über einen weniger gesicherten Regelkanon
verfügen. Das ist sicher auch der Fall; hinzu kommt die
stärkere Aufspaltung in widerstreitende Schulen, die oft
dazu führt, daß sachliche Auseinandersetzungen im Vorfeld
methodologischer Debatten ausgetragen werden. Nun ist das
sicherlich nicht prinzipiell falsch; jede gute Methodologie
eines Faches sollte die Spezifika des betreffenden Gegen-
standsbereichs so kenntnisreich in Rechnung stellen, daß sie
in der Regel nur von den Fachwissenschaftlern selbst oder in
enger Zusammenarbeit mit ihnen betrieben werden kann, und
überhaupt sind in den Grundlagen einer jeden Wissenschaft
die Grenzen zwischen Theorie und Methodologie fließend. Oft
scheint es allerdings der Fall zu sein, daß von außen herbei-
gezogene wissenschaftstheoretische Positionen benutzt werden,

um den gegnerischen Ansatz von vornherein, und ohne sachlich auf ihn einzugehen, für wissenschaftstheoretisch unhaltbar zu erklären. Gewisse Auseinandersetzungen zwischen wissenschaftstheoretischen Schulen leisten der Neigung zu solchem bloß ideologischen Schlagabtausch Vorschub, indem beispielsweise hartnäckig am 'positivistischen' Charakter der analytischen Wissenschaftstheorie festgehalten oder andererseits jede dialektische Formulierung als eo ipso unwissenschaftlich denunziert wird[30].

Ein an wissenschaftstheoretischen Fragen seines Faches interessierter Naturwissenschaftler ist sehr viel besser daran als sein sozialwissenschaftlicher Kollege. Insbesondere der Physiker kann detaillierte und scharfsinnige Analysen grundlegender Theorien erwarten, die ihm ein tieferes Verständnis vermitteln und u.U. sogar in seiner Fachwissenschaft weiterhelfen können. Analysen von Mechanik, physikalischer Geometrie, Relativitätstheorie und Quantenmechanik sind Beispiele hierfür. In diesem Sinne gibt es eine konkrete Wissenschaftstheorie der Physik, die man als wissenschaftliche Nachfolgerin der Naturphilosophie ansehen kann[31]. Nicht aber scheint es eine vergleichbare Wissenschaftstheorie der Sozialwissenschaften oder eine wissenschaftliche Sozialphilosophie zu geben. Gibt es sie nur kontingenterweise nicht, weil die Wissenschaftstheorie - jedenfalls ursprünglich - hauptsächlich von philosophierenden Physikern entwickelt worden ist? Oder kann es sie in vergleichbarer Weise gar nicht geben?

Ich möchte, indem ich auf die Frage nach der Einheit der Wissenschaft eingehe, mich nicht aus der Geschichte der modernen Wissenschaftstheorie fortstehlen; ich möchte sogar in einer Hinsicht traditionell bleiben: darin, daß ich vorschlage, weiterhin zu versuchen, eine Wissenschaftstheorie für Natur- und Sozialwissenschaften zusammen zu entwickeln, die dann in konkreten Anwendungen auf die einzelnen Bereiche jeweils spezifische Ausprägungen erfahren kann und muß. Diese Art Versuche sind zwar in der Vergangenheit nicht befriedigend

ausgefallen, doch besteht m.E. Grund für die Annahme, daß
der strukturalistische Ansatz in dieser Hinsicht mehr Erfolg
verspricht, weil er nur sehr wenig Einheitlichkeit der Wissenschaften voraussetzt und darum ein Mehr dieser Thematik
zur Disposition stellt.

Wer die These von der Einheit der Wissenschaft bestreitet,
wird eine bestimmte Diversität der Wissenschaften in Anspruch
nehmen, also von einer Klassifikation der Wissenschaften ausgehen und nachzuweisen suchen, daß die in Anschlag gebrachten
Wissenschaftstypen der behaupteten Einheit nicht fähig sind.
Er wird etwa, wie früher üblich, von einer Einteilung in
Natur- und Geisteswissenschaften ausgehen und deren prinzipielle Verschiedenheit behaupten, oder er wird der Einheitsthese eine Dreiteilung in empirisch-analytische, historisch-
hermeneutische und emanzipatorische Wissenschaften entgegen-
setzen, oder - wie heute meist - sich auf den Gegensatz von
Natur- und Sozialwissenschaften konzentrieren. Indem ich mich
hauptsächlich dieser letzteren Klassifikation bediene, behaupte ich nicht, daß alle Wissenschaften entweder Sozial-
oder Naturwissenschaften sind. Ich meine vielmehr, daß man
mindestens noch die Klasse der Formalwissenschaften (Mathematik, Logik, formale Linguistik und vielleicht Informatik)
nennen sollte. Und sicher gibt es auch gute Gründe, die Geschichtswissenschaften von den systematischen Sozialwissenschaften zu unterscheiden[32].

Ein Vertreter der These von der Einheit der Wissenschaft
wird demgegenüber versuchen, die entgegengehaltene bestimmte
Klassifikation der Wissenschaften unter einem bestimmten
Aspekt als irrelevant zu erweisen. Er wird beispielsweise
behaupten, daß Natur- und Sozialwissenschaften dieselbe Methodologie befolgen oder, wenn er seine Wissenschaftstheorie nor-
mativ versteht, befolgen sollten. Oder er könnte den wohl
schwierigeren Versuch unternehmen, den Aussagebestand der
betreffenden Wissenschaften auf den einer von ihnen zurück-

zuführen, indem er beispielsweise die These vertritt, alle
Wissenschaften ließen sich prinzipiell auf die Physik reduzieren (Physikalismus). Diese These bildete - während einer
gewissen Phase - ein Kernstück der logisch-empiristischen
Wissenschaftstheorie. Man hoffte beispielsweise, Soziologie
auf Psychologie, diese weiter auf Physiologie und letztere
über die Chemie schließlich auf Physik reduzieren zu können.
Im Prinzip sollte das dadurch geleistet werden, daß man die
jeweilige Wissenschaftssprache in der der zugrundeliegenden,
'reduzierenden' Wissenschaft interpretierte, um so alle Gesetze der einen Wissenschaft als solche der zugrundeliegenden Wissenschaft zu erweisen. Ich möchte diese Einheitsthese
deshalb die These von der nomologischen Einheit der Wissenschaft nennen; sie ist seit langem praktisch aufgegeben. Faktisch hat man bis heute nicht einmal eine Reduktion der Chemie
auf die Physik erreichen können[33].

Eine schwächere Einheitsthese, die sich bis ins 19. Jahrhundert zurückverfolgen läßt, ist die schon erwähnte Auffassung,
die Wissenschaften bildeten eine methodologische Einheit; so
die Postivisten des 19. Jahrhunderts, die kritischen Rationalisten dieses Jahrhunderts und jene Wissenschaftsphilosophen,
die in Natur- und Sozialwissenschaften, einschließlich der
Geschichtswissenschaften, das gleiche Grundmuster wissenschaftlicher Erklärungen erblicken: das bekannte "covering
law"-Modell von C.G. Hempel u.a., in seinen beiden Varianten
für deduktiv-nomologische und für induktiv-statistische Erklärungen[34]. Die universale Anwendbarkeit dieses auch "Subsump-
tionsmodell" genannten Erklärungs-Schemas ist breit diskutiert
worden, wie der genannte erste Band von Stegmüllers Werk mit
seinen an die 8oo Seiten eindrucksvoll dokumentiert[35]. Ich
möchte hier nur resümieren, was ich als ein Ergebnis dieser
Diskussion ansehe: daß überall da, wo es überwiegend um die
Erklärung individueller Phänomene, besonders Handlungen, geht,
also in den Geschichtswissenschaften und historisch orientier-
ten Sozialwissenschaften, das covering law-Modell so viele

künstliche Zusätze, Einschränkungen und fragwürdige philosophische Annahmen erfordert, daß es insgesamt hier nicht
mehr überzeugt[36]. Die Schwierigkeiten bei der Anwendung des
Erklärungsmodells in den historischen Wissenschaften sind im
Grunde dieselben, die die Methodologen der Geisteswissenschaften im 19. Jahrhundert zu Recht gegen die positivisti-
sche Methodologie angeführt haben und die Windelband in seiner Unterscheidung nomothetischer und ideographischer Wissenschaften kodifizierte: erklären wie in den Naturwissenschaften kann man nur, wenn in irgendeinem Sinne von der Subsump-
tion unter Gesetze die Rede sein kann, und das setzt prinzipiell eine Wiederkehr, wenn nicht Reproduzierbarkeit, gleich-
artiger Phänomene voraus[37].

Für die empirischen Sozialwissenschaften, sofern sie sta-
tistisch arbeiten (und natürlich auch in entsprechenden
Branchen der Naturwissenschaften), besteht überdies das Problem, daß sich die induktiv-statistische Variante des Erklärungsmodells so ernsthaften allgemeinen Bedenken ausgesetzt
sieht, daß ich es wie manch anderer vorziehen würde, von
'statistischen Systematisierungen' anstelle von 'statistischen Erklärungen' zu sprechen[38].

Vom strukturalistischen Ansatz nun ist sicherlich nicht eine
Renaissance des Konzepts der Einheitswissenschaft, die Etablierung einer <u>strukturellen Einheit</u> der Wissenschaften, zu
erhoffen oder zu befürchten. Was der Strukturalismus aber
m.E. leisten könnte, wäre ein fruchtbares erneutes Aufgreifen des <u>Themas</u> 'Einheit der Wissenschaft', d.h. ein neuer
Zugang zu der Frage, ob die verschiedenartigen Wissenschaften, besonders Natur- und Sozialwissenschaften, etwas gemein
haben, was einen berechtigt, von einem <u>Wissenschaftsbegriff</u>
zu sprechen, und ob es andererseits Spezifika der verschiedenen Wissenschaftsarten gibt, die unbeschadet dieser Gemeinsamkeit dennoch auf <u>disziplinenspezifische Theoriebegriffe</u>
hinauslaufen. Mir scheint, daß strukturalistische Untersuchungen in dieser Richtung nicht ganz aussichtslos sind[39]. Die in

den folgenden Kapiteln vorgeführten Rekonstruktionen natur-
und sozialwissenschaftlicher Theorien sollen diese Hoffnung
plausibilisieren. (Unabhängig von dieser komparativen Absicht
zielen wir mit den durchzuführenden Rekonstruktionen natürlich auch auf eine Erhellung der rekonstruierten Theorien
selbst.) In wenigen Stichworten sei hier schon angedeutet,
worin sich möglicherweise die Gemeinsamkeiten und spezifischen Differenzen natur- und sozialwissenschaftlicher Theorien, bezogen auf den Sneedschen Rahmen, ausdrücken werden;
der Vergleich der bei den Rekonstruktionen im 4. und 5. Kapitel gemachten Erfahrungen folgt dann im 6. Kapitel.

Zunächst kommt eine gewisse Gemeinsamkeit von Natur- und
Sozialwissenschaft darin zum Ausdruck, daß der Sneedsche
Apparat in beiden Bereichen überhaupt Anwendung findet. In
dem Maße, in dem diese Anwendungen gelingen werden, kann man
immerhin sagen, daß das, was wir "innere Theoretisierung" genannt haben, also das die Zweistufigkeit der Theorie-Elemente
konstituierende Prinzip, ein durchgängiges Charakteristikum
der Wissenschaften darstellt. - Spezifische Differenzen zwischen Natur- und Sozialwissenschaften können andererseits
z.B. bei der Rolle, die die Constraints spielen, bestehen.
Sie können, wie einige physikalische Beispiele vermuten lassen, in den Naturwissenschaften hauptsächlich die formale Rolle spielen, die einzelnen Anwendungsfälle konsistent zusammen-
zuhalten (so durch das Identitätsconstraint); sie können aber
auch, wie Anwendungsversuche in den Sozialwissenschaften nahe-
legen, wesentliche gesetzliche Aussagen, die der Komplexität
des Gegenstandsbereiches Rechnung tragen, einschließen.
- Als weitere Parameter für disziplinenspezifisch theoretische Strukturen erwarten wir charakteristisch verschiedene
Vernetzungen der Theorie-Elemente in verschiedenen Wissenschaften, insbesondere hinsichtlich des Ausmaßes theoretischer Hierarchisierung und der Ausbildung konkurrierender
Kerne. Schließlich ist zu vermuten, daß die diachronen Theorie-Strukturen spezifisch verschieden sein werden, etwa im

Hinblick auf die Häufigkeit von "Revolutionen" im Sinne Kuhns und die Kummulation erfolgreicher Anwendungen[40].

3 Die strukturalistische Konzeption wissenschaftlicher Theorien

Im folgenden wird die von J.D. Sneed und anderen entwickelte strukturalistische Metatheorie wissenschaftlicher Theorien in ihren Grundzügen vorgetragen und in einigen Punkten weiterentwickelt. Detailliertere Darstellungen liegen in Arbeiten von Sneed, von Stegmüller und von Sneed/Balzer vor[1].

3.0 Vorbemerkungen

3.0.1 In der bisherigen Geschichte der Sneedschen Theorie sind neben technischen und notationellen Varianten einige wichtige konzeptuelle Änderungen zu verzeichnen. Die vielleicht wichtigste Neuerung betrifft die Einführung der Begriffe eines Theorie-Elements und eines Theorie-Netzes, die in gewisser Weise an die Stelle des Begriffes der Theorie in der ursprünglichen Version getreten sind[2]. Der Gesamtzusammenhang, die Analyse intra- und intertheoretischer Verhältnisse, bleibt zwar erhalten, wird aber in grundlegender Weise neu konzeptualisiert. Mit "Theorie-Element" und "Theorie-Netz" werden gleichsam die kleinste und die größte Analyse-Einheit hervorgehoben: Theorie-Elemente sind elementare Bausteine von Theorien, Theorien ihrerseits fügen sich zu größeren Theorie-Netzen zusammen; was landläufig als Theorie gilt, sind Objekte mittlerer Größenordnung, die formal bisher nicht besonders ausgezeichnet wurden. Indem der Theorie-Begriff so in den Hintergrund tritt, verliert sich auch die Unterscheidung intra- und intertheoretischer Relationen. Der Zusammenhang einzelner Stadien ein und derselben Theorie, früher mit dem Begriff der Kernerweiterung beschrieben, wird jetzt ebenso als Vernetzung von Theorie-Elementen aufgefaßt wie die intertheoretischen Beziehungen. Obwohl es kaum möglich sein wird, eine die Theorien kennzeichnende Eigenschaft von Theorie-Netzen zu finden, werden sich jedenfalls einige notwendige Charakteristika von Theorien angeben lassen, die die Verhältnisse zwischen den Theorie-Elementen einer Theorie betreffen; im übrigen sind wir wohl geneigt, nur solche Theorie-Netze "Theorien" zu nennen, die eine gewisse Kohärenz aufweisen[3].

3.0.2 Bei der folgenden Darstellung der Sneedschen Theorie legen wir im allgemeinen auf technische Details keinen Wert. Unser Ziel ist es hauptsächlich, für die Rekonstruktionen empirischer Theorien in den Kapiteln 4 und 5 und für die vergleichenden Überlegungen in Kapitel 6 einen einheitlichen Rahmen zu präsentieren. Diesen Rahmen für passende technische Ausgestaltungen und für geeignete Modifikationen offenzuhalten, ist der Rekonstruktionsabsicht angemessen und entspricht dem Geist der Sneedschen Theorie, wenn man diese gleichsam auf sich selbst anwendet: Die Sneedsche Theorie ist nicht ein starres Aussagensystem über Theorien, sondern eine Struktur, die im Zuge ihrer sukzessiven Anwendung auf immer mehr Objekt-Theorien entsprechend auszudifferenzieren ist. Eine Festlegung auf eine bestimmte technische Ausformulierung der Metatheorie würde ihre heuristische Kraft, um die es hier in erster Linie geht, beeinträchtigen.

Wir werden die Sneedsche Theorie scheinbar dogmatisch vortragen, als ein Instrument zur Rekonstruktion von Theorien, das erst im nachhinein durch seine Anwendungen gerechtfertigt werden kann. Der Leser wird daher gebeten, mit der Frage nach der Relevanz des zu entwickelnden komplizierten Instrumentariums für die Rekonstruktion von Theorien sich bis zu dessen späterem Gebrauch zu gedulden.

3.1 Theorie-Elemente

3.1.1 Theorien sind nicht Aussagen oder Aussagensysteme[4]. Sie sind Strukturen, mit denen Aussagen auf eine bestimmte, im folgenden zu erläuternde Weise verbunden werden. Die kleinsten Teile solcher theoretischen Strukturen, mit denen sich auf diese Weise Aussagen verbinden lassen, sind die sogenannten Theorie-Elemente, mit denen allein wir uns zunächst beschäftigen.

3.1.2 Die mit einem Theorie-Element verbundene Aussage besteht
in der Anwendung, oder besser: in der Behauptung der Anwendbarkeit, eines sogenannten Theorie-Element-Kerns K auf
einen intendierten Bereich I von Objekten. Das Theorie-
Element selbst wird mit dem Paar $\langle K,I \rangle$ identifiziert. Die
'Objekte' sind im allgemeinen nicht Einzeldinge, sondern
mehr oder weniger komplexe Systeme bzw. theoretische Strukturen eines zugrundeliegenden anderen Theorie-Elements[5].

<u>Kerne</u> sind mengentheoretische Entitäten eines bestimmten -
unter 3.1.3 dargestellten - Typs. Jedem Kern K läßt sich
eine gewisse höherstufige Menge, ihr 'Gehalt' $\Gamma(K)$, derart
zuordnen, daß die Anwendung von K auf einen Objektbereich I
auf die Behauptung

$$I \in \Gamma(K)$$

hinausläuft. Zum Verständnis dieser Aussageform sei hier
zunächst nur soviel gesagt, daß der Gehalt $\Gamma(K)$ zwar durch
K logisch eindeutig bestimmt, aber im allgemeinen keineswegs bekannt ist. Ob der ins Auge gefaßte, pragmatisch
zu charakterisierende Objektbereich I in die Klasse $\Gamma(K)$
der theoretisch möglichen Objektbereiche fällt, läßt sich
in der Regel nicht ohne nähere Untersuchungen entscheiden. -
K und I sind bekannt, $\Gamma(K)$ ein unbekanntes, gleichwohl durch
K festgelegtes Ensemble (im platonischen Himmel der - naiven -
Mengenlehre). Ob ein gewähltes I diesem Ensemble angehört,
ist erst herauszubekommen[6].

3.1.3 Bei der Anwendung einer Theorie auf einen Objektbereich
müssen - in landläufiger Vorstellung - die Objekte des Bereichs die Forderungen der Theorie erfüllen. Es werden zwei
Typen theoretischer Forderungen unterschieden: Gesetze, die
von einzelnen Objekten je für sich zu erfüllen sind, und
Einschränkungen ("constraints")[7], denen Mengen von Objekten
zu genügen haben. Entsprechend werden die theoretischen
Forderungen im Kern eines Theorie-Elements modelltheoretisch

durch zwei Mengen repräsentiert: die Gesetze durch eine Menge M von <u>Modellen</u> und die Einschränkungen durch eine Menge C von zulässigen Mengen, die selbst auch <u>"Constraints"</u> genannt werden[8]. M ist eine Teilmenge der Menge M_p der <u>'potentiellen Modelle'</u>: $M \subseteq M_p$, C eine Teilmenge der Potenzmenge von M_p: $C \subseteq \text{Pot}(M_p)$. Potentielle Modelle sind theoretische Strukturen, die gewisse Minimalbedingungen erfüllen; diese Bedingungen stellen sicher, daß es überhaupt sinnvoll ist, nach der Erfüllung der theoretischen Forderungen zu fragen. Dazu müssen vor allem die Objekte mit den begrifflichen Mitteln des Theorie-Elements konzipiert werden. Dies wird dadurch ausgedrückt, daß ein potentielles Modell aus einem nicht-theoretisch beschriebenen Objekt durch Hinzufügung theoretischer Komponenten entsteht: M_p ist eine Menge von (k+q)-tupeln aus k nicht-theoretischen und q theoretischen Komponenten - eine Unterscheidung, auf die wir am Ende dieses Unterabschnitts zurückkommen. Die Objekte des Theorie-Elements werden durch k-tupel aus allein nicht-theoretischen Komponenten repräsentiert; solche k-tupel heißen 'partielle potentielle Modelle' oder kurz <u>'Partialmodelle'</u>.

Im allgemeinen sind nicht alle Partialmodelle interessante Gegenstände des Theorie-Elements; als Menge I der <u>inten-dierten</u> Objekte wird eine Teilmenge der Menge M_{pp} der partiellen potentiellen Modelle ausgewählt: $I \subseteq M_{pp}$. Außer den Mengen M, M_p, M_{pp} und C wird dem Kern eines Theorie-Elements eine - im Prinzip entbehrliche, aber formal abrundende - <u>Restriktionsfunktion</u> r zugerechnet, die aus potentiellen Modellen die theoretischen Komponenten 'streicht':

$$r: M_p \longrightarrow M_{pp}$$

$$\text{mit} \quad r(\langle n_1, \ldots, n_k; t_1, \ldots, t_q \rangle) = \langle n_1, \ldots, n_k \rangle$$

$$\text{für} \quad \langle n_1, \ldots, n_k; t_1, \ldots, t_q \rangle \in M_p.$$

Der Kern eines Theorie-Elements wird dann mit dem Quintupel $\langle M, M_p, M_{pp}, r, C\rangle$ identifiziert. Wir fassen zusammen: M und C repräsentieren die theoretischen Forderungen und M_p, M_{pp} und r zusammen die Unterscheidung theoretischer und nicht-theoretischer Komponenten. Die wichtigsten der 'Kern (eines Theorie-Elements)' definierenden Forderungen an ein Quintupel $\langle M, M_p, M_{pp}, r, C\rangle$ sind:

(K1) $\quad \emptyset \neq M \subseteq M_p$, $\emptyset \neq C \subseteq \text{Pot}(M_p)$

  (M und C sind nichtleere Teilmengen von M_p bzw. $\text{Pot}(M_p)$.)[9]

(K2) $\quad r: M_p \longrightarrow M_{pp}$

  (r ist eine Funktion von M_p auf M_{pp}.)[10]

Als definierende formale Bedingung für _Theorie-Elemente_ $\langle K, I\rangle$, bestehend aus einem Kern $K = \langle M, M_p, M_{pp}, r, C\rangle$ und einem intendierten Objektbereich I, tritt die Forderung hinzu:

(A1) $\quad \emptyset \neq I \subseteq M_{pp}$

  (I ist ein nichtleerer Teil von M_{pp}.)

Die _Unterscheidung theoretischer und nicht-theoretischer Komponenten_ wird in abstracto nicht begründet. Sie ist bei Anwendung der Meta-Theorie auf bestimmte Objekt-Theorien jeweils konkret zu treffen und zu verantworten. (Für Theorien der mathematischen Physik hat Sneed ein Kriterium für Theoretizität im Anschluß an den Begriff der theorieabhängigen Meßbarkeit zu geben versucht.[11]) Die Meta-Theorie selbst geht nur davon aus, daß diese Unterscheidung überhaupt auf die eine oder andere Weise getroffen werden kann. Sie drückt dies dadurch aus, daß die konstante Länge der Tupel aus M_p, k+q, mindestens so groß wie die konstante Länge der Tupel aus M_{pp}, k, ist ($q \geqslant o$) und daß die k-tupel aus M_{pp} gerade die durch Streichung der jeweils letzten q Komponenten in (k+q)-tupeln aus M_p hervorgehenden sind. Die Bezeichnungen

'theoretisch' und 'nicht-theoretisch' haben nur jeweils
<u>relativ auf ein Theorie-Element</u> einen Sinn. Die nicht-
theoretischen Komponenten in den Partialmodellen eines
Theorie-Elements können sehr wohl theoretische Komponenten in Modellen eines anderen Theorie-Elements sein.

3.1.4 Soll der Kern K eines Theorie-Elements auf den intendierten Objektbereich I des Theorie-Elements angewandt
werden, so sind die einzelnen Objekte aus I, also gewisse
k-tupel, derart um theoretische Komponenten zu ergänzen,
daß die ergänzten potentiellen Modelle die theoretischen
Forderungen erfüllen, also erstens je für sich Modelle
sind und zweitens zusammengenommen den Constraints genügen. Sei J eine derart aus I durch theoretische Ergänzung
gewonnene Menge potentieller Modelle: $J \in \text{Pot}(M) \cap C$. Nach
beiderseitiger Anwendung der Restriktionsfunktion r er-
hält man die Bedingung $I = r(J) \in r(\text{Pot}(M) \cap C)$. $r(\text{Pot}(M) \cap C)$
ist der in 3.1.2 erwähnte Gehalt $\Gamma(K)$ des Kerns K. Mit
$\langle K, I \rangle$ wird daher behauptet, daß I zum Gehalt von K gehört:
   $I \in \Gamma(K)$ ($:= r(\text{Pot}(M) \cap C)$ für $K = \langle M, M_p, M_{pp}, r, C \rangle$).

Zwei Graphiken mögen diese Verhältnisse veranschaulichen:

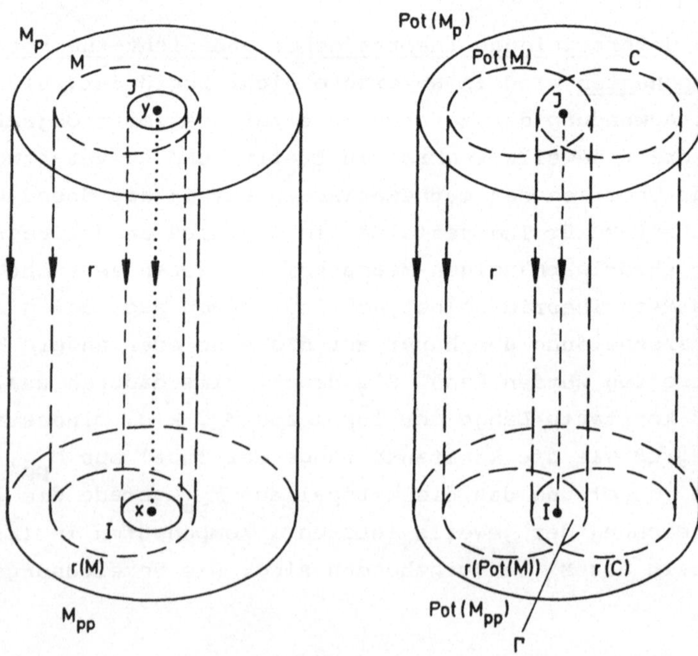

In der linken Graphik wird von Constraints abgesehen, in
der rechten Graphik werden sie berücksichtigt[12]. Man "lese"
zunächst die linke Graphik und gehe aus von der Menge I auf
der unteren, nicht-theoretischen Ebene. I ist eine vorgegebene (pragmatisch bestimmte) Menge von Partialmodellen,
also eine Teilmenge von M_{pp}. Die Elemente von M_{pp} sind
k-tupel aus nicht-theoretischen Komponenten. Jedes solche
in I gelegene k-tupel x soll sich um theoretische Komponenten "nach oben" ergänzen lassen zu einem (k+q)-tupel y, das
in die Teilmenge M von M_p auf der oberen, theoretischen Ebene fällt. M ist als unbekannt anzusehen. Insgesamt soll es
eine theoretische Ergänzung J der Menge I geben, die in M
fällt: $J \subseteq M$ mit r(J)=I, anders ausgedrückt: $I \subseteq r(M)$.
Werden Constraints berücksichtigt (rechte Graphik), so wird
zu I (jetzt als Punkt dargestellt) ein darüberliegendes J
gesucht (d.h. ein $J \in Pot(M_p)$ mit r(J)=I), das nicht nur in
Pot(M), sondern auch in C fällt; m.a.W.: J soll im Durchschnitt von Pot(M) und C liegen, im sogenannten theoretischen Gehalt: $J \in Pot(M) \cap C$. Auf die untere Ebene projiziert
bedeutet das:

$$I = r(J) \in r(Pot(M)) \cap r(C) = r(Pot(M) \cap C) = \Gamma.$$

r(Pot(M)) und r(C), sowie ihr Schnitt Γ, der Gehalt des
Theorie-Elements, sind unbekannt. Die Behauptung, daß der
gewählte Objektbereich I in diese Schnittmenge fällt, ist
im allgemeinen nur dadurch zu bewahrheiten, daß man theoretische Ergänzungen der Elemente aus I, d.h. ein J, _angibt_,
von dem sich nachweisen läßt, daß es in den theoretischen
Gehalt $Pot(M) \cap C$ fällt.

3.1.5   Ist ein Partialmodell x zu einem Modell y _ergänzbar_, so im
allgemeinen _auf mehrerlei Weise_, d.h. es gibt mehrere Modelle
y mit r(y) = x. (Die Gesamtheit der Modelle "über" x ist
$r^{-1}(x) \cap M$.) Die Mehrdeutigkeit theoretischer Ergänzungen wird
jedoch in der Regel durch Constraints eingeschränkt.

Betrachten wir dazu das folgende, in einer Graphik veran-
schaulichte abstrakte _Beispiel_ mit endlichen Modellen[13]:

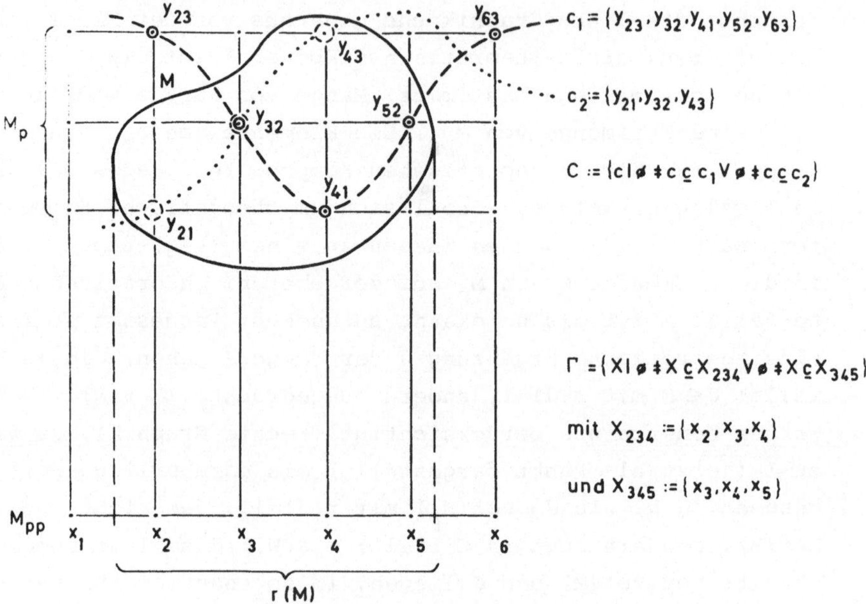

Die Graphik entspricht der linken Graphik von 3.1.4, aber
mit dem Unterschied, daß M_{pp} hier linear dargestellt ist
und daß Constraints berücksichtigt sind. Zur Vereinfachung
wurde M_{pp} als endlich vorausgesetzt; es sei

$$M_{pp} := \{x_1, \; x_2, \; x_3, \; x_4, \; x_5, \; x_6\}.$$

"Über" jedem $x_i \in M_{pp}$ möge es drei $y_{ij} \in M_p$ mit $r(y_{ij}) = x_i$
geben; die doppelte Indizierung der potentiellen Modelle
erfolgt auf die in der Graphik angedeutete Weise. M bestehe
aus den im Innern der mit "M" bezeichneten geschlossenen
Kurve gelegenen potentiellen Modelle:

$$M = \{y_{21}, \; y_{22}, \; y_{31}, \; y_{32}, \; y_{41}, \; y_{42}, \; y_{43}, \; y_{52}\}.$$

M ist ein echter Teil von M_p und liegt insbesondere nicht über ganz M_{pp}: $M \subset M_p$ und $r(M) \subset M_{pp}$. Die Partialmodelle x_1 und x_6 aus $M_{pp} \setminus r(M)$ dürfen also schon mit Rücksicht auf M nicht in den Objektbereich I der Theorie aufgenommen werden. Ob ganz $r(M) = \{x_2, x_3, x_4, x_5\}$ ein mögliches I ist, hängt von den Constraints ab. Die Constraints sind im wesentlichen durch zwei Mengen c_1 und c_2 von potentiellen Modellen gegeben, die durch die gestrichelte Kurve (c_1) und die gepunktete Kurve (c_2) veranschaulicht werden:

$$c_1 := \{y_{23}, y_{32}, y_{41}, y_{52}, y_{63}\} \, ,$$

$$c_2 := \{y_{21}, y_{32}, y_{43}\} \, .$$

C selbst besteht aus allen nichtleeren Teilmengen von c_1 und c_2:

$$C := \{c \mid \emptyset \neq c \subseteq c_1 \lor \emptyset \neq c \subseteq c_2\} \, .$$

Die Constraints bestimmen gemeinsam mit der Modellmenge M den theoretischen Gehalt des Theorie-Elements, d.h. welche Kombinationen potentieller Modelle zugelassen sind. Die Constraints scheiden alle Kombinationen von Modellen, die nicht durch eine der beiden Kurven verbunden werden, aus. Insbesondere entfallen natürlich alle auf keiner der beiden Kurven gelegenen Modelle (also y_{22}, y_{31} und y_{42}) als geeignete theoretische Ergänzungen. Dadurch wird in den Fällen x_2 und x_3 die bisherige Zweideutigkeit der Ergänzungen aufgehoben und die Dreideutigkeit der Ergänzungen von x_4 zu einer Zweideutigkeit ermäßigt; x_5 war schon vorher auf nur eine Weise zu einem Modell ergänzbar. Interessanter sind natürlich die Beschränkungen, die die Constraints der Ergänzbarkeit mehrelementiger Mengen von Partialmodellen auferlegen. Beispielsweise ist die Menge $X_{34} := \{x_3, x_4\}$ zwar noch auf zwei Weisen ergänzbar: zu $\{y_{32}, y_{41}\}$ und zu $\{y_{32}, y_{43}\}$; dies entspricht numerisch der schon beobachteten zweifachen Ergänzbarkeit von x_4. Dehnt man aber X_{34}

durch Hinzunahme von x_5 aus, betrachtet also die Ergänzbarkeit von $X_{345} := \{x_3, x_4, x_5\}$, so hat das Rückwirkungen auf die Ergänzbarkeit von x_4: y_{43} liegt in keinem sich über ganz X_{345} erstreckenden Teil einer Kurve c_i. Dadurch ist X_{345} nur einfach ergänzbar: zu $\{y_{32}, y_{41}, y_{52}\}$; m.a.W.: nur die erste (auf c_1 gelegene) der beiden betrachteten Ergänzungen von X_{34} kann zu einer Ergänzung von X_{345} ausgedehnt werden. Versucht man dagegen, X_{34} nach der anderen Seite: durch Hinzunahme von x_2, ergänzbar auszudehnen, so fällt y_{41} aus: nur die zweite (auf c_2 gelegene) Ergänzung von X_{34} läßt sich zu einer Ergänzung von X_{234} ausdehnen: zu $\{y_{21}, y_{32}, y_{43}\}$. X_{234} und X_{345} sind also beide eindeutig ergänzbar, und zwar bei einem der gemeinsamen Partialmodelle: bei x_3, durch dieselbe theoretische Komponente: y_{32}, bei dem anderen gemeinsamen Partialmodell: bei x_4, durch verschiedene theoretische Komponenten: zu y_{41} bzw. y_{43}; man kann sagen, X_{234} und X_{345} sind zwar jeweils eindeutig, aber nicht einheitlich theoretisch ergänzbar.

Derselbe Sachverhalt, der bei der Ausdehnung von X_{34} zu X_{234} oder X_{345} die Mehrdeutigkeit der theoretischen Ergänzbarkeit herabdrückt (im Beispiel: bis zur Eindeutigkeit), bewirkt auch, daß X_{234} und X_{345} maximal sind in dem Sinne, daß sie sich offenbar nicht weiter ergänzbar ausdehnen lassen: c_2 enthält überhaupt keine weiteren Elemente außer y_{21}, y_{32} und y_{43}, und c_1 enthält weitere Elemente außer y_{32}, y_{41} und y_{52} nur außerhalb von M. Läge beispielsweise y_{23} noch in M, so wäre gleichzeitig $\{y_{32}, y_{41}, y_{52}\}$ zu der Ergänzung $\{y_{23}, y_{32}, y_{41}, y_{52}\}$ von $X_{2345} := \{x_2, x_3, x_4, x_5\}$ ausdehnbar, und wir hätten eine mehrdeutige Ergänzbarkeit von X_{234} (und erst recht von $X_{23} := \{x_2, x_3\}$ und $X_2 := \{x_2\}$).

Man sieht an diesem Beispiel, wie Ausdehnung des Objektbereichs die Mehrdeutigkeit der Ergänzbarkeit via Constraints einschränkt, u.U. bis zur eindeutigen Ergänzbarkeit (einer Besonderheit unseres Beispiels). Der Zusammenhang von

Spezifizität theoretischer Ergänzungen und Ausdehnung des
Anwendungsbereichs bishin zu maximalen theoretisch ergänzbaren Bereichen wird gegenwärtig von Sneed untersucht[14].
Da wir diese Zusammenhänge, deren nähere Erforschung einen
umfangreichen technischen Apparat erfordert, bei den Rekonstruktionen von Objekttheorien in den folgenden Abschnitten nur grundsätzlich benötigen, möge die anschauliche Er-
läuterung an den relativ einfachen Verhältnissen unseres
konstruierten Beispiels genügen. - Sneeds erwähnte neuere
Untersuchungen stehen im Zusammenhang mit der Analyse von
Invarianzprinzipien der Physik. Invarianzen werden dabei
nicht relativ zu Transformationsgruppen, sondern allgemeiner
relativ zu gewissen Äquivalenzrelationen betrachtet. Zum
Beispiel können mehrere theoretische Ergänzungen ein- und
derselben Menge von Partialmodellen als untereinander äquivalent angesehen werden. (Dies ist der schwächste aus einer
Reihe untersuchter Äquivalenz-Begriffe.) Werden theoretische
Strukturen ihrerseits Objekte einer höherstufigen Theorie,
so ist diese tunlichst invariant bezüglich solcher Äquivalenzen zu formulieren[15].

Unser Beispiel hat gezeigt, daß es mehrere maximale Objektbereiche geben kann; im Beispiel gibt es genau zwei solche
Bereiche, nämlich außer den beiden betrachteten keine weiteren. Die folgende Graphik veranschaulicht die Struktur
der Menge der theoretisch ergänzbaren Objektbereiche (also
den Gehalt unseres Theorie-Elements) als Teil des Verbandes
Pot(r(M)) unter Inklusion; die Anzahl der Sternchen gibt
jeweils den Grad der Mehrdeutigkeit an. Man liest z.B. so-
fort ab, daß unsere Ausgangsmenge X_{34} der einzige zweiele-
mentige Objektbereich ist, der mehrfach theoretisch ergänzt
werden kann, und zugleich der einzige, der sich auf mehrere
Weisen ergänzbar ausdehnen läßt.

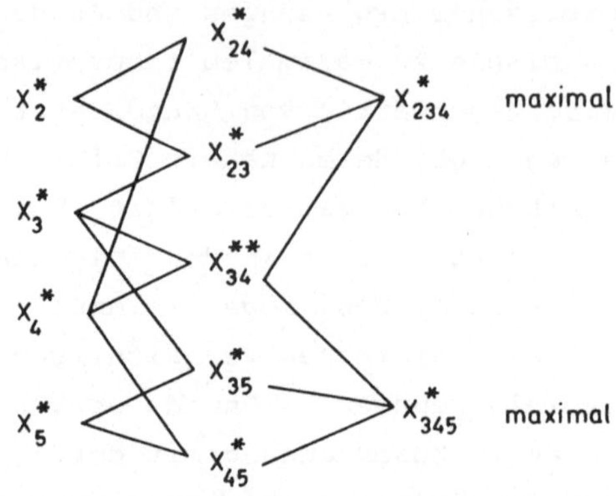

Im allgemeinen werden die maximalen Bereiche noch mehrdeutig ergänzbar sein und verschiedene Grade von Mehrdeutigkeit aufweisen. Strebt man eindeutige Ergänzbarkeit an oder jedenfalls weitestgehende Einschränkung der Mehrdeutigkeit, so muß man, von einem nichtmaximalen Objektbereich ausgehend – bei Existenz mehrerer maximaler Bereiche – zusehen, den Objektbereich in Richtung auf einen maximalen Objektbereich mit möglichst geringer Mehrdeutigkeit auszudehnen. Das wird nach unseren Überlegungen ehestens – aber nicht notwendig – erreicht, wenn man einen größten der Maximalbereiche ansteuert.

Wie der intendierte Objektbereich eines Theorie-Elements tatsächlich entwickelt wird, hängt im allgemeinen noch von ganz anderen Faktoren ab, zumal die maximal möglichen Objektbereiche und die ihnen zukommenden Grade von Mehrdeutigkeit in der Regel nicht bekannt sind. Die Verbandsstruktur des Gehalts $\Gamma(K)$ eines Kerns K, in einfachen Fällen durch ein Diagramm obiger Art zu veranschaulichen, steckt nur den unbekannten logischen Rahmen für die tatsächliche Entwicklung des intendierten Objektbereichs ab. Man wird also bei dieser Entwicklung gleichsam auf unsichtbare Grenzen stoßen, über deren Verlauf man Vermutungen anstellen und vielleicht

Teileinsichten gewinnen kann. Man würde etwa, ausgehend von - im Beispiel - einem einzigen, paradigmatisch ergänzbaren Partialmodell, etwa von x_3, einerseits erfolgreich versuchen, x_2 hinzuzunehmen, andererseits, wieder erfolgreich, x_5; es gelingt jedoch nicht, alle drei Partialmodelle gemeinsam theoretisch zu ergänzen, so daß man - zu Recht - vermutet: $X_{235} \notin \Gamma(K)$. Man muß also entweder auf x_2 oder aber auf x_5 verzichten und wird in beiden Fällen belohnt mit der Ausdehnbarkeit auf x_4. Wenn man bei der Vermutung $X_{235} \notin \Gamma(K)$ bleibt, hat es nun keinen Zweck mehr, das ausgeschiedene x_2 bzw. das ausgeschiedene x_5 wieder einzubeziehen. Denn wenn $X_{2345} \in \Gamma(K)$ wäre, so auch $X_{235} \in \Gamma(K)$. Man würde also weiter - wieder zu Recht - vermuten, daß das erreichte X_{234} bzw. X_{345} sich innerhalb r(M) nicht weiter ausdehnen läßt[16].

3.2 Theorie-Netze

Theorie-Netze sind Mengen von Theorie-Elementen, zwischen denen gewisse Relationen bestehen. Theorie-Netze können nach der Art der auftretenden Relationen, nach dem Grad der Vernetzung und nach Kennzeichen des strukturellen Aufbaus formal unterschieden werden. Einige Relationen zwischen Theorie-Elementen sind in erster Linie logischer Natur: sie betreffen primär die Verhältnisse von Theorie-Element-<u>Kernen</u>. Die Verhältnisse der zugeordneten intendierten Objektbereiche werden dann erst im nachhinein und im Zusammenhang miteinander bestimmt. Relationen zwischen Theorie-Elementen werden darum im folgenden, soweit möglich, zunächst als Relationen zwischen Theorie-Element-Kernen konzipiert.

3.2.1 Im Hinblick auf unsere Rekonstruktionsabsichten sind in erster Linie die Spezialisierungs- und die Theoretisierungsrelation, σ bzw. τ , von Interesse, ferner die Reduktionsrelation ρ.

Einen Kern zu "spezialisieren" bedeutet, die theoretischen
Forderungen zu verschärfen (die Erfüllung spezieller Gesetze zu fordern):

Seien $K = \langle M, M_p, M_{pp}, r, C \rangle$ und $K' = \langle M', M'_p, M'_{pp}, r', C' \rangle$

zwei Theorie-Element-Kerne. Dann heiße per definitionem

    K' <u>Spezialisierung</u> von K ($K' \, \sigma \, K$)

gdw. $M' \subseteq M$, $C' \subseteq C$ (und $M'_p = M_p, M'_{pp} = M_{pp}, r' = r$)[17].

Ist K' Spezialisierung von K, so liegt es nahe, daß die
zugeordneten intendierten Objektbereiche I' und I - jedenfalls, wenn sie gleichzeitig gewählt werden - im entsprechenden Inklusionsverhältnis stehen[18]; daher heiße

    $\langle K', I' \rangle$ Spezialisierung von $\langle K, I \rangle$

gdw. $K' \, \sigma \, K$ und $I' \subseteq I$.

Mit dem spezialisierten Theorie-Element $\langle K', I' \rangle$ wird im
allgemeinen eine stärkere Behauptung verbunden, wenn auch
über einen eingeschränkten Bereich. Denn im allgemeinen
ist $\Gamma(K') \subset \Gamma(K)$ und $I' \subset I$. Dann ist die Behauptung $I' \in \Gamma(K')$
insofern stärker als die Behauptung $I \in \Gamma(K)$, als von ersterer
Behauptung $I' \in \Gamma(K)$ impliziert wird. Man mache sich dafür
klar, daß mit der Zugehörigkeit eines Bereichs zum Gehalt
eines Kerns auch alle nichtleeren Teile dieses Bereichs zu
diesem Gehalt gehören[19]. Andererseits braucht $I \smallsetminus I'$ nicht
zum Gehalt $\Gamma(K')$ zu gehören. Mit dem Übergang von $\langle K, I \rangle$
zu $\langle K', I' \rangle$ behauptet man also im allgemeinen "mehr über
weniger".

Abgeleitet vom Begriff der Spezialisierungsrelation ist
der Begriff der zu σ konversen Relation $\gamma := \breve{\sigma}$, der "Generalisierung".

    $\langle K', I' \rangle$ ist Generalisierung von $\langle K, I \rangle$
gdw. $K \, \sigma \, K'$ und $I \subseteq I'$.

In der zeitlichen Deutung, daß K' später als K entwickelt
wird, kann diese Relation z.B. dann eine Rolle spielen,
wenn ein Kern durch Zurücknahme oder Abschwächung von Gesetzen abgemildert wird, etwa um eine größere Anwendbarkeit zu erreichen. Wird I unter Beibehaltung des vollen K
zu einem I' ⊃ I ausgedehnt - man könnte das "empirische Fort-
entwicklung" von ⟨K,I⟩ nennen -, so ist das formell eine
Generalisierung:

$$\langle K, I' \rangle_{\gamma} \langle K, I \rangle \quad , \text{ wenn } I' \supset I.$$

Damit ein Kern $K' = \langle M', M'_p, M'_{pp}, r', C' \rangle$ einen Kern $K = \langle M, M_p, M_{pp}, r, C \rangle$
"theoretisiert", muß zunächst die formale Bedingung erfüllt
sein, daß er sich nur auf potentielle Modelle des anderen
Kerns als Objekte (Partialmodelle) bezieht:

$$M'_{pp} \subseteq M_p \qquad \text{(formale Bedingung)};$$

K' baut also gleichsam auf der Begrifflichkeit von K auf.
Darüber hinaus erscheint es sinnvoll zu fordern, daß K' auch
theoretisch auf K aufbaut in dem Sinne, daß der Gehalt von K'
innerhalb der Grenzen des theoretischen Gehalts von K zu
suchen ist:

$$\Gamma(K') \subseteq \text{Pot}(M) \cap C \qquad \text{(theoretische Bedingung)};$$

d.h. die theoretischen Forderungen von K' schließen die
theoretischen Forderungen von K ein. Per definitionem heiße
deshalb

$$K' \text{ \underline{Theoretisierung} von } K \qquad (K' \tau K)$$

gdw. $\quad M'_{pp} \subseteq M_p$ und $\Gamma(K') \subseteq \text{Pot}(M) \cap C$,

wenn also die formale und die theoretische Bedingung erfüllt
sind[20]. Damit ein Theorie-Element ⟨K',I'⟩ ein Theorie-Element
⟨K,I⟩ theoretisiert, soll darüber hinaus die Bedingung

$$I' \in \text{Pot}(M) \cap C \qquad \text{(pragmatische Bedingung)}$$

erfüllt sein, d.h. I' soll bereits so gewählt werden, daß es
die theoretischen Forderungen von K erfüllt. Das folgende
Diagramm veranschauliche die Verhältnisse für den Sonderfall
$M'_{pp} = M$ [21].

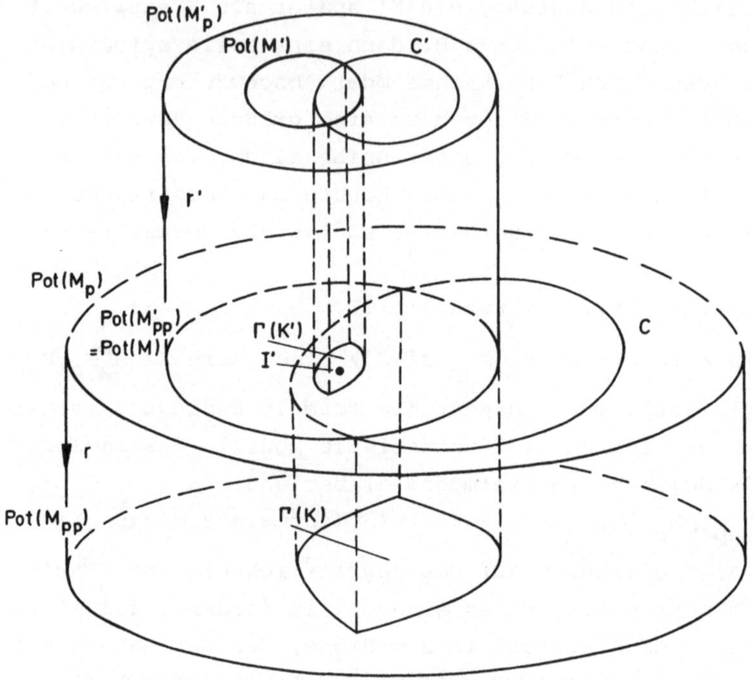

Es liegt nahe, zwei durch die Theoretisierungsrelation verbundene Kerne $K=\langle M,M_p,M_{pp},r,C\rangle$ und $K'=\langle M',M'_p,M'_{pp},r',C'\rangle$ zu einer größeren Struktur zusammenzufassen. Betrachten wir dazu das folgende Diagramm (wiederum für den Spezialfall $M'_{pp}=M$).

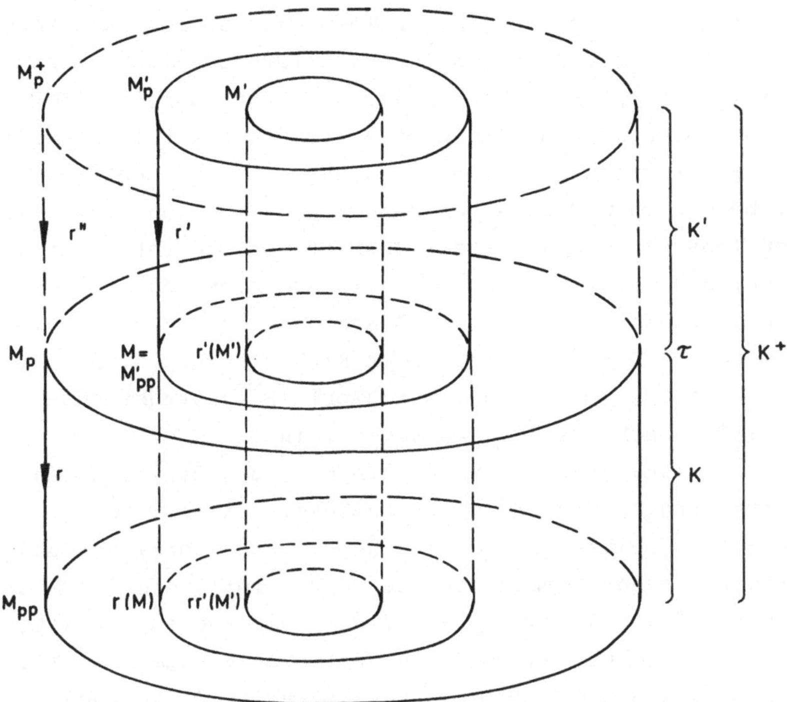

Anschaulich gesprochen, handelt es sich um zwei aufeinander-
liegende Stufengebilde, bei denen das obere Niveau des unteren Gebildes mit dem unteren Niveau des oberen Gebildes
zusammenfällt. Es liegt nahe, auf folgende Weise die beiden
Stufen "in einem Schritt zu nehmen": man schaffe eine M_p'
umfassende, "ganz über M_p liegende" Menge M_p^+, d.h. eine
Menge M_p^+ mit $M_p^+ \supseteq M_p'$ und $r''(M_p^+) = M_p$ [22], und definiere
$M^+:=M'$, $M_{pp}^+:=M_{pp}$, $r^+:=rr''$ (im Sinne einer Hintereinander-
ausführung von r'' und r in dieser Reihenfolge) und $C^+:=C'$,
so daß der neue, beide Stufen "umfassende" Kern

$$K^+ = \langle M^+, M_p^+, M_{pp}^+, r^+, C^+ \rangle$$

$$= \langle M', M_p^+, M_{pp}, rr'', C' \rangle$$

entsteht. Die Theoretisierungsbeziehung von K und K' ist in
K$^+$ "internalisiert": die "äußere Theoretisierung" zwischen
zwei Kernen ist zur "inneren Theoretisierung" eines neuen
integrierten Kerns geworden. Diese auch auf mehrgliedrige
τ-Ketten ausdehnbare Möglichkeit wirft ein zusätzliches Licht
auf die Relativität der Dichotomie theoretisch/nicht-theore-
tisch: bezüglich τ-Ketten von Kernen kann man von einem gra-
duellen (besser: komparativen) Begriff von Theoretizität
sprechen; die bezüglich K$^+$ theoretischen Komponenten sind in
"mehr oder weniger theoretische" Komponenten einzuteilen, je
nachdem ob sie K'-theoretisch oder K-theoretisch sind. (Hierzu wird noch etwas unter dem Stichwort "Rekonstruktions-
heuristik", Abschnitt 3.3, zu sagen sein.)
Es ist nützlich, sich daran zu erinnern, daß der "inneren
Theoretisierung", d.h. der Zweistufigkeit eines Theorie-
Element-Kerns selbst, die Unterscheidung theoretischer und
nichttheoretischer Komponenten zugrunde liegt, die die Ent-
scheidbarkeit von Aussagen, die diese Komponenten enthalten,
mit bzw. ohne Rekurs auf Modelle des Theorie-Elements selbst
betrifft (sogenannte Theoretizitätskriterien)[23]. Danach ist
ein Begriff dann als theoretisch (relativ zu dem betreffenden Kern) anzusehen, wenn sein Zutreffen auf ein bestimmtes
Objekt nur unter der Voraussetzung ("presupposition") der er-
folgreichen Anwendbarkeit des Kerns (in einem anderen Fall)
entschieden werden kann; Entsprechendes gilt für die Bestimmung von Werten quantitativer theoretischer Begriffe (Funktionen). Analoge Abhängigkeiten könnten bei der Einführung
neuer theoretischer Begriffe bei der "äußeren Theoretisierung" (τ-Relation) auftreten. Um solche die Messung von
Größen betreffenden Abhängigkeiten von Theorien auszudrücken,
hat C.U. Moulines das Studium sogenannter Voraussetzungsre-
lationen ("presuppostion for measurement purposes") vorgeschlagen, deren genauer Zusammenhang mit der Relation τ noch
zu klären ist[24].

Insgesamt bleibt festzuhalten, daß der Unterscheidung innerer
und äußerer Theoretisierung bei der Repräsentation hier-
archischer Theoriestrukturen als τ-Ketten von Theorie-Elementen etwas Künstliches oder Willkürliches anhaftet. Man hat
es in einem solchen Fall mit einer Schichtung von Modellmengen
zu tun, die mit zunehmender Theoretisierung immer mehr Komponenten enthalten, und es dürfte im allgemeinen nicht willkür-
frei zu entscheiden sein, welche Schichten adäquat als Theorie-Elemente (Kerne) zusammenzufassen sind[25].

In der orthodoxen analytischen Wissenschaftstheorie wurde die
Reduktionsrelation als ein Ableitungsverhältnis zwischen Theorien, die als Aussagensysteme angesehen wurden, konzipiert:
die reduzierte Theorie T sollte aus der reduzierenden Theorie
T' (und evtl. gewissen Randbedingungen[26]) logisch deduzierbar
sein. Dieses Modell der Reduktion lag insofern nahe, als die
Leistung von Theorien in der Erklärung von Phänomenen gesehen
und Erklärungen selbst als Ableitbarkeitsbeziehungen aufgefaßt wurden. Wenn daher für einen Satz p, der ein Phänomen
(unter gewissen Rand- oder Anfangsbedingungen) beschreibt,
gilt, daß er aus der Theorie T folgt: $T \Rightarrow p$, so gilt für jede
T reduzierende Theorie T' ($T' \Rightarrow T$) qua Transitivität der De-
duktion auch $T' \Rightarrow p$. - Die Vorstellung der Reduktionsbeziehung als einer Deduktionsbeziehung führt jedoch zu den bekannten grundlegenden Schwierigkeiten der "meaning variance"
wissenschaftlicher Begriffe bei interessanteren Theorie-Ver-
drängungen (sogenannten Revolutionen). Sneed und andere versuchen dieser Schwierigkeiten Herr zu werden, indem sie Theorien nicht als Aussagensysteme, sondern als Strukturmengen auffassen und das Reduktionsverhältnis als eine gewissen Bedingungen genügende Entsprechung von Strukturen:
Wenn ein Theorie-Element-Kern K' einen Theorie-Element-Kern K
reduziert: $K' \varrho K$, so gibt es eine mehreindeutige Relation R
zwischen (Mengen von) Partialmodellen von K' und den (Mengen

von) Partialmodellen von K, so daß die Erklärungskraft von K erhalten bleibt[27]:

Sei $K = \langle M, M_p, M_{pp}, r, C \rangle$ und $K' = \langle M', M_p', M_{pp}', r', C' \rangle$;

dann wird für alle $X \subsetneq M_{pp}$ und $X' \subseteq M_{pp}'$ gefordert:

(Ü) $X' R X \, \& \, X' \in \Gamma(K') \Rightarrow X \in \Gamma(K)$,

d.h. wenn eine X entsprechende Menge X' von Partialmodellen der reduzierenden Theorie zu deren empirischem Gehalt gehört, so auch X zum empirischen Gehalt der reduzierten Theorie. (Eine "starke Reduktion" von K auf K': $K' \varrho^+ K$ liege dann vor, wenn die analoge Forderung für Mengen potentieller Modelle $Y \subseteq M_p$ und $Y' \subseteq M_p'$ erfüllt ist[28].) Bei der Reduktionsbeziehung zwischen Theorie-Elementen tritt die Forderung hinzu, daß die den intendierten Objekten der reduzierten Theorie entsprechenden Partialmodelle der reduzierenden Theorie zu deren intendiertem Objektbereich gehören sollen[29].
Die Forderung (Ü) der "Gehaltsübertragung" ist hier absichtlich nur als für das Vorliegen eines Reduktionsverhältnisses <u>notwendige</u> Bedingung formuliert worden, weil gewisse intuitiv mit Reduktionsverhältnissen verbundene Konnotationen nicht berücksichtigt sind und im hier gegebenen formalen Rahmen auch schwerlich berücksichtigt werden könnten. So wird man im allgemeinen von einer reduzierenden Theorie ein tieferes Verständnis der Phänomene erwarten, z.B. durch Rekurs auf die Zusammensetzung von Entitäten, deren Verhalten die reduzierte Theorie erklärt, aus kleineren Bausteinen ("Mikroreduktion"), beispielsweise bei Reduktion - wenn es denn eine ist - der phänomenologischen Thermodynamik auf die statistische Mechanik. Nun könnten zwar solche Zusammenhänge im Einzelfall gerade in die Definition der Entsprechungsrelation R eingehen und insofern Berücksichtigung finden (vgl. unten unter "Reduktionsheuristik"); das aber läßt sich kaum als zusätzliche an die Relation R formal zu stellende Forderung formulieren. Die Auffassung der Reduktion als einer Entsprechung von Strukturen

hat daher gegenüber dem älteren Deduktionsmodell der Reduktion den Nachteil, daß ein neuer, sehr wenig spezifizierter und formal nicht hinreichend charakterisierter Primbegriff: der Begriff der Entsprechungsrelation R, eingeführt wird. In vielen Fällen wird die zentrale Forderung (Ü) an eine Reduktionsbeziehung nur näherungsweise zu erfüllen sein, so beispielsweise bei der Zurückführung der vorrelativistischen auf die speziell relativistische Mechanik. Im Zusammenhang mit Überlegungen zur Approximationsrelation α (s. unten 3.2.2a) wäre hier ein Konzept approximativer Reduktion zu entwickeln[30].

3.2.2   Eine realistische Rekonstruktion von Theoriengefügen wird nicht mit den Relationen σ, τ und ρ auskommen können. Mindestens drei <u>weitere Relationen</u> scheinen dafür nötig zu sein, auch wenn sie in den Rekonstruktionen, soweit diese in den folgenden Kapiteln getrieben werden, nur am Rande vorkommen: die Relation α der Approximation, die wohl in allen mathematisierten Disziplinen eine Rolle spielen wird, die Relation π der Präzisierung, die vor allem zur Beschreibung theoretischer Entwicklungen im vorparadigmatischen Stadium heranzuziehen ist[31], und schließlich die Relation $\varkappa$ der Konkurrenz, die mindestens in einigen Disziplinen mehr als nur vorübergehend auftreten dürfte. Diese drei Relationen (sowie damit zusammenhängende Relationen ι der Idealisierung und μ der Metrisierung) werden in den folgenden §§ a - c informell beschrieben. Im abschliessenden § d führen wir eine sogenannte Erweiterungsrelation ein, die in physikalischen wie ökonomischen Zusammenhängen eine gewisse Rolle spielen wird.

a. Die Notwendigkeit der Betrachtung von <u>Approximationen</u> ist uns schon bei der Erörterung der Reduktionsrelation ρ begegnet, wo Approximation als eine intertheoretische Relation aufzufassen ist. In seiner Analyse "approximativer Anwendungen empirischer Theorien" nennt C.U. Moulines[32] als weitere Typen von Approximation: die Näherung eines Gesetzes durch ein

anderes und die näherungsweise Anwendung eines Gesetzes oder
einer Theorie auf - modellierte - Daten: beides Typen intra-
theoretischer Approximation, sowie die näherungsweise Wiedergabe empirischer Daten in Modellen ("models of data" im Sinne
von Suppes): ein Typ "prätheoretischer Approximation". Mit
der Relation α wollen wir den erstgenannten Typ intratheore-
tischer Approximation beschreiben und mit einer aus α abge-
leiteten Relation α^* die intertheoretische Approximation. Beide lassen sich als Verhältnisse von Theorie-Elementen auffassen. Das ist unmittelbar einsichtig für intertheoretische
Approximation. Bei der Näherung eines Gesetzes durch ein anderes ersetze man einfach die mit Hilfe des einen Gesetzes
definierte Modellmenge M des betreffenden Theorie-Element-
Kerns durch die mit Hilfe des anderen Gesetzes definierte
Modellmenge M'; dann sei

$$\langle M',M_p,M_{pp},r,C\rangle \;\; \alpha \;\; \langle M,M_p,M_{pp},r,C\rangle \; .$$

Was dabei Näherung heißen soll, ist als Verhältnis von M' und
M zu explizieren. Ohne hier in technische Details gehen zu
wollen, dürfte der von Moulines eingeschlagene Weg etwa über-
tragbar sein. Moulines knüpft im Rahmen des Sneedschen Theorie-Konzepts an Ludwigs Verwendung uniformer Strukturen zur
Beschreibung approximativer Verhältnisse an. Die Approximation
wird als dyadische Relation zwischen potentiellen Modellen
oder zwischen Partialmodellen aufgefaßt und durch uniforme
Strukturen auf M_p bzw. M_{pp} repräsentiert: durch Systeme
$\mathcal{U}\subseteq\mathrm{Pot}(M_p \times M_p)$ bzw. $\mathcal{W}\subseteq\mathrm{Pot}(M_{pp} \times M_{pp})$, die gewissen topologischen
Forderungen genügen. Jede derartige Uniformität $\mathcal{U}$ auf M_p in-
duziert durch Restriktion ein System $\mathcal{W}$ auf M_{pp}, das wieder
eine Uniformität (auf M_{pp}) sein sollte; um das zu garantieren,
wird an $\mathcal{U}$ die folgende zusätzliche Forderung gestellt: ersetzt
man bei einem Paar $\langle x_1,x_2\rangle$ "wenig verschiedener" potentieller
Modelle x_1 und x_2, d.h. einem $\langle x_1,x_2\rangle \in M_p \times M_p$ mit $\langle x_1,x_2\rangle \in U$
für ein gewisses $U\in\mathcal{U}$, das eine potentielle Modell x_1 durch
ein restriktionsgleiches potentielles Modell x_1' (d.h. ein

x_1' mit $r(x_1') = r(x_1)$, so sollen x_1' und x_2 sich mit derselben Güte approximieren: $\langle x_1', x_2 \rangle \in U$. Man fordert also für alle U, x_1, x_2 und x_1':

$$\langle x_1, x_2 \rangle \in U \in \mathcal{U} \ \& \ x_1' \in M_p \ \& \ r(x_1') = r(x_1) \supset \langle x_1', x_2 \rangle \in U \ .$$

Uniformitäten $\mathcal{U}$ mit dieser Eigenschaft nennt Moulines "empirische Uniformitäten" und beweist für diese das sogenannte Induktionstheorem:

Jede empirische Uniformität $\mathcal{U}$ auf M_p induziert eine (empirische) Uniformität $\wedge \cap [\mathcal{U}]$ auf M_{pp}.

Will man also Approximationen sowohl auf theoretischer wie auf nichttheoretischer Ebene ausdrücken, so genügt die Angabe einer empirischen Uniformität $\mathcal{U}$ auf der theoretischen Ebene. Moulines schlägt daher - in unsere Terminologie übertragen - vor, Theorie-Elemente (mit empirischem Anspruch) als Tripel $\langle K, \mathcal{U}, I \rangle$ aus einem Kern K, einer empirischen Uniformität $\mathcal{U}$ auf M_p von K und einem intendierten Objektbereich I aus M_{pp} von K aufzufassen. Will man die empirische Behauptung eines solchen Elements $\langle K, \mathcal{U}, I \rangle$ ausdrücken, so ist zunächst ein bestimmten Forderungen unterworfenes Teilsystem $\mathcal{a} \subseteq \mathcal{U}$ potentiell zulässiger Abweichungen ("potential class of admissible fuzzy sets") anzugeben, das inbesondere einen maximal zulässigen Grad der Abweichung festlegt. Mit Hilfe von $\mathcal{a}$ wird eine Relation $\sim$ durch

$$x \sim x' \quad \text{gdw.} \quad (\exists U)(U \in \mathcal{a} \ \& \ \langle x, x' \rangle \in U)$$

zunächst für potentielle Modelle, dann auch auf natürliche Weise abgeleitet für Mengen potentieller Modelle, für Partialmodelle etc. definiert. Als empirische Behauptung von $\langle K, \mathcal{U}/\mathcal{a}, I \rangle$ - "$\mathcal{U}/\mathcal{a}$" stehe abkürzend für "empirische Uniformität $\mathcal{U}$ mit Teilsystem $\mathcal{a}$ zulässiger Abweichungen" - wird damit die Aussage

$$(\exists I')(\exists \Gamma(K)')(I' \sim I \ \& \ \Gamma(K)' \sim \Gamma(K) \ \& \ I' \in \Gamma(K)')$$

gebildet, abgekürzt:

$$\breve{I} \in \widetilde{\Gamma(K)} \ .$$

Kehren wir nun zur Approximation eines Gesetzes durch ein
anderes zurück, so liegt es nahe, die fragliche Beziehung
zwischen den den Gesetzen zugeordneten Modellmengen M und M'
mit Hilfe eines Systems $\mathcal{U}/\mathcal{C}$ auf der gemeinsamen Menge M_p potentieller Modelle zu explizieren als

$$M \sim M',$$

soll heißen:

$$(x)(x \in M \supset (\exists x')(x' \in M' \,\&\, x' \sim x)) \,\&$$

$$\&\, (x')(x' \in M' \supset (\exists x)(x \in M \,\&\, x \sim x')),$$

wo $x \sim x'$ (und entsprechend $x' \sim x$) die oben hingeschriebene
Bedeutung habe. Sind dann $\langle K, \mathcal{U}/\mathcal{C}, I \rangle$ und $\langle K', \mathcal{U}/\mathcal{C}, I \rangle$ zwei
"empirische Theorie-Elemente", deren Kerne K und K' sich nur
in den Modellmengen unterscheiden, so sei

$$K \approx K' \text{ gdw. } M \sim M' \text{ bezüglich } \mathcal{U}/\mathcal{C}.$$

(Eine Erweiterung dieses Approximationsbegriffs auf die
Approximation auch von Constraints dürfte im Prinzip keine
Schwierigkeiten machen.)

Bei der Approximation einer Theorie durch eine andere, beispielsweise der vorrelativistischen Mechanik durch die speziell relativistische Mechanik, wird man im allgemeinen von
einer gewissen Ähnlichkeit der jeweiligen potentiellen Modelle und der Partialmodelle ausgehen können, nicht jedoch von
ihrer Identität, wie oben angenommen. Beispielsweise muß die
Massenfunktion in der relativistischen Partikelmechanik als .
eine Funktion nicht allein der Partikeln, sondern auch der
Geschwindigkeiten angesetzt werden. Dadurch ändert sich die
kategoriale Beschreibung der potentiellen Modelle, auch wenn
diese die Gestalt (vgl. 4.1) ihrer "Partner" in der vorrelativistischen Partikelmechanik behalten. Aus inhaltlichen,
dem jeweiligen konkreten Fall zu entnehmenden Gründen wird
daher eine Entsprechungsrelation zwischen potentiellen Modellen und - per Restriktion - zwischen Partialmodellen zu definieren sein, die z.B. so aussehen kann, daß einer vorrelativistischen Massenfunktion m eine relativistische Massenfunktion

m* zugeordnet wird, die formell, wenn auch nicht effektiv, auch von der Geschwindigkeit abhängt. Die eine Menge potentieller Modelle, M_p, kann dadurch in die andere Menge potentieller Modelle, M_p', formell eingebettet werden:

$$M_p \longrightarrow M_p^* \subseteq M_p'$$

durch

$$x \longrightarrow x^* \in M_p' \quad \text{für } x \in M_p.$$

Anstelle der früheren Relation $\sim$ zwischen potentiellen Modellen ein und derselben Menge M_p definieren wir jetzt analog die Relation $\approx$ zwischen potentiellen Modellen aus M_p bzw. M_p':

$$x \approx x' \text{ gdw. } (\exists U)(U \in \mathcal{U} \ \& \ \langle x^*, x' \rangle \in U),$$

wobei $\mathcal{U}$ eine Menge zulässiger Abweichungen auf M_p' bedeutet. Für Kerne mit verschiedenen, aber in der angedeuteten Weise entsprechenden Mengen potentieller Modelle läßt sich auf diese Weise eine zu $\propto$ analoge Approximationsrelation $\propto^*$ definieren:

$$K \propto^* K' \text{ gdw. } M \approx M' \text{ bzgl. } \mathcal{U}/\mathcal{U}.$$

Wir haben $\propto$ als eine symmetrische Relation konzipiert und $\propto^*$ als asymmetrische Relation nur insofern, als wir $M_p^* \subseteq M_p'$ verlangt haben, indem wir M_p in M_p' eingebettet haben und nicht umgekehrt. Diese Asymmetrie teilt $\propto^*$ mit der Reduktionsrelation ρ, zu der sie in engem Verhältnis steht: es gibt viele sogenannte approximative Reduktionen, deren verschiedene Aspekte wir als zwei Relationen, $\propto^*$ und ρ, getrennt behandelt haben.

Ebenfalls in engem Zusammenhang mit der Approximation steht die hier nicht näher betrachtete Relation ι der Idealisierung. Von Idealisierung sprechen wir allerdings nur dann, wenn bewußt vereinfachende kontrafaktische Annahmen gemacht werden. Jede Idealisierung bedeutet zugleich eine gewisse Approximation. Insoweit die Relationen $\propto$ und $\propto^*$ nur

für   quantitative Theorien infrage kommen dürften[37], Idealisierungen jedoch auch bei nichtquantitativen Theorien denkbar sind, fassen wir ι nicht als eine Relation auf, die durch
zusätzliche Forderungen als Unterbegriff von α oder α^* zu definieren wäre.

b. Auch die Relation π der Präzisierung steht in gewisser
Nähe zur Approximationsrelation. Bei ihr geht es allerdings
nicht, jedenfalls nicht in erster Linie, um Fragen näherungs-
weiser Geltung oder Beschreibung, sondern um konzeptuelle
Differenzierung und nur insofern auch um Genauigkeit. Das Vorliegen von Präzisierungsrelationen ist besonders in "vorparadigmatischen" Entwicklungsphasen von Theorien zu erwarten,
beispielsweise bei den vor Galilei und Newton zu findenden
Ansätzen zur theoretischen Mechanik, die unter dem Namen
"Impetus-Theorie" bekannt sind. Der Begriff des 'impetus'
selbst hat nach einer lange Zeit nur vagen und sehr schwanken-
den Bedeutung in diesen theoretischen Versuchen erst allmählich
präzisere Konturen angenommen und ist schließlich durch eine
ganze Reihe deutlich voneinander verschiedener Begriffe wie
'Kraft', 'Impuls' und 'Kraftstoß' ersetzt worden[38].
Als eine besondere Form der Präzisierung kann der Übergang
von qualitativen zu quantitativen Begriffen und entsprechenden
Theorien angesehen werden. Solche Übergänge sind durch eine
<u>Metrisierungsrelation</u> μ zwischen Theorie-Elementen zu rekon-
struieren[39].

c. Die Konzeption einer <u>Konkurrenzrelation</u> $\varkappa$ soll der Rekon-
struktion von Theorieverhältnissen dienen, die nicht mit der
Reduktionsrelation ρ beschrieben werden können, die aber in
Situationen versuchter Theorieverdrängung auftreten. Der von
Kuhn bei Paradigmenwechseln beobachtete antagonistische Theo-
rienpluralismus könnte darunter fallen, wenn es sich nicht im
Sinne Stegmüllers um eine "fortschrittliche", d.h. mittels ρ
zu entschärfende "wissenschaftliche Revolution" handelt[40].

Das Vorliegen einer Konkurrenzrelation setzt einen jedenfalls
annähernd gleichen Anwendungsbereich der konkurrierenden Theorie-Elemente $\langle K,I \rangle$ und $\langle K',I' \rangle$ voraus. Wir unterscheiden
"theoretische" von "empirischer Konkurrenz", je nachdem ob
$I \cap I' \neq \emptyset$ oder $I \cap I' = \emptyset$ ist, wobei im letzteren Fall die Ähnlichkeit von I und I' dadurch gegeben sein muß, daß I und I'
mithilfe derselben vortheoretischen und pragmatischen Überlegungen aus den jeweiligen Mengen M_{pp} bzw. M'_{pp} von Partialmodellen ausgewählt werden. Derselbe Objektbereich wird gewissermaßen in I und I' nur verschieden konzipiert. Dagegen wird
bei theoretischer Konkurrenz angenommen, daß I und I' selbst
sich (erheblich) überschneiden und erst theoretisch: durch
Ergänzung in - womöglich toto coelo - verschiedene Mengen M_p
und M'_p, unterschiedlich konzipiert werden. Man könnte auch von
empirischer bzw. theoretischer Inkommensurabilität der beiden
Theorie-Elemente sprechen.

Die empirische Konkurrenz entzieht sich der formalen Explikation. Bei der theoretischen Konkurrenz nehmen wir als Regel-
fall $M_{pp} = M'_{pp}$ und $M_p \cap M'_p = \emptyset$ an; es folgt $M \cap M' = \emptyset$. Man
könnte auch $M_{pp} \neq M'_{pp}$ zulassen, d.h. daß M_p und M'_p nicht genau "über" derselben Menge von Partialmodellen "liegen", aber
natürlich muß $M_{pp} \cap M'_{pp} \neq \emptyset$ sein wegen $I \cap I' \neq \emptyset$. (Es könnte
z.B. gut sein, daß die M_p und M'_p definierenden verschiedenen
theoretischen Begriffssysteme unterschiedlich weite Mengen
von Partialmodellen, also $M_{pp} \subset M'_{pp}$ oder umgekehrt, verlangen.)
Als Minimalbedingung für das Vorliegen von Konkurrenz ist die
Forderung $M \neq M'$ anzusehen. Ist dies der Fall bei gleicher
theoretischer Begrifflichkeit, d.h. bei $M_p = M'_p$ oder jedenfalls $M_p \cap M'_p \neq \emptyset$, so könnte man von "schwacher Konkurrenz"
(ohne Inkommensurabilität) sprechen[41].

d. Die Entwicklung einer Theorie besteht oft darin, daß neue
Begriffe eingeführt und in den theoretischen Zusammenhang in-
tegriert werden, beispielsweise der Begriff des Geldes in die
Marxsche Werttheorie[42]. Dabei werden meist auch Gesetze der
Theorie spezialisiert (verschärft oder durch Zusatzforderungen

ergänzt), so z.B. das Wertgesetz bei der Einführung des Begriffs des Geldes.

Wir konzipieren zur Rekonstruktion solcher Entwicklungen eine Relation ξ der <u>Erweiterung</u>, die gleichsam zwischen der Theoretisierungs- und der Spezialisierungsrelation angesiedelt ist. Mit der Relation τ soll die Relation ξ gemein haben, daß neue theoretische Komponenten hinzutreten, und mit der Relation σ, daß der erweiterte begriffliche Rahmen auf dieselben Partialmodelle bezogen bleibt. Negativ ausgedrückt, sind Objekte des erweiterten Theorie-Elements nicht - wie bei τ - (potentielle) Modelle des unerweiterten Elements, und die stärkeren theoretischen Forderungen des erweiterten Theorie-Elements werden nicht - wie bei der Relation σ - mit dem unveränderten begrifflichen Inventar des unerweiterten Theorie-Elements ausgedrückt.

Man könnte die ξ-Relation zwischen Kernen - das Verhältnis der Bereiche intendierter Anwendungen bleibe offen - etwa folgendermaßen formalisieren:

Seien $K = \langle M, M_p, M_{pp}, r, C \rangle$ und $K' = \langle M', M'_p, M'_{pp}, r', C' \rangle$ zwei Theorie-Element-Kerne. Wenn K zu K' erweitert wird, $K' \xi K$, so soll $M'_{pp} = M_{pp}$ sein. Sei k die K und K' gemeinsame Anzahl nichttheoretischer Komponenten. Dann soll K' die theoretischen Komponenten von K und darüber hinaus weitere theoretische Komponenten enthalten. Die Anzahlen der theoretischen Komponenten von K und K' seien q bzw. q'; es gelte also $q' > q$ und es gebe eine Funktion r^+, die aus potentiellen Modellen von K' die zusätzlichen theoretischen Komponenten streicht:

$$r^+ : M'_p \longrightarrow M_p$$

durch
$$r^+(\langle n_1, \ldots, n_k ; t_1, \ldots, t_q, t_{q+1}, \ldots, t_{q'} \rangle) =$$
$$= \langle n_1, \ldots, n_k ; t_1, \ldots, t_q \rangle \in M_p$$

für
$$\langle n_1, \ldots, n_k ; t_1, \ldots, t_q, t_{q+1}, \ldots, t_{q'} \rangle \in M'_p .$$

Die Restriktionsfunktion r' von K' kann dann aus der Restriktionsfunktion r von K und dieser Funktion r^+ zusammengesetzt werden[43]:

$$r' = rr^+.$$

Daß K' in gewisser Weise K spezialisiert, werde dadurch ausgedrückt, daß

$$r^+(M') \subseteq M$$

gefordert wird. Entsprechend ist von den Constraints

$$r^+(C') \subseteq C$$

zu verlangen. Diese beiden Forderungen haben

$$\Gamma(K') \subseteq \Gamma(K)$$

zur Konsequenz[44].

Im folgenden Schaubild wird die Erweiterungsrelation $\mathcal{E}$ der Übersichtlichkeit halber unter Absehung von Constraints dargestellt[45].

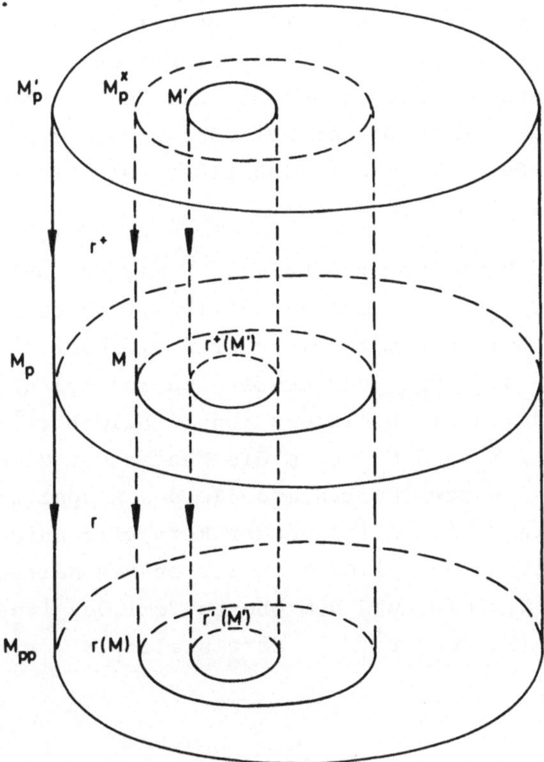

Der untere, größere Zylinder mit der Grundfläche M_{pp}, der Deckfläche M_p und der darin liegenden Menge M gehört zum unerweiterten Ausgangs-Kern K. Durch Projektion von M auf die untere Ebene entsteht ein innerer Zylinder mit der Deckfläche M und der Grundfläche r(M), der zusammen mit dem eben beschriebenen äußeren Zylinder (M_p über M_{pp}) den Kern K darstellt. Der äußere Zylinder gibt den begrifflichen Rahmen, der innere Zylinder die theoretischen Forderungen wieder.

Über M_p wird eine neue Deckfläche M_p' als Menge der potentiellen Modelle des erweiterten Kerns errichtet. Die Funktion r^+ projiziert M_p' auf M_p. Innerhalb M_p' ist der Teil M_p^x, der durch r^+ auf M projiziert wird, gestrichelt gezeichnet. Die Modellmenge M' des erweiterten Kerns muß innerhalb dieses Bereichs M_p^x liegen, um die Forderung

$$r^+(M') \subseteq M$$

zu erfüllen. Durch die Restriktionsfunktion r des ursprünglichen Kerns kann die Menge $r^+(M')$ von der mittleren Ebene weiter auf die untere Ebene projiziert werden; man erhält so einen langen, schlanken Zylinder mit der Deckfläche M' und der Grundfläche r'(M'). Dieser Zylinder stellt zusammen mit dem gesamten äußeren Zylinder (Deckfläche M_p', Grundfläche M_{pp}) den erweiterten Kern K' dar.

Unser Schaubild kann auch zum Vergleich mit den Relationen σ und τ dienen. Der Kern K wird spezialisiert durch den Kern, dessen äußerer Zylinder mit dem äußeren Zylinder von K zusammenfällt (M_p über M_{pp}) und dessen inneren Zylinder der untere Teil des inneren Zylinders von K' bildet ($r^+(M')$ über r'(M')); $r^+(M')$, M_p und M_{pp} sind die Mengen der Modelle, potentiellen Modelle bzw. Partialmodelle des K spezialisierenden Kerns. - Ein K theoretisierender Kern wird durch den gestrichelt gezeichneten Zylinder in der oberen Hälfte (M_p^x über M) als äußerem Zylinder und dem oberen Teil des inneren Zylinders von K' (M' über $r^+(M')$) dargestellt; M', M_p^x und M sind die Mengen der Modelle, potentiellen Modelle bzw. Partialmodelle dieses K theoretisierenden Kerns[46]. - Der enge Zusammenhang von σ, τ und ξ wird dadurch deutlich, daß sich - bildlich gesprochen - der innere Zylinder von ξ aus den inneren Zylindern von σ und τ zusammensetzt. Diesen einfachen Zusammenhang der die theoretischen Forderungen ausdrückenden inneren Zylinder stehen etwas weniger einfache Verhältnisse der die begrifflichen Rahmen darstellenden äußeren Zylinder gegenüber: der äußere Zylinder des theoretisierenden Kerns liegt in dem aufgesetzten Teil des äußeren Zylinders des erweiternden Kerns (während der äußere Zylinder des spezialisierenden Kerns mit dem des ursprünglichen Kerns zusammenfällt)[47].

3.2.3 Theorien und Theoriensysteme werden als <u>Theorie-Netze</u> rekonstruiert, d.h. als Mengen von Theorie-Elementen, zwischen denen gewisse Relationen bestehen. Wir unterscheiden zunächst einen an Sneed und Balzer anschließenden engeren und einen weiteren Begriff von Theorie-Netz[48]. Ein Theorie-Netz i.e.S. ist ein Paar $\langle N, \leq \rangle$ aus einer Menge N von Theorie-Elementen und einer auf N erklärten reflexiven und transitiven Relation $\leq$. Jeder solchen Relation $\leq$ kann man kanonisch eine Äquivalenzrelation $\sim$ zuordnen:

$$x \sim y \quad \text{gdw.} \quad x \leq y \ \& \ y \leq x.$$

Balzer und Sneed konstruieren Theorie-Netze entsprechend als Tripel $\langle N, \leq, \sim \rangle$; wir unterdrücken die redundante dritte Komponente in der Notation von Theorie-Netzen. Inhaltlich weichen wir von Balzer/Sneed durch Verzicht auf die Forderung ab, daß es in einem Theorie-Netz keine zwei Elemente mit demselben Bereich intendierter Anwendungen aber verschiedenen Kernen geben dürfe.

Ist N eine Menge von Theorie-Elementen, so sind, wie man leicht zeigen kann, $\langle N, \sigma \rangle$, $\langle N, \tau \rangle$ und $\langle N, \rho \rangle$ Theorie-Netze i.e.S.[49]; wir nennen Netze i.e.S., bei denen nur <u>eine</u> Sorte

von Relationen auftritt, homogen. Auch die formal weniger
explizierten Relationen, wie z.B. die in 3.2.2 betrachtete
Relation π der Präzisierung, können Theorie-Elemente zu homogenen Theorie-Netzen verbinden. – Versucht man, mehrere der
Relationen $\sigma, \tau, \rho, \ldots$ zu einer netzstiftenden Relation zu verbinden, beispielsweise zu der Relation, entweder Speziali-
sierung oder Theoretisierung zu sein, also mit $\leq := \sigma \vee \tau$ [50], so
geht in der Regel die Transitivität verloren, so daß kein
Netz i.e.S. entsteht.

3.2.4 Da aber bei interessanteren Theorie-Gefügen meist mehrere
Arten von Relationen auftreten, erweitern wir den Netzbegriff,
um einen für solche Verhältnisse passenden Rekonstruktionsrahmen zur Verfügung zu haben: Ein Theorie-Netz im weiteren
Sinne sei ein Paar $\langle N, q \rangle$ aus einer Menge N von Theorie-Elementen und einer auf N definierten Relation q.
Jedes Theorie-Netz i.e.S. ist natürlich auch ein Theorie-Netz
i.w.S.; beispielsweise sind aber auch die eben genannten in-
homogenen Netze $\langle N, \sigma \vee \tau \rangle$ im weiteren Sinne Theorie-Netze. –
Dieser weitere Netzbegriff ist zu allgemein, um charakte-
ristisch für tatsächliche Theoriegefüge sein zu können; jede
irgendwie strukturierte Menge von Theorie-Elementen dürfte
sich als Netz i.w.S. auffassen lassen. Um Theorie-Gefüge des
näheren zu charakterisieren, sind daher Begriffe für besondere Netztypen zu entwickeln. Beispielsweise sind Netze
$\langle N, q \rangle$ mit $q := \sigma \vee \tau \vee \rho$, sogenannte $\sigma \tau \rho$-Netze, von Interesse;
Balzer und Sneed scheinen anzunehmen, $\sigma \tau \rho$ -Netze würden im
Prinzip alle interessanten Fälle abdecken[51].

3.2.5 Da der Begriff des Theorie-Netzes selbst weder in der engeren
noch in der weiteren Version geeignet ist, "Theorien" zu
charakterisieren, gehört es zu den wichtigsten Aufgaben der
Weiterentwicklung der Theorie der Theorie-Netze, Theorien als
Netze einer besonderen Form – oder mehrerer besonderer Formen – auszuzeichnen. Dem Theorie-Begriff in der ursprünglichen

Fassung der Sneedschen Metatheorie entspricht der Typ eines homogenen σ-Netzes mit einem Anfangsglied, d.h. eines Netzes, das aus einem ausgezeichneten allgemeinsten Theorie-Element und einer Anzahl daraus durch Spezialisierung hervorgehender weiterer Theorie-Elemente besteht. Dieser Netztyp ist jedoch vermutlich zu eng, um das zu kennzeichnen, was gemeinhin als "Theorie" angesprochen wird; auch Theoretisierungen werden gelegentlich als intratheoretische Relationen angesehen werden müssen, ebenso einige Approximationen, Idealisierungen und Präzisierungen. Wahrscheinlich ist es angemessen, für das, was vorrekonstruktiv unter "Theorien" verstanden wird, Rekonstruktionsrahmen auf mehreren Ebenen bereitzuhalten, mindestens aber von Theorien in einem engeren, spezielleren Sinne Theorien in einem weiteren Sinne, sogenannte Theorie-Rahmen (Moulines)[52] zu unterscheiden, worunter z.B. in sich sehr differenzierte Gebilde der theoretischen Physik wie die Thermodynamik, die Elektrodynamik, die Relativitätstheorie etc. zu verstehen sind, also eher ganze Teildisziplinen einer Wissenschaft als einzelne Theorien. Wir lassen die Frage einer allgemeinen Charakterisierung von Theorien, Theoriensystemen (wie wir statt "Theorie-Rahmen" lieber sagen wollen) und evtl. weiterer Sorten theoretischer Entitäten an dieser Stelle offen, in der Hoffnung, auf "induktivem" Weg durch die Rekonstruktion von Theorien und Theoriegefügen aus den einzelnen Wissenschaften etwas zur Charakterisierung solcher metatheoretischen Begriffe zu lernen. Wir erwarten aber, auf unterschiedlichen Ebenen schließlich disziplinenspezifische Netztypen zu finden. Als Vermutung und Leitidee wollen wir nur schon äußern, daß sich Theorien - und auf höherer Ebene Theoriensysteme - durch eine gewisse Kohärenz der inneren im Vergleich zur äußeren Vernetzung auszeichnen werden.

3.2.6 Die Entwicklung von Theorien und Theoriensystemen kann durch eine zeitliche Indizierung der Elemente der repräsentierenden Netze wiedergegeben werden. Man stelle sich eine theoretische

Entwicklung als ein sich veränderndes, besonders als ein sich in verschiedenen, den Relationstypen entsprechenden Richtungen ausdehnendes Netz vor. Die allgemeine Theorie der Theorie-Netze enthält Ansätze für eine solche "Theorienkinematik" zur Beschreibung theoretischer Entwicklungen[53]. In ihr lassen sich gewisse Aspekte von Theorien der Wissenschaftsgeschichte formulieren. Beispielsweise entspricht Kuhns Vorstellung einer normalwissenschaftlichen Entwicklung der Typ eines aus einem konstanten paradigmatischen Anfangsstück sich entwickelnden Netzes (wie er von Sneed und Balzer genauer konzipiert worden ist). Auch für die von Kuhn betrachteten "revolutionären" wissenschaftlichen Prozesse lassen sich vermutlich im Sneedschen Rahmen jedenfalls einige Charakteristika angeben. So steht z.B. zu vermuten, daß eine "Revolution" nicht einfach darin bestehen kann, daß ein oder mehrere Theorie-Elemente durch gleichviele andere Theorie-Elemente, die zu den umgebenden Netzteilen in denselben Relationen stehen, ersetzt werden; Revolutionen werden eher   Übergänge zu nicht-isomorphen Netzen bedeuten. – Die Explikation der Kuhnschen Vorstellungen einerseits und die Rekonstruktion bestimmter wissenschaftlicher Entwicklungen als zeitlich indizierte Theorie-Netze andererseits werden die Kuhnsche Theorie der Wissenschaftsentwicklung schließlich zu überprüfen erlauben.

3.3   Rekonstruktionsheuristik

Zur Rekonstruktion einer Theorie oder eines Theorie-Systems als ein Theorie-Netz versuche man zunächst, die Theorie in ihre kleinsten je für sich aussagefähigen Teile zu zerlegen, diese Teile als Theorie-Elemente zu rekonstruieren und deren Verbindungen untereinander unter die verschiedenen betrachteten Relationstypen zu subsumieren.

3.3.1 Die Rekonstruktion eines Theorie-Stücks als Theorie-Element $\langle K,I \rangle$ setzt oft zweckmäßigerweise bei der Formulierung der einschlägigen Gesetzmäßigkeiten an; diese können im allgemeinen als Definiens für die Modellmenge von K dienen: $M:= \{x|L(x)\}$, wenn $L(x)$ eine die Gesetzmäßigkeiten wiedergebende Aussageform ist.

a. Die $L(x)$ ausmachenden Forderungen sind in "eigentliche" Forderungen $E(x)$ und "uneigentliche" (kategoriale) Forderungen $U(x)$ zu zerlegen. Die kategorialen Forderungen charakterisieren die Objekte x, von denen die eigentlichen Gesetze ausgesagt werden, als tupel einer gewissen Länge m, die aus Mengen, Funktionen und Relationen mit gewissen allgemeinen Eigenschaften und Verknüpfungen (Definitions- und Werte-Bereiche von Funktionen, Stellenzahl von Relationen, etc.) bestehen. Diese kategorialen Forderungen allein chrakterisieren die Menge M_p der potentiellen Modelle: $M_p:= \{x|U(x)\}$. Da $M=\{x|L(x)\} = \{x|E(x)\ \&\ U(x)\}$, gilt: $M_p \supseteq M$.

b. Die m Komponenten der potentiellen Modelle repräsentieren die Begriffe des zu rekonstruierenden Theorie-Stücks T. Dabei entsprechen einige dieser Komponenten den für T spezifischen theoretischen Begriffen, den 'T-theoretischen' Begriffen. Ihre Anzahl sei q, $0 \leq q < m$ (das Fehlen theoretischer Begriffe wird zugelassen). Die restlichen $m-q=:k$ Komponenten entsprechen den 'T-nichttheoretischen' Begriffen und werden in den m-tupeln als erste Komponenten aufgeführt. Die potentiellen Modelle haben also die Gestalt $\langle n_1,\dots,n_k;\ t_1,\dots,t_q \rangle$ mit nichttheoretischen Komponenten $n_i, 1 \leq i \leq k$, und theoretischen Komponenten $t_j, 1 \leq j \leq q$, wobei $k+q=m$ ist.
Sneed und andere haben - bisher ohne durchschlagenden Erfolg - ein strenges Kriterium für T-Theoretizität anzugeben versucht[54]. Das vorgeschlagene Kriterium - zunächst nur für quantitative Begriffe (numerische Funktionen) formuliert - stellt auf die Art und Weise der Bestimmung von Funktionswerten ab: können bei einer Anwendung des Kerns einige Werte einer Funktion nur mit Rekurs auf als gültig unterstellte (andere) Anwendungen derselben Funktion ermittelt werden, so sagt man,

die Funktion werde in dieser Anwendung T-abhängig gemessen; ist das in allen Anwendungen der Fall, so wird die Funktion als T-theoretisch angesehen. Für qualitative Begriffe ist sinngemäß "Zutreffen des Begriffs" anstelle von "Bestimmung des Funktionswerts" zu setzen. Wir gehen hier nicht in die Details dieser semantischen und pragmatischen Überlegungen, sondern setzen im folgenden voraus, daß die Unterscheidung der Komponenten eines Theorie-Kerns in theoretische und nicht-theoretische auf die eine oder andere Weise eindeutig - jedenfalls für eine bestimmte historische Situation und einen bestimmten Kontext - getroffen werden kann. Sollten sich die Schwierigkeiten bisheriger Explikationsversuche der Unterscheidungskriterien nicht überwinden lassen, müßte man die Theoretizität selbst als einen theoretischen Begriff der Metatheorie auffassen, dessen Brauchbarkeit sich bei deren Anwendung, also in Rekonstruktionen von Objekttheorien, zu erweisen hätte; einstweilen sind die vorrekonstruktiven Intuitionen hinsichtlich des theoretischen oder nichttheoretischen Charakters der objekttheoretischen Begriffe zur Rekonstruktion heranzuziehen.

c. Für die Rekonstruktion der Constraints lassen sich nur schwer allgemeine Devisen angeben außer der formalen Bestimmung, daß dafür solche Forderungen eines Theorie-Stücks infrage kommen, die nicht an potentielle Modelle y je für sich, sondern an Mengen Y potentieller Modelle zu stellen sind: sei F ein Prädikat für die Gesamtheit solcher Forderungen; dann bilde man

$$C := \{ Y \mid Y \subseteq M_p \ \& \ F(Y) \} \subseteq \mathrm{Pot}(M_p).$$

Zum Auffinden von Constraints achte man vor allem auf die Art der Anwendung der Theorie, das ist auf die Weise der "empirischen" Realisierung theoretischer Strukturen. Bei vielen physikalischen Theorien beispielsweise gibt es eine Fülle von Anwendungsfällen mit einander überschneidenden Individuenbereichen, was ein "Identitätsconstraint" erforderlich macht[55]: (theoretische) Funktionen sollen für Individuen, die mehreren Bereichen angehören, dieselben Werte annehmen; qualitative Prädikate sollen entsprechend solchen Individuen entweder einheitlich zu- oder einheitlich abgesprochen werden. Das Identitätsconstraint ist ein sehr formales, fast logisches Constraint. Inhaltlichere Constraints sind bei Theorien komplexerer Gegenstandsbereiche zu erwarten, wenn es die Auflösung in einzelne Anwendungsfälle durch übergreifende Forderungen wettzumachen gilt[56].

d. Über die Auswahl der Objekte, auf die ein Kern angewendet werden soll, sagt die Metatheorie nicht mehr aus, als daß die Objekte der Klasse der Partialmodelle zu entnehmen sind: $I \subseteq M_{pp}$. Im vorrekonstruktiven Zustand eines Theorie-Stücks werden in den Anwendungsfällen jedoch schwerlich schon Objekte in der fertigen Gestalt von Partialmodellen zu finden sein, so daß eine entsprechende Umformung erst zu leisten ist. Zweitens werden im allgemeinen auch außer- und vortheoretische Überlegungen herangezogen werden müssen, um den Bereich I innerhalb der meist sehr viel umfassenderen Klasse M_{pp} abzugrenzen. Drittens scheint es realistisch zu sein, anzunehmen, daß es in der Regel kein Prädikat gibt, das I scharf definiert, sondern nur paradigmatische Anwendungsfälle, an denen orientiert die Frage nach der Zugehörigkeit eines Partialmodells zu I jeweils zu entscheiden ist.

3.3.2   Bei der Rekonstruktion der Relationen zwischen Theorie-Elementen ist zu unterscheiden zwischen solchen, die intuitiv _intra_theoretischer und solchen, die intuitiv _inter_theoretischer Natur sind. Von den drei ursprünglich konzipierten Relationen $\sigma, \tau, \wp$ kommt σ eher für intratheoretische und $\wp$ eher für intertheoretische Relationen in Betracht; τ nimmt in dieser Hinsicht eine Mittelstellung ein. Alle "normalwissenschaftlichen" Ausgestaltungen einer Theorie sind zunächst Kandidaten

für eine Beschreibung durch ein σ-Netz, wenn keine wesentlichen konzeptuellen Erweiterungen zu verzeichnen sind, sondern lediglich stärkere Forderungen an die oder jene Teilklasse intendierter Objekte gestellt werden. Manchmal ist es
allerdings nicht leicht zu entscheiden, ob nicht Begriffe,
die im Zusammenhang einer solchen Entwicklung eine Rolle zu
spielen beginnen, als neue theoretische Begriffe aufzufassen
sind und die Entwicklung dementsprechend mithilfe der τ-Re-
lation zu beschreiben ist; beispielsweise könnte die Einführung des Geldes in der Marxschen Ökonomie einerseits aufgefaßt werden als Auszeichnung einer Teilklasse der - nicht-
theoretisch konzipierten - Klasse der Güter, für die spezielle Gesetze gelten (Existenz einer wertgleichen Geldmenge für
jedes Gut), andererseits als echte begriffliche Erweiterung,
die explizit in den potentiellen Modellen als neue Komponente aufzutauchen hat[57]. Situationen dieser Art werden oft tref-
fender mit der unter 3.2.2d beschriebenen ξ-Relation erfaßt.

Hat man sich entschlossen, eine Entwicklung als Theoretisierung
zu konzipieren, so ergeben sich unterschiedliche Rekonstruk-
tionsmöglichkeiten aufgrund der früher beschriebenen Ambiva-
lenz "innerer" und "äußerer" Theoretisierung[58]: Man kann die
Hinzunahme mehrerer neuer theoretischer Komponenten u.U. entweder nacheinander durch Konstruktion mehrerer Theorie-Elemente
und deren Inbeziehungsetzen durch die Relation τ wiedergeben
oder durch die Konstruktion eines einzigen Theorie-Elements,
das die theoretischen Komponenten mit einem Mal einführt als
einen intratheoretischen Vorgang. Für die zweite Alternative
mögen in bestimmten Fällen Gesichtspunkte der geschlosseneren
Präsentation eines theoretischen Zusammenhangs sprechen. In
der Regel sollte jedoch die methodologische Maxime gelten, die
Hinzunahme neuer theoretischer Komponenten in kleinstmögliche
Schritte zu zerlegen: so viel äußere Theoretisierung wie möglich, so viel innere Theoretisierung wie nötig. Denn der Gehalt einer Theorie wird dann übersichtlicher und leichter zu

beurteilen, und Fehlschläge werden leichter zu lokalisieren und auszugleichen sein[59].

Schließlich könnten durch eine möglichst feinstufige Rekonstruktion einige metatheoretische Streitfragen, wie die nach der Berechtigung des Konstruktivismus, eher einer Lösung zugeführt werden: wäre z.B. das Gebäude der Physik oder jedenfalls der Teil desselben, der nach Auffassung der Konstruktivisten einer apriorischen Konstruktion fähig ist, in $\underline{der}$ Weise als τ-Hierarchie rekonstruierbar, daß in jedem Theorie-Element nur $\underline{eine}$ theoretische Komponente hinzutritt, so käme die Aufgabe für die Konstruktivisten in der Sneedschen Wiedergabe darauf hinaus, die jeweiligen mit den Theorie-Elementen verbundenen Existenzaussagen effektiv zu bewahrheiten. Gelänge dieses, so liefe der Sneedsche Apparat gleichsam leer, der konstruktive Aufbau "ohne Zirkel und Sprünge" könnte die Sneedsche Darstellung, die zirkulären Strukturen und mosaikartig sich zusammensetzenden Sprüngen angemessen ist, ersetzen[60].

4   Anwendungen auf physikalische Theorien

Als intendierten Anwendungsbereich seiner Metatheorie hat
Sneed zunächst die Theorien der mathematischen Physik be-
trachtet. Paradigmatischer Ausgangspunkt war seine Rekon-
struktion der klassischen Partikelmechanik, die wir in
Abschn. 4.1 wiedergeben. Es folgten Rekonstruktionen einer
thermodynamischen Theorie durch Moulines (s. Abschn. 4.2)
und der Geometrie, Chronometrie und   Kinematik durch
Balzer (Abschn. 4.3).
Die bisherigen Versuche werden wir im Zusammenhang in
Abschn. 4.4 resümieren.

4.1   Rekonstruktion der klassischen Partikelmechanik

Die klassische Partikelmechanik (CPM) wurde bisher nur in
der älteren Version des Sneedschen Rahmens rekonstruiert,
also nicht in der Konzeption von Theorie-Elementen und
Theorie-Netzen, sondern mithilfe der Begriffe des (Theo-
rie-)Kerns und der sogenannten Kern-Erweiterung. Dem entspricht in der neueren Version die Vorstellung eines
σ-Netzes mit einem definiten Anfangsglied. Im folgenden
soll u.a. gezeigt werden, wie sich die Sneedsche Rekonstruktion entsprechend umformulieren läßt.

4.1.1   An der Spitze der klassischen Partikelmechanik, wie sie von
Newton konzipiert wurde (zu den Hamiltonschen und Lagrangeschen Formulierungen vgl. 4.1.2), stehen dessen drei bekannte sogenannte Bewegungsgesetze. Deren zweites, das eigentliche <u>Fundamentalgesetz</u> der CPM, lautet vereinfacht[1]:

(1) $\underline{f}(p,t) = m(p) \cdot \underline{\ddot{s}}(p,t),$

worin $\underline{f}(p,t)$ die Resultante der zur Zeit t auf die Partikel
p wirkenden Kräfte, m(p) die Masse von p und $\underline{\ddot{s}}(p,t)$ die zweite zeitliche Ableitung der Ortsfunktion $\underline{s}(p,t)$, also die Be-
schleunigung der Partikel p zur Zeit t bedeute. Das erste
Newtonsche Gesetz, das die Gleichförmigkeit kräftefreier

Bewegungen behauptet, ist hierin als Spezialfall $\underline{f} = O$
enthalten. Das dritte Newtonsche Gesetz schließlich, "actio
et reactio sunt aequales", sollte als zusätzliche Forderung
bei der Formulierung eines ersten Theorie-Elements der CPM
zunächst unberücksichtigt bleiben[2]. Symbolisiert

$$K^O = \langle M^O, M^O_p, M^O_{pp}, r^O, C^O \rangle$$

den Kern dieses Theorie-Elements, so ist die Menge M^O der
<u>Modelle</u> also durch (1) als eine Teilmenge von M^O_p, der Menge
der potentiellen Modelle, zu bestimmen. Diese müssen die in
(1) eingehenden Größen zu Komponenten haben, also offen-
sichtlich die Funktionen $\underline{f}$, m und $\underline{s}$ enthalten und darüber
hinaus eine Menge P von Partikeln und einen Zeitraum, wäh-
renddessen die Partikeln aus P betrachtet werden. Es wird
unterstellt, daß dieser Zeitraum sich als ein Intervall reeller Zahlen metrisch darstellen läßt. T sei eine solche
Darstellung, also ein reelles Intervall; die Elemente von T
werden im gegenwärtigen Zusammenhang selbst "Zeitpunkte" genannt. Die <u>potentiellen Modelle</u> können mithin als Quintupel
$\langle P, T, \underline{s}, m, \underline{f} \rangle$ aufgefaßt werden, an die die folgenden kate-
gorialen Forderungen zu stellen sind:

(i)   P   ist eine nichtleere endliche
               Menge von "Partikeln": $P \in \mathfrak{M}, \ 0 < |P| < \infty,$

(ii)   T   ist ein reelles Intervall von
               "Zeitpunkten": $T \in \mathrm{Int}(\mathbb{R}),$

(iii) $\underline{s}$ ist eine zweimal stetig
               "nach der Zeit" differen-
               zierbare Funktion, die jeder
               Partikel $p \in P$ zu jedem Zeit-
               punkt $t \in T$ ein reelles Zah-
               lentripel $\underline{s}(p,t)$ zuordnet: $\underline{s}: P \times T \to \mathbb{R}^3, \ \underline{s} \in \mathcal{C}^2,$

(iv)   m   ist eine positiv reellwerti-
               ge Funktion der Partikeln: $m: P \to \mathbb{R}^+,$

(v) $\underline{f}$ ist wie $\underline{s}$ eine reelle Vektor-
               funktion von Partikeln und
               Zeitpunkten: $\underline{f}: P \times T \to \mathbb{R}^3$

Modelle sind Quintupel $\langle P, T, \underline{s}, m, \underline{f} \rangle$, die zusätzlich (1) erfüllen.

P, T und $\underline{s}$ können als nichttheoretische Größen der Partikelmechanik angesehen werden; dagegen sprechen hier nicht erneut wiederzugebende Argumente dafür, m und $\underline{f}$ als theoretische Funktionen der Partikelmechanik aufzufassen[3]. Sie werden durch die Restriktionsfunktion r^o aus den potentiellen
Modellen gestrichen, so daß als <u>Partialmodelle</u> Tripel
$\langle P, T, \underline{s} \rangle$ entstehen, die durch die Forderungen (i) - (iii)
charakterisiert werden.

Die Behauptung, die für ein einzelnes Partialmodell x =
$\langle P, T, \underline{s} \rangle$ mit dem Kern K^o verbunden ist, lautet

$$(\exists y)(y \in M^\nu \ \& \ r^o(y) = x)$$

oder

$$(\exists m)(\exists \underline{f})(m: P \to \mathbb{R}^+ \ \& \ \underline{f}: P \times T \to \mathbb{R}^3 \ \& \ \underline{f} = m \cdot \underline{\ddot{s}}),$$

in Worten: es gibt Funktionen m und $\underline{f}$ passender Kategorie,
so daß m und $\underline{f}$ zusammen mit der Funktion $\underline{s}$ das zweite Newtonsche Gesetz erfüllen; "$\underline{f} = m \cdot \underline{\ddot{s}}$" steht dabei abkürzend
für

$$(p)(t)(p \in P \ \& \ t \in T \ \supset \ \underline{f}(p,t) = m(p) \cdot \underline{\ddot{s}}(p,t)).$$

Sollen gleichzeitig mehrere kinematische Systeme $\langle P_j, T_j, \underline{s}_j \rangle$
(j laufe über eine Indexmenge J) dynamisch erklärt werden,
so ist die Wahl ergänzender Masse- und Kraft-Funktionen gewissen Constraints unterworfen. Mindestens ist darauf zu
achten, daß Partikeln, die mehreren Systemen gleichzeitig
angehören, in jedem dieser Systeme dieselben m- und $\underline{f}$-Werte
zugeschrieben werden, m.a.W.: die ergänzenden Funktionen
m_j und $\underline{f}_j$ sollen Funktionen auf $\bigcup_{j \in J} P_j$ bzw. $(\bigcup_{j \in J} P_j) \times (\bigcup_{j \in J} T_j)$
bilden[4]. Auch die Extensivität der Massenfunktion, d.h. die
Gültigkeit von

$$m(p_1 \circ p_2) = m(p_1) + m(p_2)$$

für je zwei Partikeln p_1 und p_2 und eine aus ihnen zusammen-
gefügte Partikel $p_1 \circ p_2$, ist als Constraint aufzufassen (1.3).
Seien die Constraints für m und $\underline{f}$ durch Systeme C_m bzw. $C_{\underline{f}}$
zulässiger Mengen potentieller Modelle ausgedrückt:

$C_m, C_{\underline{f}} \subseteq \mathrm{Pot}(M_p^o)$; als Gesamt-Constraint des Kerns kann dann der Durchschnitt $C^o := C_m \cap C_{\underline{f}}$ genommen werden. Ist $\bar{x}$ eine Menge von Partialmodellen, etwa $\bar{x} = \{\langle P_j, T_j, \underline{s}_j \rangle \mid j \in J\}$, so wird mit der Anwendung von K^o auf $\bar{x}$ behauptet:

$$(\exists \bar{y})(\bar{y} \subseteq M^o \ \& \ r^o(\bar{y}) = \bar{x} \ \& \ \bar{y} \in C^o),$$

in Worten: es gibt eine Menge $\bar{y}$ von Modellen "über" $\bar{x}$ (d.h. mit $r^o(\bar{y}) = \bar{x}$), die den Constraints genügen; ausführlicher formuliert lautet die Behauptung: Zu jedem kinematischen System $\langle P_j, T_j, \underline{s}_j \rangle \in \bar{x}$ gibt es ergänzende dynamische Funktionen m_j und $\underline{f}_j$ derart, daß $\underline{f}_j(p,t) = m_j(p) \cdot \underline{\ddot{s}}_j(p,t)$ für alle $p \in P_j$ und $t \in T_j$ gilt und die ergänzten Systeme zusammengenommen die Constraints erfüllen:

$$\{\langle P_j, T_j, \underline{s}_j, m_j, \underline{f}_j \rangle \mid j \in J\} \in C_m \cap C_{\underline{f}}.$$

Eine genauere Analyse zeigt, daß sich für nahezu jede Menge von Partialmodellen entsprechende Systeme von m- und $\underline{f}$-Funktionen finden lassen; es muß nur gewährleistet sein, daß ein und derselben gleichzeitig in mehreren Partialmodellen auftretenden Partikel auch überall dieselbe Position zugeschrieben wird[5]. Die mit K^o zu verbindenden Aussagen sind also so gut wie leer; es werden praktisch keine kinematischen Systeme als nicht dynamisch erklärbar ausgeschlossen.

Das zweite Newtonsche Gesetz allein - in Verbindung mit den betrachteten Constraints - ist offenbar zu schwach, als daß man damit nennenswerte empirische Behauptungen machen könnte. Das entspricht durchaus dem Tenor der Debatten über den logischen Status dieses Gesetzes im Rahmen des "statement view": ob es sich beim zweiten Newtonschen Gesetz überhaupt um ein genuines Gesetz und nicht vielmehr um eine Definition (der Kraft oder der Masse) oder um ein Gesetzesschema handelt, war seit langem strittig[6]. Wir werden auf diese Frage später noch zurückkommen. Zunächst ist es nützlich, sich daran zu erinnern, daß bei der Erklärung von Bewegungen in der Regel spezielle Kraftgesetze angenommen werden. Man fragt z.B. nach Zentralkräften oder nach Hookeschen Kräften, schreibt also Kräften bestimmte Richtungen bzw. Linearität bezüglich gewisser Auslenkungen aus Ruhelagen vor. Sneed definiert entsprechend eine Reihe von mengentheoretischen Prädikaten[7], die allesamt das M^O definierende (das zweite Newtonsche Gesetz ausdrückende) Prädikat verschärfen, also zu eingeschränkten Modellmengen $M^1, M^2, \ldots$ führen: M^O enthält $M^1, M^2, \ldots$, wobei auch Verzweigungen auftreten können, etwa in der Art

$$M^O \supset M^1 \supset M^2 \begin{array}{c} \nearrow M^3 \\ \searrow M^4 \supset M^5 \end{array} .$$

Die die Verschärfungen definierenden speziellen Kraftgesetze sind teilweise durch spezielle Constraints C^k zu ergänzen[8], die in entsprechenden Inklusionsverhältnissen stehen, im Beispiel:

$$C^O \supseteq C^1 \supseteq C^2 \begin{array}{c} \nearrow C^3 \\ \searrow C^4 \supseteq C^5 \end{array} .$$

Die M^k wie die C^k sind allesamt auf dieselben Mengen M_p^O und M_{pp}^O potentieller bzw. partieller potentieller Modelle bezogen. Wir haben daher mit den

$$\langle M^k, M_p^O, M_{pp}^O, r^O, C^k \rangle, \quad k \geq 0,$$

eine Reihe von Kernen vor uns, die im Sinne der Relation σ jeweils Spezialisierungen des Kerns K^O und teilweise Spezialisierungen voneinander sind. Mit entsprechenden sukzessive eingeschränkten intendierten Anwendungsbereichen I^k entsteht daraus ein σ-Netz von Theorie-Elementen $\langle K^k, I^k \rangle$.

Wir begnügen uns hier mit diesen Andeutungen, die nur plausibel machen sollten, daß sich Sneeds - hier als prinzipiell richtig unterstellte - Rekonstruktion der klassischen Partikelmechanik in die Sprache der Theorie-Elemente und

Theorie-Netze umformulieren läßt, und halten als Ergebnis
fest: Die klassische Newtonsche Partikelmechanik läßt sich
Sneed zufolge auffassen als ein σ-Theorie-Netz mit $\langle K^O, I^O \rangle$
als allgemeinstem Anfangsglied.

Die außerordentliche Schwäche des Theorie-Element-Kerns K^O
sollte einem allerdings zu denken geben. Hat es überhaupt
einen Sinn, von einer Erklärung kinematischer Phänomene
durch dynamische Gesetze zu sprechen, wenn man praktisch
jede beobachtete Bewegung darunter subsumieren kann? Wenn
beispielsweise bei einem Zwei-Teilchen-System Beschleunigungen in einer nicht auf der Verbindungsgeraden der beiden Teilchen liegenden Richtung auftreten, so ließe sich K^O
noch auf diesen Fall anwenden. Andererseits kann man aber
ausschließen, daß die Teilchen aufeinander "Newtonsche", d.h.
dem 3. Newtonschen Gesetz folgende Kräfte ausüben, die auf
der Verbindungsgeraden wirken und also nach dem 2. Newtonschen Gesetz zu entgegengesetztgerichteten Beschleunigungen
führen müßten.

Nun liegt es nahe, eben dieses 3. Newtonsche Gesetz als
eine erste Verschärfung des 2. Newtonschen Gesetzes anzusehen, also als diejenige Forderung, die von M^O zu M^1 und
allgemeiner von K^O zu K^1 führt. Alle weiteren - von Sneed
betrachteten - Spezialisierungen der CPM können nämlich
wiederum als Spezialisierungen von K^1 aufgefaßt werden. K^1
ist also als der erste gehaltvolle Kern in der Reihe der
K^k besonders ausgezeichnet und könnte daher - passender
als K^O - als der eigentlich paradigmatische Theorie-Kern
gelten; dafür sprechen auch historische Überlegungen, die
die Anwendungen der Kerne miteinbeziehen[9]. Man könnte einen
Schritt weitergehen und den Kern K^O aus dem Bild, das durch
die K^k von der Theorie-Entwicklung gezeichnet wird, wieder
herausnehmen. Dafür spräche auch, daß bei allen weiteren
Kernen, nicht aber bei K^O, angenommen wird, daß die Kräfte
von gewissen Parametern, besonders Distanzen von Partikeln,

abhängen. Die die entsprechenden Modellmengen definierenden
Gesetze sind für $k > o$ darum vielleicht adäquater mit Funktionalgleichungen zu formulieren, die Kräfte als "Funktionen
von - jeweils bestimmten - Funktionen (Parametern)" behandeln. Die Anwendung eines $K^k, k > o$, würde in der Konstruktion
einer Funktion von bestimmten Parametern, die einer solchen
Funktionalgleichung genügt, und natürlich einer Massenfunktion bestehen. Entsprechend forderte die Anwendung von K^O
dagegen lediglich die Existenz einer Massenfunktion und einer Kraftfunktion von <u>unbestimmt</u> gelassenen Parametern
$\varphi, \psi, \ldots$, die das 2. Newtonsche Gesetz, geschrieben als
<u>Schema</u> einer Funktionalgleichung,

$$\underline{f}(p,t,\varphi,\psi,\ldots) = m(p) \cdot \underline{\ddot{s}}(p,t),$$

erfüllen. Wir gehen dieser alternativen Möglichkeit, die
CPM zu rekonstruieren, hier nicht weiter nach, bemerken
aber schon, daß bei der Thermodynamik und in gewisser Weise
auch bei der Marxschen Ökonomie analoge Verhältnisse zu
beobachten sein werden[1o].

4.1.2 Sneed hat in seiner Rekonstruktion der klassischen Partikelmechanik auch gezeigt, in welchem Verhältnis die Mechanik
der starren Körper zur Partikelmechanik steht: in dem der
sogenannten (starken) Reduktion, und daß die Lagrangesche
und Hamiltonsche Formulierung der klassischen Partikelmechanik dieser in einem genau angebbaren Sinne äquivalent
sind[11]. Diese intuitiv zu erwartenden Resultate haben damit
eine präzise Begründung erfahren. Ohne auf Einzelheiten
näher einzugehen, können wir in der Sprache der Theorie-
Elemente und ihrer Relationen untereinander sagen:

Ist K^{St} der Kern des Theorie-Elements, das die Grundlage
der Mechanik der starren Körper bildet, so gilt

$$K^{St} \overline{\rho} K^O ,$$

in Worten: der Kern K^{St} reduziert sich auf den Kern K^O (im
starken Sinn)[12].

Die Äquivalenzen zwischen den Newtonschen, Lagrangeschen
und Hamiltonschen Formulierungen sind ebenfalls als Relationen zwischen K^O und entsprechenden Kernen, K^L und K^H,
aufzufassen; möglicherweise bedeutet die Äquivalenz von
K^L und K^O bzw. K^H und K^O wechselseitige Reduktion[13]. Im
Falle der Hamiltonschen Formulierung erstreckt sich diese
Äquivalenz allerdings natürlich nur auf konservative Systeme.

4.2   Rekonstruktion der Thermodynamik

4.2.1   Carlos Ulises Moulines verdanken wir die strukturalistische
Rekonstruktion einer thermodynamischen Theorie, die er
"Gleichgewichtsthermodynamik einfacher Systeme" oder kurz
"Einfache Thermodynamik des Gleichgewichts (SET)" nennt[14].
Die "Einfachheit" der von dieser Theorie betrachteten Syste-
me wird u.a. in deren Homogenität, Isotropie, Ungeladenheit
etc. gesehen. In der Rekonstruktion der SET folgt Moulines
der neo-Gibbsschen Formulierung der Thermodynamik durch
Callen, Tisza, u.a.[15].

Ein thermodynamisches System wird als eine Menge von Zuständen aufgefaßt, auf der eine Reihe von Funktionen (Volumen,
Energie, Entropie etc.) definiert werden. Diese Zustände
selbst sind zu unterscheiden von ihren raumzeitlichen Reali-
sierungen; sie sind abstrakter Natur und zu identifizieren
mit Klassen von Objekten gleichen Zustands im üblichen Sinn.

Um den theoretischen Kern der SET,

$$K^S = \langle M^S, M^S_p, M^S_{pp}, r^S, c^S \rangle,$$

zu formulieren, gehen wir - wie bei anderen Rekonstruktionen -
von den die Modellmenge definierenden Gesetzen aus. Diese
sind, vereinfacht wiedergegeben,

(1) $S = S(U, V, n_1, n_2, \ldots)$,

(2) $p \cdot \dfrac{\partial S}{\partial U} = \dfrac{\partial S}{\partial V}$;

in Worten: die Entropie S ist eine (streng monotone) Funktion der (inneren) Energie U, des Volumens V und der Molzahlen $n_1, n_2, \ldots$ der chemischen Komponenten des Systems, deren partielle Ableitungen nach U und V in der Weise (2) mit dem Druck p zusammenhängen[16]. (1) wird gelegentlich die Fundamentalgleichung der Thermodynamik des Gleichgewichts genannt, (2) oft fälschlich als thermodynamische Definition des Drucks aufgefaßt. Moulines besteht m.E. zu Recht darauf, daß die Größe p ihre Bedeutung unabhängig und vor der Thermodynamik, nämlich in der (Hydro-)Mechanik erhalten hat und darum innerhalb der Thermodynamik nur als undefinierter Begriff verstanden werden kann[17].

Es werden also außer dem Zustandsbegriff jedenfalls die Größen

$$S, \ U, \ V, \ n \quad \text{und} \quad p$$

zur Charakterisierung von M^S benötigt. Die chemische Zusammensetzung eines Systems ist dabei genauer durch zwei Grössen wiederzugeben: eine endliche Menge (ganzer Zahlen), Λ, die die chemischen Komponenten indiziert, und eine Funktion n, die für jede Komponente $\lambda \in \Lambda$ die Anzahl n_λ der (in einem gegebenen Zustand) im System vorhandenen Mole dieser Komponente angibt. Schließlich bedarf eine genauere Formulierung der Gesetze (1) und (2) des Begriffs des Gleichgewichtszustandes; die Identitäten (1) und (2) gelten für diesen und nur für diesen Fall. Die Gleichgewichtszustände bilden eine Teilklasse E der Klasse Z der Zustände. <u>Potentielle Modelle</u> der SET sind somit als Oktupel

$$\langle Z, V, p, \Lambda, n, E, U, S \rangle$$

zu konzipieren, an deren Komponenten folgende kategoriale Forderungen gestellt werden[18]:

(i)   Z hat "Prozeßcharakter",
       d.h. ist eineindeutig
       auf ein reelles Zahlen-
       intervall abbildbar: $(\exists \zeta)(\exists \varphi)(\zeta \in \mathrm{Int}(\mathbb{R}) \,\&\, \varphi: Z \mapsto \zeta)$,

(ii)   V   ist eine positiv reell-
            wertige Funktion auf
            der Menge Z der "Zustän-
            de": $V: Z \to \mathbb{R}^+,$

(iii) Λ ist eine nichtleere end-
            liche Menge natürlicher
            Zahlen, der "chemischen
            Komponenten": $\Lambda \subseteq \mathbb{N}, \ 0 < |\Lambda| < \infty,$

(iv)   n   ist eine reellwertige
            Funktion von chemischen
            Komponenten und Zustän-
            den: $n: \Lambda \times Z \to \mathbb{R},$

(v)   p   ist eine positiv reell-
            wertige Funktion aus der
            Menge der Zustände: $p: Z \rightarrowtail \mathbb{R}^+,$

(vi)   E   ist eine nichtleere Teil-
            menge von Z: $\emptyset \subset E \subseteq Z,$

(vii)   U   ist eine reellwertige
            Funktion auf Z: $U: Z \to \mathbb{R},$

(viii) S   ist eine reellwertige
            Funktion auf Z: $S: Z \to \mathbb{R}.$

(Von den "Zustandsgrößen" V,n,p,U und S wird außerdem zwei-
fache Differenzierbarkeit nach den $z \in Z$ verlangt.)

An <u>Modelle</u> der SET sind darüber hinaus die in (1) und (2)
ausgedrückten theoretischen Forderungen zu stellen. Die
"Fundamentalgleichung" (1) ist genauer zu ersetzen durch
eine Funktionalgleichung

$$S(z) = F(U(z),V(z),n_1(z),n_2(z),\ldots)$$

mit einer Funktion F passend vieler reeller Argumente,
deren Existenz verlangt wird; F heißt eine "Entropie-Bestim-
mung". Eine solche Existenzbehauptung ist der Sinn der ge-
bräuchlichen, aber mißverständlichen Redeweise, die Entropie sei eine Funktion der Energie, des Volumens und der
Molzahlen. Wir ersetzen deshalb - indem wir auch noch die
Gleichgewichtsbedingung explizit aufnehmen - (1) und (2)
durch[19]

(1') $(z)(z \in E \equiv S(z) = F(U(z),V(z),n_1(z),n_2(z),\ldots))$,

$$(2') \qquad (z)(z \in E \; \leftrightharpoons \; p(z) \cdot \frac{\partial}{\partial U}F(z) = \frac{\partial}{\partial V}F(z)).$$

Damit können wir formulieren:

$y = \langle Z,C,p,\Lambda,n,E,U,S \rangle$ ist Modell der SET genau dann, wenn die acht Komponenten von y die Bedingungen (i) - (viii) erfüllen und es eine (mit gewissen Differenzierbarkeits- und Monotonie-Eigenschaften ausgestattete) Funktion $F : \mathbb{R}^{2+|\Lambda|} \to \mathbb{R}$ gibt, die (1') und (2') erfüllt.

Um die <u>Partialmodelle</u> der SET zu bestimmen, muß entschieden werden, welche der acht Komponenten als theoretische Größen der Thermodynamik gelten können. Moulines entscheidet sich mit Argumenten[20], die hier nicht wiedergegeben werden sollen, für die Theoretizität genau der drei Komponenten E, U und S. Bemerkenswerterweise enthält die Thermodanamik also dieser Rekonstruktion zufolge mit E auch einen qualitativen theoretischen Begriff; vgl. dazu ein Analogon in der Ökonomie[21]!

Partialmodelle, von Moulines sogenannte einfache Systeme, sind mithin Quintupel

$$\langle z,V,p,\Lambda,n \rangle \, ,$$

die den Bedingungen (i) - (v) gehorchen; die Restriktionsfunktion r^S streicht die Komponenten E, U und S aus potentiellen Modellen. Damit ist der sogenannte Rahmen des Kerns K^S,

$$\langle M^S, M_p^S, M_{pp}^S, r^S \rangle \, ,$$

definiert. Bleiben noch die Constraints C^S zu formulieren.

Die <u>Constraints</u> spielen - wieder Moulines zufolge - in der Thermodynamik eine erheblich größere Rolle als in der Mechanik, weil die Thermodynamik es in stärkerem Maße mit der Kopplung von Systemen zu tun hat, die verschiedenen Einzelanwendungen entstammen. Die von Moulines betrachteten acht Constraints[22] betreffen denn auch bis auf die Identitätsconstraints für Gleichgewicht, Energie und Entropie allesamt

die sogenannte Kombinationsoperation, die jeweils zwei Zustände zu einem gekoppelten (vereinigten) Zustand kombiniert.
Eines der Constraints fordert beispielsweise die Additivi-
tät von Energie und Entropie bezüglich dieser Kombinationsoperation. Ein anderes bestimmt die Richtung des thermodynamischen Prozesses bei Kopplung zweier Systeme. Auch das
sogenannte Gibbssche Prinzip, das Moulines nach Formulierungen von Callen, Tisza und Falk/Jung als Constraint rekonstruiert, behauptet Extremaleigenschaften für die Entropie und
Energie <u>zusammengesetzter</u> Systeme. - Die einzelnen, jeweils
als Systeme von Mengen potentieller Modelle rekonstruierten
Constraints C_i^S, i = 1,...,8, kann man, indem man ihren
Durchschnitt $C^S := C_1^S \cap ... \cap C_8^S$ bildet, formal zu einem einzigen Constraint C^S zusammenfassen, das den Rahmen der SET
zum Kern

$$K^S = \langle M^S, M_p^S, M_{pp}^S, r^S, C^S \rangle$$

der SET komplettiert.

4.2.2 Moulines rekonstruiert auch verschiedene Verschärfungen der
SET, die nach der neueren Version der Sneedschen Theorie
als Spezialisierungen des Kerns K^S der SET wiederzugeben
sind[23]. Eine dieser Verschärfungen wird durch das <u>Nernstsche
Gesetz</u>, das sogenannte dritte Grundgesetz der Thermodynamik,
definiert, dessen Anwendung auf Systeme extrem niedriger
Temperatur gerichtet ist. Es behauptet, Moulines' Rekonstruktion zufolge, die Existenz von Zuständen minimaler
Energie und zugleich, daß solche Zustände auch Zustände
minimaler Entropie sind. Mit Nernsts Gesetz verbunden ist
ein spezielles Constraint: alle Zustände minimaler Energie
haben dieselben Energie- und dieselben Entropie-Werte in allen Systemen, in denen sie vorkommen. Sei M^N die Teilmenge
derjenigen Modelle aus M^S, die Nernsts Gesetz erfüllen, und
C^N die Klasse derjenigen Mengen potentieller Modelle aus C^S,
die das genannte spezielle Constraint erfüllen. Dann ist

$$K^N := \langle M^N, M_p^S, M_{pp}^S, r^S, C^N \rangle$$

ein das dritte Grundgesetz der Thermodynamik ausdrückender, K^S spezialisierender Kern:

$$K^N \, \sigma \, K^S.$$

Eine auf ganz andere Anwendungen, nämlich homogene Gase hoher Temperatur, gerichtete andere Spezialisierung von K^S erhält man durch Hinzunahme des sogenannten <u>idealen Gasgesetzes</u>. Dessen vertraute Gestalt

$$p \cdot V = n \cdot R \cdot T$$

(mit n als Anzahl der Mole der homogenen Gasmenge, R als Gaskonstante und T als Temperatur), genauer

$$(z)(z \in E \supset p(z) \cdot V(z) = n(z) \cdot R \cdot T(z)),$$

leitet Moulines aus einem allgemeineren Gesetz her, das im wesentlichen durch eine Funktionalgleichung für eine gewisse Funktion G mit zu F analogen Eigenschaften ausgedrückt wird[24]. Ein spezielles Constraint sorgt dafür, daß die Funktion G identisch ist für alle Gase derselben chemischen Substanz. Wird diese Forderung durch ein Constraint $C \subseteq \mathrm{Pot}(M_p^S)$ wiedergegeben und das vorher genannte Gesetz durch eine Teilmenge $M^G \subseteq M^S$, so ist

$$K^G := \langle M^G, M_p^S, M_{pp}^S, r^S, C^G \rangle$$

mit $C^G := C^S \cap C$ wiederum eine Spezialisierung von K^S:

$$K^G \, \sigma \, K^S.$$

Der Kern K^G kann weiter spezialisiert werden zu einem Kern K^M,

$$K^M \, \sigma \, K^G,$$

dessen Modellmenge dadurch definiert ist, daß zusätzlich eine bestimmte explizite Gestalt für die Funktion G vorgeschrieben wird, die zu einer konkreten Entropiebestimmung führt[25]. In den intendierten Anwendungsbereich für K^M werden nur <u>monoatomische</u> ideale Gase aufgenommen.

Mit der zu σ konversen Relation $\gamma := \bar{\sigma}$ lassen sich die bisher betrachteten Kerne wie folgt anordnen:

$$K^S \diagup \gamma \diagdown K^N \atop \diagdown \gamma \diagdown K^G - \gamma - K^M \, .$$

(Ein analoges Schema gilt für die zuzuordnenden Bereiche intendierter Anwendungen und damit auch für die vollen Theorie-Elemente.)

K^M ist ein Endpunkt der Entwicklung in dem Sinne, daß die K^S definierende Funktionalgleichung für eine Entropiebestimmung in K^M durch eine bestimmte Entropiebestimmung ersetzt werden kann. Denkbar sind andere Spezialisierungen von K^S, etwa mithilfe des Gesetzes von Van der Waals auf reale Gase gerichtete Spezialisierungen, die zu anderen Endpunkten in diesem Sinne führen.

4.2.3 Die "Einfache Thermodynamik des Gleichgewichts" (SET) ist nur eines von vielen Beispielen thermodynamischer Theorien des Gleichgewichts. In einer späteren Arbeit versucht Moulines, das Gemeinsame dieser Theorien, für die die SET paradigmatisch steht, herauszuheben[26]. Kennzeichnend für diese Theorien sollen nach Moulines im wesentlichen die folgenden Eigenschaften der SET sein:

1. Die Theorie findet Anwendung auf Bereiche von Zuständen, in denen nicht-leere Teilbereiche von Gleichgewichtszuständen theoretisch ausgezeichnet werden.

2. Neben dem (qualitativen) Begriff des Gleichgewichtszustands gibt es genau zwei weitere, und zwar quantitative, theoretische Begriffe: die Zustandsgrößen Energie und Entropie.

3. Das Fundamentalgesetz behauptet für Gleichgewichtszustände eine funktionale Abhängigkeit der Entropie

(alternativ: der Energie) von Energie (alternativ: von
Entropie) und gewissen weiteren "fundamentalen Parame-
tern". (Im Beispiel der SET waren diese Parameter das
Volumen und die Molzahlen.) Diese weiteren fundamentalen
Parameter, von denen es mindestens einen geben soll,
entstammen Theorien, die ihrerseits nicht die Thermo-
dynamik voraussetzen, z.B. der Elektrostatik oder der
Mechanik starrer Körper.

4. Spezifischere Formen dieser funktionalen Bestimmung von
Entropie (bzw. Energie) führen zu Spezialisierungen der
Theorie.

5. Alle drei theoretischen Begriffe unterliegen Identitätsconstraints.

Darüber hinaus gibt es (ebenfalls allgemeine) Constraints,
die charakteristischerweise formuliert werden mithilfe
operationaler Begriffe wie Kombination, Übergang, etc., die
nicht in die Definition der Modelle selbst eingehen[27]. Für
Moulines sind dies Begriffe einer "operationalen Basis" einer thermodynamischen Gleichgewichtstheorie. Auch für solche operationalen Basen stellt Moulines eine Reihe kenn-
zeichnender Eigenschaften zusammen. Schließlich charakterisiert er den "Theorie-Rahmen der Gleichgewichtsthermodynamik"
für den die SET paradigmatisch steht, dadurch, daß zu diesem
Rahmen solche Theorien mit den aufgelisteten Eigenschaften
gehören sollen, die auf eine spezifische Weise mit den ge-
kennzeichneten operationalen Basisstrukturen verbunden sind.
Von dem allgemeinen Begriff eines Theorie-Rahmens, der
gleichsam auf einer Ebene zwischen der von Einzel-Theorien
und der ganzer Disziplinen angesiedelt ist, verspricht sich
Moulines eine Ergänzung der ursprünglichen Version des
strukturalistischen Ansatzes, auch in dessen Anwendung beim
Studium diachroner Verhältnisse.

Moulines' vorgeschlagene Erweiterung des metatheoretischen
Instrumentariums scheint - jedenfalls zunächst - in eine
andere Richtung zu führen als die von uns im Kapitel 3

beschriebene Auflösung des ursprünglichen Theorie-Konzepts in die Konzeption von Netzen aus Theorie-Elementen, wie sie Balzer und Sneed vorgenommen haben. Erweitert man jedoch diese Konzeption, wie von uns vorgeschlagen, um weitere Typen von Relationen zwischen Theorie-Elementen, so werden sich die von Moulines mit seinem Begriff eines Theorie-Rahmens ins Auge gefaßten Strukturen oberhalb der Ebene der Theorien auch als bestimmte Formen von Theorie-Netzen konzipieren lassen. Wenn z.B. eine Theorie paradigmatisch für einen Theorie-Rahmen steht, könnten die Theorien dieses Rahmens u.U. als Erweiterungen dieser paradigmatischen Theorie im Sinne der ε-Relation aufgefaßt werden. (Einer Einzel-Theorie im Sinne von Moulines entspricht ein σ-Netz von Theorie-Elementen mit definitem Anfangselement. Eine Erweiterungsrelation zwischen solchen σ-Netzen müßte auf dem Wege über die ε-Relation zwischen deren Anfangselementen definiert werden.) Dagegen dürfte sich der Gedanke einer Kennzeichnung operationaler Basen und ihrer Rolle in Theorie-Rahmen einer Konzipierbarkeit in terminis von Theorie-Netzen, soweit deren Eigenschaften in der im Kapitel 3 behandelten Weise in den Blick kommen, vermutlich eher entziehen[28].

4.3 Rekonstruktion der Geometrie und der Kinematik

Die Mechanik wird von den Physikern in der Regel als ihre grundlegendste Theorie angesehen[29]. Für Wissenschaftsphilosophen gilt daneben seit langem die Geometrie als ein weiteres bevorzugtes Studienobjekt, Geometrie hier verstanden als eine physikalische Theorie des Raumes. Sie ist der Mechanik in dem Sinne vorgeordnet, daß räumliche Maßbestimmungen in die Beschreibung der Objekte eingehen, mit denen es die Mechanik zu tun hat und deren Verhalten sie erklärt: in die Beschreibung kinematischer Systeme. Die Kinematik, also die Theorie dieser Systeme, kann seit Bestehen der Relativitätstheorie nicht mehr als so selbst-

verständlich und im wesentlichen zur Mathematik gehörig
vorausgesetzt werden. Sie ist eine eigenständige physikalische Theorie und in unserem Rekonstruktionsprogramm als
solche zu behandeln. In diesem Sinne wurde sie auch bereits
von Sneed bei seiner Rekonstruktion der klassischen Partikelmechanik angesehen: die dort zur Beschreibung der Partialmodelle verwendete Ortsfunktion s habe ihren theoretischen Platz in einer physikalischen Geometrie oder genauer
in der Kinematik. Ebenso erfordert die vorausgesetzte Darstellbarkeit von Zeiträumen durch reelle Intervalle T eine
Chronometrie als grundlegendere Theorie.

Diese Zusammenhänge im "Keller" der theoretischen Physik
im Rahmen des strukturalistischen Programms zu erforschen,
hat zuerst Wolfgang Balzer in seiner Arbeit "Empirische
Geometrie und Raum-Zeit-Theorie in mengentheoretischer Darstellung" (1978) unternommen[30]. Er behandelt hierin Geometrie und Chronometrie zunächst als voneinander unabhängige
Theorien, sodann deren Verbindung in Raum-Zeit-Theorien und
schließlich darauf aufbauend kinematische Theorien.

4.3.1 Die Rekonstruktion der Geometrie als einer empirischen
Theorie steht vor der Schwierigkeit, daß sich mit ihr über
reale Objekte, wenn überhaupt, nur idealisierende Aussagen
machen lassen, die mit gewissen Unendlichkeitsvorstellungen
zu tun haben; so offensichtlich beim Vollständigkeits- oder
Stetigkeitsaxiom, aber auch z.B. beim Parallelenaxiom mit
dem Begriff der sich auch im Unendlichen nicht schneidenden
Geraden. Der originellste Gedanke der Balzerschen Rekonstruktion der Geometrie liegt nun darin, die Axiome, die
Unendlichkeiten involvieren, als Constraints für Mengen
von Figuren aufzufassen, wobei zwar diese Figurenmengen
unendlich werden können, unter Figuren selbst aber stets
nur endliche Gebilde verstanden werden: Systeme aus endlichen Mengen von Punkten, Geraden und Ebenen, zwischen denen
gewisse Beziehungen bestehen. Anschaulich gesehen gehören

zu einer Figur neben endlich vielen Punkten genau die Verbindungsgeraden je zweier Punkte und die Verbindungsebenen
je dreier Punkte. In der Axiomatisierung von Borsuk und
Szmielew[31], die Balzer als Vorlage dient, werden die Eigenschaften von Figuren mithilfe der schon von Hilbert verwendeten Relationen der Inzidenz, e, der Anordnung, Z, und der
Kongruenz, K, formuliert, sowie mithilfe einer Metrik d auf
der Punktmenge P. Z und K lassen sich zwar in der üblichen
Weise aus d definieren, nicht aber in einzelnen Figuren[32].
Balzer verwendet darum das Z und K einschließende reichere
Begriffsarsenal, demzufolge potentielle Modelle der Geome-
trie, sogenannte mögliche Figuren (mF), als Septupel

$$\langle P, G, E, e, Z, K, d \rangle$$

anzusehen sind, worin P, G und E für die Mengen der Punkte,
Geraden bzw. Ebenen stehen[33]. Figuren (F) selbst, die Modelle der Geometrie, sind durch eine Reihe von Inzidenz-,
Anordnungs- und Kongruenzaxiomen sowie durch die Forderung,
daß

$$d: P \times P \longrightarrow \mathbb{R}$$

eine Metrik ist, ausgezeichnet[34]. Die Menge der mF möge mit
M_p^G, die Menge der F mit M^G bezeichnet werden.

Wie ist nun die Menge M_{pp}^G der Partialmodelle zu definieren?
Balzer entscheidet sich dafür, die Distanzfunktion d und
nur diese als theoretische Komponente der Geometrie anzusehen.
Das ist plausibel vor allem im Hinblick auf seine Auffassung,
daß die Geometrie so etwas wie die grundlegende Metrisierungs-
theorie der Physik ist, die gleichsam die Mathematik in die
Physik hineinträgt[35]. Die qualitativen Relationen e, Z und K
werden folgerichtig als nicht-theoretisch angesehen und
auch - bis auf kategoriale Festlegungen - zunächst ganz un-
bestimmt gelassen: eine partielle mögliche Figur (pmF) ist
definiert als ein Sextupel

$$\langle P, G, E, e, Z, K \rangle$$

aus endlichen, disjunkten Mengen P,G,E und Relationen

$$e \subseteq P \times (G \cup E) ,$$

$$z \subseteq P^3 ,$$

$$K \subseteq P^4 .$$

Die pmF bilden die Menge M_{pp}^G der Partialmodelle.

Die Formulierung der <u>Constraints</u> macht wesentlich vom Begriff der Erweiterung einer Figur Gebrauch. Die Figur F_2 heißt <u>Erweiterung</u> der Figur F_1,

$$F_1 \sqsubset F_2 ,$$

im wesentlichen dann, wenn die Punktmenge P_1 von F_1 in der Punktmenge P_2 von F_2 enthalten ist und für die Inzidenz mit Geraden und Ebenen entsprechende Implikationen gelten[36]. Mithilfe der Erweiterungsrelation werden eine Anzahl Axiome für Figurenmengen formuliert, darunter das Axiom von Pasch, das Vollständigkeits- oder Stetigkeitsaxiom und das Parallelenaxiom, die zusammengenommen definieren, wann eine Figurenmenge $\mathcal{U}$ <u>abgeschlossen</u> heißt, abgeschlossen nämlich "in dem Sinne, daß man weder durch geometrische Konstruktionen noch durch Stetigkeitsüberlegungen die Existenz neuer Punkte erhalten kann, welche nicht schon zu einer Figur von $\mathcal{U}$ gehören"[37]. Abgeschlossenheit ist ein inhaltliches Constraint im Gegensatz zu den die Mechanik dominierenden bloß formalen Identitätsconstraints. Letzteren entspricht hier der Begriff einer verträglichen Figurenmenge: die Figurenmenge $\mathcal{U}$ heiße <u>verträglich</u>, wenn es zu je zwei Figuren F_1 und F_2 aus $\mathcal{U}$ eine gemeinsame Erweiterung in $\mathcal{U}$ gibt, d.h., wenn es ein $F_3 \in \mathcal{U}$ gibt mit F_1, $F_2 \sqsubset F_3$.

Die Menge C^{iG} der abgeschlossenen und verträglichen Figurenmengen ist das Constraint der von Balzer sogenannten <u>idealen empirischen Geometrie</u> mit dem Kern

$$K^{iG} := \left\langle M^G, M_p^G, M_{pp}^G, r^G, C^{iG} \right\rangle ,$$

worin $r^G : M_p^G \to M_{pp}^G$ einfach jeweils die Komponente d streicht.

C^{iG} ist ein sehr starkes Constraint. Fordert man von Figurenmengen <u>nur</u> die Verträglichkeit, also das Analogon zu den
Identitätsconstraints, so erhält man das sehr schwache Constraint C^{eG}. Zwischen C^{iG} und C^{eG} liegt das Constraint C^{fG},
zu dem alle Figurenmengen gehören sollen, die sich zu einer
idealen (sprich: abgeschlossenen und verträglichen) Figurenmenge <u>erweitern</u> lassen. - Ersetzt man in K^{iG} die letzte
Komponente durch C^{fG} bzw. C^{eG}, so mögen die entstehenden
Kerne K^{fG} bzw. K^{eG} heißen.

Die Rekonstruktionen der Geometrie in den Kernen K^{iG}, K^{fG},
K^{eG} sind alle drei nichttrivial in dem Sinne, daß jeder
dieser drei Kerne einen echten Gehalt hat: nicht jede Menge
partieller möglicher Figuren ist zu einer dem entsprechenden Constraint zugehörenden Figurenmenge ergänzbar[38]. M.a.W.:
$\Gamma(K^{iG})$, $\Gamma(K^{fG})$ und $\Gamma(K^{eG})$, die Gehalte der drei Kerne,
d.h. die Systeme der in diesem Sinne ergänzbaren Mengen
partieller möglicher Figuren (pmF's), fallen alle drei nicht
mit Pot(M_{pp}^G) zusammen.

Um die Rekonstruktionen auf Adäquatheit in einem stärkeren
Sinn zu prüfen, ist zu fragen, in welchem Verhältnis die zu
einem solchen Γ gehörenden Mengen von pmF's, also Mengen
<u>endlicher</u> Gebilde, zu den im allgemeinen <u>unendlichen</u> Model-
len der Geometrie im gewöhnlichen Sinne stehen. Solche Modelle, "Geometrien", können als Sextupel $\langle P,G,E,e,Z,K \rangle$
aufgefaßt werden, für die entsprechende Axiome <u>ohne</u> Endlich-
keitsbeschränkungen gefordert werden[39]. Jeder Menge $\mathfrak{A}$ von
mF's kann man auf natürliche Weise ein Sextupel $\mathcal{G}(\mathfrak{A}) :=$
$\langle P,G,E,e,Z,K \rangle$ zuordnen, indem man als P die Vereinigung
der Punktmengen der mF's aus $\mathfrak{A}$ nimmt usw.[40]; wann ist nun
$\mathcal{G}(\mathfrak{A})$ eine Geometrie? - Wenn eine Menge X partieller möglicher Figuren zum Gehalt von K^{iG} gehört: $X \in \Gamma(K^{iG})$, so läßt
sich X zu einer abgeschlossenen und verträglichen Figuren-
menge $\mathfrak{A}$ erweitern. Wenn X nur zu $\Gamma(K^{fG})$ gehört, so läßt

sich X jedenfalls noch zu einer Figurenmenge $\mathcal{Y}$ ergänzen, die Teil einer solchen Menge $\mathcal{U}$ ist. Für Figurenmengen dieser Art beweist Balzer den entscheidenden Satz:

Ist $\mathcal{U}$ eine abgeschlossene und verträgliche Figurenmenge, so ist $\mathcal{G}(\mathcal{U})$ eine Geometrie[41].

In den beiden betrachteten Fällen, daß $X \in \Gamma(K^{iG})$ oder $X \in \Gamma(K^{fG})$ ist, kann man also durch theoretische Ergänzung und ggf. anschließende Erweiterung zu einer abgeschlossenen und verträglichen Figurenmenge $\mathcal{U}$ mit zugehöriger Geometrie $\mathcal{G}(\mathcal{U})$ gelangen. Man zeigt leicht, daß diese Geometrie dann die pmF's aus X als Teilstrukturen enthält, d.h. X einbettbar in $\mathcal{G}(\mathcal{U})$ ist[42]; im Schema:

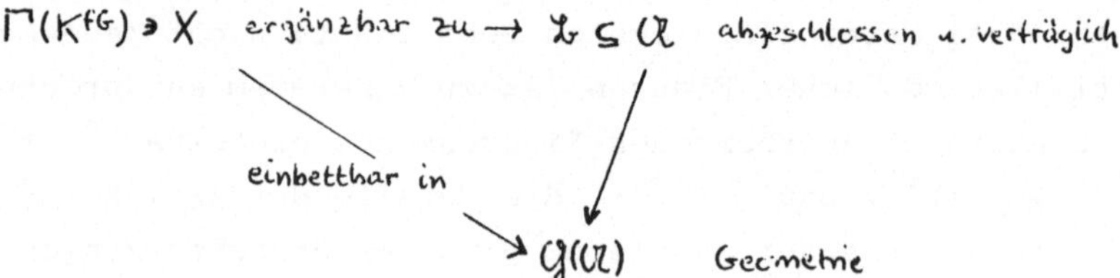

Im Falle der schwächsten der drei betrachteten Geometrien, bei K^{eG}, gibt es dagegen Mengen $X \in \Gamma(K^{eG})$, die sich nicht in eine Geometrie einbetten lassen. In diesem Sinne sind also nur die Geometrien K^{iG} und K^{fG} adäquat.

Gibt es weitere Kriterien, nach denen sich eine der Rekonstruktionen besonders auszeichnen ließe?[43] Vieles spricht dafür, die reichhaltigste Struktur, also K^{iG}, zu bevorzugen, weil diese am ehesten geeignet ist, geometrische Objekte zu <u>charakterisieren</u>, auch wenn der grundsätzliche Einwand, daß die mengentheoretische Definition physikalischer Theorien im allgemeinen auch unerwünschte Modelle zuläßt, auch in diesem Fall bestehen bleibt. Eine vorgängige Verständigung über die Deutung der Grundrelationen e, Z und K wäre in jedem Falle angebracht, müßte aber, wenn sie einen der schwächeren Kerne K^{fG} und K^{eG} ergänzen sollte, sehr viel weiter gehen[44].

Was den Ausschlag für K^{iG} geben sollte, ist die Tatsache,
daß sich nur in diesem Fall auf befriedigende Weise Koordinaten definieren lassen[45], wie sie für eine Raum-Theorie,
die der bestehenden Mechanik als Grundlage dienen soll, erforderlich sind. Demgegenüber wiegt der Nachteil, daß K^{iG}
den höchsten Idealisierungsgrad aufweist, nicht so schwer.
Mit Idealisierungen fertig zu werden, ist eine schwierige
Aufgabe _jeder_ realistischen Rekonstruktion physikalischer
Theorien (nicht nur im strukturalistischen Programm); im
übrigen nimmt sich Balzer auch dieser Frage an[46].

4.3.2 Die Geometrie ist nur eine der beiden Säulen, auf denen die
klassische Mechanik ruht; die andere, die _Chronometrie_, findet im allgemeinen weniger Interesse als die Geometrie und
wird auch von Balzer nur sehr kurz behandelt. Die Interpretation der Grundbegriffe der Chronometrie, des Begriffs des
Zeitpunkts und der Beziehung "früher als" zwischen Zeitpunkten, wirft erhebliche philosophische Schwierigkeiten auf -
sei es, daß man eine operationale Definition dieser Begriffe
versucht, sei es, daß man für sie auf andere physikalische
Theorien zurückgreift[47].
Wir gehen diesen Problemen hier nicht weiter nach und folgen
Balzer in seiner Rekonstruktion der Chronometrie. Wie im
Falle der Geometrie werden nur _endliche_ Grundbereiche, T',
zugelassen; die Elemente von T' mögen "Zeitpunkte" heißen[48].
Partialmodelle der Chronometrie, sogenannte _Zeitordnungen_[49],
bestehen jeweils aus einer solchen Menge T' und einer auf T'
definierten zweistelligen Relation F, zu lesen "früher als":

$\langle T',F \rangle$ ist eine _Zeitordnung (Z)_

gdw.   T' eine nichtleere endliche Menge ist und

$F \subseteq T' \times T'$.

Aufgabe der Chronometrie ist es, Zeitordnungen zu metrisie-
ren. Dazu sind den Zeitpunkten durch eine Funktion D reelle
Zahlen zuzuordnen:

$\langle T',F,D \rangle$ ist eine <u>potentielle metrisierte Zeit-ordnung (pMZ)</u>

gdw. $\langle T',F \rangle$ eine Zeitordnung ist und

$D:T' \to \mathbb{R}$.

Die pMZ's bilden die potentiellen Modelle der Chronometrie. Die wesentliche theoretische Forderung besteht in der <u>Isotonie</u> der Metrisierungsfunktion D; zugleich wird von Modellen die Linearität der Relation F verlangt:

$\langle T',F,D \rangle$ ist eine <u>metrisierte Zeitordnung (MZ)</u>

gdw. $\langle T',F,D \rangle$ eine pMZ ist und

für alle $t,t_1,t_2 \in T'$ gilt:

(1) $F(t,t_1)$ & $F(t_1,t_2) \supset F(t,t_2)$,

(2) $\neg F(t,t)$,

(3) $F(t,t_1) \lor F(t_1,t)$ für $t \neq t_1$,

(4) $F(t,t_1) \equiv D(t) < D(t_1)$.

Um die Constraints zu formulieren, wird wie in der Geometrie ein Begriff der Erweiterung als Relation zwischen potentiellen Modellen eingeführt. Zwei pMZ's heißen dann <u>verträglich</u>, wenn sie eine gemeinsame Erweiterung besitzen; C^{eZ} sei das schwächste, nur Verträglichkeit fordernde Constraint, dem Identitätsconstraint der Mechanik entsprechend. Das stärkste Constraint C^{iZ} umfaßt nur <u>dichte</u> und <u>stetige</u> Mengen von pMZ's[50]. Weiter in Analogie zur Geometrie sei schließlich C^{fZ} die Menge solcher Systeme von pMZ's, die sich zu dichten und stetigen Systemen erweitern lassen. Mit den Modellmengen M^Z, M^Z_p und M^Z_{pp} der MZ's, pMZ's bzw. Z's und der zugehörigen Restriktionsfunktion r^Z erhält man für die Chronometrie wie für die Geometrie drei alternative Kerne:

$$K^{iZ} := \langle M^Z, M^Z_p, M^Z_{pp}, r^Z, C^{iZ} \rangle \; ,$$

$$K^{fZ} := \langle M^Z, M^Z_p, M^Z_{pp}, r^Z, C^{fZ} \rangle$$

und $\quad K^{eZ} := \langle M^Z, M^Z_p, M^Z_{pp}, r^Z, C^{eZ} \rangle \; .$

Balzer entscheidet sich vor allem im Hinblick auf die spätere Koordinateneinführung für die stärkste Chronometrie, K^{iZ}.

4.3.3 Geometrie und Chronometrie werden zur <u>Raum-Zeit-Theorie</u> zusammengefaßt[51]. Diese Zusammenfassung läßt sich - in der Rekonstruktion von Balzer - nicht als Theoretisierung auffassen, da die Begriffe der Geometrie und Chronometrie im Zuge dieser Zusammenfassung modifiziert werden müssen. Die Abstandsfunktion d erhält Zeitpunkte als ein drittes Argument: d(a,b,t) bedeutet den Abstand der Punkte a und b zur Zeit t. Diese verallgemeinerte Abstandsfunktion d ist einziger theoretischer Begriff der Raum-Zeit-Theorie. Deren Partialmodelle, sogenannte <u>partielle potentielle Raum-Zeit-Strukturen</u>, umfassen die acht nicht-theoretischen Komponenten von Geometrie und Chronometrie:

$$\langle P,G,E,e,Z,K,T',F \rangle \, ,$$

wobei e, Z und K nunmehr auch von der Zeit abhängen können:

$$e \subseteq P \times (G \cup E) \times T' \, ,$$

$$Z \subseteq P^3 \times T' \, ,$$

$$K \subseteq P^4 \times T' \, .$$

<u>Potentielle Raum-Zeit-Strukturen</u>, die potentiellen Modelle der Theorie, enthalten als zusätzliche Komponente eine Funktion

$$d: P \times P \times T' \rightarrow \mathbb{R} \, .$$

Die Modelle selbst sind durch ihre "räumlichen" und "zeitlichen" Schnitte zu charakterisieren: Solche Schnitte erhält man durch Fixieren von Raumvariablen a und b bzw. der Zeitvariablen t in der dreistelligen Abstandsfunktion d(a,b,t), sowie in den Relationen e, Z und K. Seien d_t und d_{ab} die bei Festhalten von t bzw. a und b aus d erhaltenen Funktionen auf $P \times P$ bzw. T' und e_t, Z_t und K_t die e, Z und K zur Zeit t entsprechenden räumlichen Relationen. Dann wird eine

114

potentielle Raum-Zeit-Struktur $\langle P,G,E,e,Z,K,T',F,d \rangle$ ein
Modell der Theorie, eine <u>Raum-Zeit-Struktur</u>, genannt, wenn
für alle $t \in T'$

$$\langle P,G,E,e_t,Z_t,K_t,d_t \rangle \quad \text{eine Figur}$$

ist und es zwei Punkte $a,b \in P$ gibt, so daß

$$\langle T',F,d_{ab} \rangle \quad \text{eine metrisierte Zeitordnung}$$

darstellt[52].

Die Constraints der Raum-Zeit-Theorie sind im wesentlichen
die geometrischen und chronometrischen Constraints der zeitlichen bzw. räumlichen Schnitte: Verträglichkeit und Abgeschlossenheit von Mengen zeitlicher Schnitte (ideale geometrische Constraints) bzw. Verträglichkeit, Dichte und Ste-
tigkeit von Mengen räumlicher Schnitte (ideale chronometri-
sche Constraints); hinzukommt ein Verträglichkeitsconstraint
für Mengen möglicher Raum-Zeit-Strukturen (dessen Formulierung wiederum der Einführung eines geeigneten Erwei-
terungsbegriffs bedarf). Sei C^{RZ} der Durchschnitt dieser
drei Constraints. Mit den Mengen M^{RZ}, M_p^{RZ} und M_{pp}^{RZ} der Raum-
Zeit-Strukturen, der potentiellen Raum-Zeit-Strukturen bzw.
der partiellen potentiellen Raum-Zeit-Strukturen und einer
entsprechenden Restriktionsfunktion r^{RZ} können wir dann

$$\langle M^{RZ},M_p^{RZ},M_{pp}^{RZ},r^{RZ},C^{RZ} \rangle$$

als <u>Kern der Raum-Zeit-Theorie</u> angeben.

4.3.4 Die Raum-Zeit-Theorie, nicht die Geometrie oder die Chronometrie je für sich, ist die eigentliche Basis-Theorie für
die Mechanik. Allerdings ist das Verhältnis von Raum-Zeit-
Theorie und <u>Partikelkinematik</u> noch genauer zu klären[53]. In
der Rekonstruktion der Partikelmechanik wurden kinematische
Systeme, die Partialmodelle der Partikelmechanik, als Tripel
$\langle P,T,\underline{s} \rangle$ aufgefaßt, mit P als einer endlichen Partikelmenge,
T als einem reellen Intervall, das einen Zeitabschnitt

repräsentiert, und $\underline{s}$ als einer Ortsfunktion $P \times T \rightarrow \mathbb{R}^3$.
Um den Anschluß an Raum-Zeit-Strukturen zu gewinnen, muß in
diese vor allem eine Ortsfunktion $\underline{s}$ eingeführt werden; ferner ist natürlich die Partikelmenge P mit einer Menge von
Punkten, die sie realisiert, zu identifizieren und T als
Repräsentation von T' anzusehen. Die Ortsfunktion $\underline{s}$ kann
entweder aus Raum-Zeit-Strukturen definiert werden oder ist
als eine theoretische Größe der Partikelkinematik einzuzüfüh-
ren, die damit in ein Theoretisierungsverhältnis zur Raum-
Zeit-Theorie tritt. Balzer bevorzugt diese zweite Auffassung, weil man, um in Raum-Zeit-Strukturen Koordinaten und
eine auf diese bezogene Ortsfunktion definieren zu können,
die Richtigkeit der Raum-Zeit-Theorie voraussetzen muß[54].
In Verfolgung der zweiten Möglichkeit rekonstruiert Balzer
potentielle Modelle der Partikelkinematik als Tripel $\langle S,T,\underline{s}\rangle$,
worin S eine Raum-Zeit-Struktur $\langle P,G,E,e,Z,K,T',F,d\rangle$ mit Koordinatensystem bedeutet, T ein reelles Intervall und $\underline{s}$ eine Funktion $P \times T \rightarrow \mathbb{R}^3$. Da S eine Raum-Zeit-Struktur ist,
gibt es Punkte $p,q \in P$, so daß $\langle T',F,d_{pq}\rangle$ eine metrisierte
Zeitordnung ist. Damit T' durch T repräsentiert werden kann,
wird für solche durch räumlichen Schnitt entstandenen metri-
sierten Zeitordnungen verlangt, daß $d_{pq}(t') \in T$ für alle
$t' \in T'$ ist; das ist durch entsprechend großzügige Wahl von
T immer erreichbar. Ferner darf die Funktion $\underline{s}$ nicht zwei
Partikeln zur selben Zeit denselben Ort zuweisen. In Modellen
der Partikelkinematik, also in kinematischen Systemen
$\langle S,T,\underline{s}\rangle$, soll die Ortsfunktion $\underline{s}$ darüber hinaus gewisse
Verträglichkeitsbedingungen in bezug auf das Koordinaten-
system von S erfüllen und vor allem den Abstand je zweier
Punkte als Betrag der Differenz ihrer Ortsvektoren bestimmen:

$$d(a,b,t') = \| \underline{s}(a,t) - \underline{s}(b,t) \|$$

für alle $t' \in T'$ und entsprechende $t \in T$ (nämlich $t := d_{pq}(t')$
für geeignete Punkte $p,q \in P$, s. oben). Eben dieser Zusammenhang von Abstandsfunktion d und Ortsfunktion $\underline{s}$ kann in kinematischen Systemen zur Definition der Funktion d ausgenutzt
werden. In diesem Sinne darf die Komponente d in kinematischen Systemen

$$\langle P,G,E,e,Z,K,T',F,d,T,\underline{s}\rangle$$

gestrichen werden; ebenso die aus d ableitbaren Relationen
F, K und Z. T' ist in T repräsentiert und insofern ebenfalls
redundant. Schließlich können wir Geraden und Ebenen als
Punktmengen und die Relation e entsprechend als die mengentheoretische Relation ϵ auffassen[55], so daß wir für kinematische Systeme letzten Endes die vertraute Gestalt

$$\langle P,T,\underline{s}\rangle$$

zurückgewinnen[56].

Substantiell, wenn auch formal nicht ganz korrekt, ist damit die folgende Hierarchie errichtet:

Partikelmechanik

τ

Partikelkinematik

τ

Raum-Zeit-Theorie

ς

Geometrie   Chronometrie

(Das Symbol ς steht für die triadische Relation der Zusammenführung, wie früher erläutert.)

In einer späteren Arbeit[57] behandelt Balzer den Aufbau der
Partikelkinematik aus der Raum-Zeit-Theorie und deren Vor-
theorien auf etwas andere Weise. Der Schwerpunkt dieser
seiner neuen Untersuchungen liegt in der Klärung der Rolle
von Invarianzprinzipien bei Theoretisierungsprozessen. An
die Stelle von Transformationsgruppen treten bei ihm - wie
bei Sneed[58] - Äquivalenzrelationen, denen gegenüber Gesetze
invariant sein sollen. Wir gehen auf diese noch sehr im
Fluß befindlichen Untersuchungen hier nicht näher ein, zumal
Balzer für die uns hauptsächlich interessierende Frage nach
den intertheoretischen Verhältnissen zwischen Geometrie,
Chronometrie, Raum-Zeit-Theorie und Kinematik zu keinen
grundsätzlich neuen Resultaten kommt[59].

4.4   Physikalische Theorie-Netze

4.4.1 Die referierten bisherigen Rekonstruktionen physikalischer
Theorien lassen eine starke Hierarchisierung erkennen: von
Geometrie und Chronometrie über die Raum-Zeit-Theorie zur
Partikel-Kinematik, von dort zur Partikelmechanik und weiter zur Thermodynamik. Doch nicht alle diese Stufen kommen
durch Theoretisierung im Sinne der τ-Relation zustande.
Die Einführung von zeitlichen und räumlichen Koordinaten-
systemen kann noch als innerchronometrische bzw. innergeome-
trische Theoretisierung verstanden werden[60]. Doch schon die
Zusammenführung von Geometrie und Chronometrie in der Raum-
Zeit-Theorie, wofür wir ad hoc eine nicht näher explizierte
dreistellige Relation ς eingeführt haben, läßt sich nicht
als Theoretisierung auffassen: weder die geometrischen
Systeme ("Figuren"), noch die chronometrischen Systeme
("metrisierte Zeitordnungen") sind Teilstrukturen der Raum-
Zeit-Strukturen; erst besondere "Schnitte" von Raum-Zeit-
Strukturen führen zu geometrischen bzw. chronometrischen
Systemen zurück. Dagegen liegen bei den Übergängen der
Raum-Zeit-Theorie zur klassischen Partikelkinematik und
von dieser zur vollen klassischen Partikelmechanik echte
Theoretisierungen vor (wenn auch gewisse formale Abstriche
gegenüber der abstrakten Fassung der τ-Relation vorgenommen werden mußten[61]). Schwieriger zu beurteilen ist das
Verhältnis von Thermodynamik und Mechanik. Intuitiv wird
man sicher sagen, daß die Mechanik der Thermodynamik systematisch vorausgeht, benötigt diese doch Begriffe wie Druck
und Volumen, die mechanischer oder sogar geometrischer Natur
sind, während umgekehrt in der Mechanik keine thermodynamischen Begriffe verwendet werden müssen. Außerdem wird man
auf die Möglichkeit verweisen, die phänomenologische Thermodynamik über ihre statistische Interpretation auf die Mechanik zurückzuführen. Wie immer diese Zurückführung - die im
Sneedschen Rahmen bisher nicht rekonstruiert worden ist -

genauer aussieht: feststeht, daß sie nicht einfach als
Theoretisïerung im Sinne der τ-Relation verstanden werden
kann, sondern eher als eine Reduktion oder besser approximative Reduktion.

Man kann aber versuchen, die zuerst genannten Verbindungen
von Thermodynamik und Mechanik zu analysieren, ohne den Um-
weg über die statistische Mechanik zu gehen. Es gibt in der
Thermodynamik Formulierungen solcher Verbindungen, wie die
sogenannte thermodynamische Definition des Drucks,

$$p = - \frac{\partial U}{\partial V} \, ,$$

die Moulines mit einem Ausdruck Ernest Nagels als <u>Brücken-
prinzipien</u> (bridge principles) und Tisza als Koordinations-
prinzipien (coordinating principles) zwischen Thermodynamik
und Mechanik bezeichnet[62]. Solche Prinzipien dienen vornehmlich der quantitativen Bestimmung thermodynamischer Größen
in gemeinsamen Anwendungen von Thermodynamik und Mechanik.
Moulines schlägt deshalb vor, das Verhältnis von Thermodynamik und Mechanik als das einer "<u>Voraussetzung</u> zu Meß-
zwecken (presuppostion for measurement purposes)" anzusehen[63]. Das Verhältnis von Dynamik und Kinematik betrachtet
er als ein weiteres Beispiel dieser Voraussetzungsrelation
und hält die Frage für offen, ob diese Relation mit der von
Sneed und Balzer konzipierten Theoretisierungsrelation identifiziert werden kann[64]. Mir scheint, daß man das Konzept
der Voraussetzungsrelation - jedenfalls vor deren noch aus-
stehender genauerer Explikation - eher als Oberbegriff des
Konzepts der Theoretisierungsrelation ansehen und an der genaueren Bestimmung festhalten sollte, daß zwischen Dynamik
und Kinematik ein echtes Theoretisierungsverhältnis besteht.
Das tut der Nützlichkeit der neu konzipierten Voraussetzungsrelation, wie sie vielleicht paradigmatisch zwischen Thermodynamik und Mechanik besteht, keinen Abbruch.

4.4.2 Betrachten wir die Theorien-Hierarchie von Geometrie und
       Chronometrie über Raum-Zeit-Theorie, Kinematik und Dynamik
       bishin zur Thermodynamik, so drängt sich die Frage auf, ob
       Hierarchiebildung dieser Art als durchgängiges Prinzip der
       theoretischen Physik gelten kann. Daß keine lineare Hier-
       archisierung bestehen kann, wissen wir bereits aus der
       Analyse der Raum-Zeit-Theorie, die auf _zwei_ Säulen ruht:
       der Geometrie und der Chronometrie, deren Nebeneinander -
       jedenfalls in der betrachteten Rekonstruktion - nicht in
       ein Nacheinander aufgelöst werden kann. Aber gibt es Gründe,
       die ausschließen, daß im Sinne der Hierarchie spätere Theo-
       rien wiederum in frühere Theorien eingehen, daß also zirku-
       läre Strukturen auftreten? Konstruktivisten würden sich ge-
       gen einen solchen Aufbau entschieden wehren, und es scheint,
       daß sie sich mit Sneed und Balzer in der Überzeugung tref-
       fen, daß eine vernünftige Rekonstruktion der Physik keine
       solchen Zirkel aufweisen dürfte. In einer streng im Sinne
       der τ-Relation konzipierten Theorien-Hierarchie wären Zir-
       kel dieser Art auch formal dadurch ausgeschlossen, daß auf
       höheren Stufen immer neue Komponenten hinzukommen und des-
       halb keine Modelle wiederum zu Partialmodellen früherer
       Theorien werden können, wie im Konzept der τ-Relation vor-
       gesehen. Faßt man allerdings theoretische Hierarchisierung
       formal etwas weniger streng auf, so ist ein "feed back"
       höherer Strukturen auf tieferer Ebene möglich, indem redun-
       dant gewordene Strukturelemente eliminiert werden: so im
       Falle der Kinematik die bei Vorliegen einer Ortsfunktion
       nicht mehr benötigte, weil aus der Ortsfunktion definier-
       bare raum-zeitliche Distanzfunktion und die wiederum aus
       dieser ableitbaren Anordnungs-, Kongruenz- und Früher-als-
       Relationen; auch sind formal kaum faßbare, aber unumgäng-
       liche Identifikationen wie die zwischen Partikeln und Raum-
       punkten vorzunehmen und werden in der Physik tatsächlich
       vorgenommen[65]. Bei einer realistischen, formal weniger
       strengen Rekonstruktion der theoretischen Physik wird man

daher prinzipiell mit dem Auftreten von Voraussetzungs-
Zirkeln rechnen und sich mit dem Trost begnügen müssen, daß
solche Zirkel nicht logischer, sondern nur pragmatischer
Natur sind. Letzteres ist grundsätzlich gewährleistet, so-
lange man an der Rekonstruktionsdevise festhält, daß Theorie-Elemente eine jeweils eigenständige (empirische) Bedeutung haben. Pragmatisch könnten die möglichen Zirkel eine
wichtige Rolle bei der Expansion ursprünglicher engerer Anwendungsbereiche haben, also u.U. nicht die Hierarchie der
Theorie-Element-_Kerne_ beeinträchtigen, wohl aber die der
Anwendungsbereiche und damit der vollen Theorie-Elemente.

4.4.3 Innerhalb der Theorie-Schichten - "Schicht" im Sinne der
besprochenen Hierarchiebildung - können wir als Relationen
zwischen einzelnen Theorie-Elementen vor allem Spezialisierungen beobachten, ferner Reduktionen und Äquivalenzen
(wechselseitige Reduktionen) und vielleicht Erweiterungen
im Sinne der ε-Relation. Im Falle der klassischen Partikelmechanik (CPM) wie im Falle der einfachen Thermodynamik des
Gleichgewichts (SET) haben wir jeweils einen allgemeinsten
Theorie-Element-Kern - K^O bzw. K^S - am Anfang und eine Anzahl speziellerer Kerne - K^1, K^2, ... bzw. K^N, K^G, K^M, ... -
in im allgemeinen nicht-linearer Anordnung: $\mathcal{T}$-Netze (nicht $\mathcal{T}$-
Ketten) mit definitem Anfangsglied.
Diese Anfangsglieder sind in beiden Fällen schematischer
Natur: sie stehen eher paradigmatisch für Theorie-Rahmen im
Sinne von Moulines; erst ihre Spezialisierungen sind genuine
Theorie-Elemente dieser Rahmen[66]. Insoweit Theorie-Rahmen
mithilfe der ε-Relation konzipiert werden können (vgl.
4.2.2), hat auch diese Relation in jedenfalls einigen physikalischen Theorien eine signifikante Funktion.
Reduktionen und Äquivalenzen haben wir zwischen der Mechanik
der starren Körper und der Partikelmechanik bzw. zwischen
den verschiedenen Formulierungen der Partikelmechanik von
Newton, Lagrange und Hamilton feststellen können. In Verbindung mit der prinzipiell überall in Anschlag zu bringenden,

hier nicht weiter exemplifizierten Approximationsrelation
können auch approximative Reduktionen (Moulines: approximative Einbettungen[67]) beobachtet werden, so von der Newtonschen Partikelmechanik auf (in) die speziell relativistische Mechanik.

4.4.4 Die bisherigen Versuche, intertheoretische Relationen physikalischer Theorien im Sneedschen Rahmen zu rekonstruieren,
sind vor allem von einem systematischen Interesse getragen,
das ahistorisch das _synchrone_ Verhältnis von Theorien betrifft. Allmählich kommt aber mit reicherem Material an rekonstruierten Theorien auch die Möglichkeit in den Blick,
diachrone Theorie-Relationen im Sneedschen Rahmen zu betrachten. Dazu sind Sneeds und Balzers Ansätze zu zählen, die
Rolle von Invarianzprinzipien bei der Theoretisierung zu
klären und prospektiv Sneeds Versuch, darauf aufbauend klassische, speziell relativistische und allgemein relativistische Mechanik, jeweils in bezug auf entsprechende Kinemati-
ken, zu vergleichen[68]; es besteht so die Hoffnung, ein
Stück revolutionärer Theoriengeschichte im Sinne Kuhns jedenfalls in ihren internen Aspekten mit Sneedschen Mitteln
aufzuhellen. (Sneed zielt mit diesen Bemühungen auch auf
eine Klärung der Inkommensurabilitätsthese[69].) Nachdem von
Balzer ein Rekonstruktionsversuch für die Impetustheorie
vorliegt[70] und mit der klassischen Stoßmechanik auch ein
Kernstück der Descartesschen Mechanik rekonstruiert worden
ist[71], zeichnet sich die Möglichkeit ab, die Entwicklung,
die zur Newtonschen Mechanik führt (zur "wissenschaftlichen
Revolution" des 17. Jahrhunderts also), auf der Theorie-
Ebene mit Sneedschen Mitteln nachzuzeichnen.

Vor allem aber hat Moulines ein Stück Theoriengeschichte
unter Einbezug der _Entwicklung der Anwendungsbereiche_ rekonstruiert: die Entfaltung der Newtonschen Mechanik über
gut 1oo Jahre, vom Erscheinen der "Principia" 1687 bis gegen

Ende des 18. Jahrhunderts[72]. Moulines teilt diesen Zeitraum
in vier Perioden ein, in deren erste vor allem die erfolg-
reichen Anwendungen von Newtons Gravitationstheorie fallen.
Die zweite Periode ist geprägt durch die Baseler Schule
(Euler, D'Alembert, D. Bernoulli) mit ihrer Erschließung
neuer Anwendungsbereiche mit Nicht-Gravitationskräften
(besonders oszillierender Systeme). Während der dritten
Periode wurden die Ungenauigkeiten in der Himmelsmechanik
einer intensiven Analyse unterzogen (und die Möglichkeit
einer Modifikation des Gravitationsgesetzes erwogen!). In
der vierten, von Laplace dominierten Periode schließlich
konnte man so gut wie aller Probleme der Himmelsmechanik,
einschließlich der durch die Kometen aufgeworfenen, Herr
werden (nicht aber der Probleme der Gezeiten-Theorie) und
elektrostatische und elektromagnetische Kräfte in die Theorie der entfernungsabhängigen Kräfte einbeziehen.

In seiner formalen Rekonstruktion dieser Entwicklungsge-
schichte zerlegt Moulines den jeweiligen Bereich intendierter Anwendungen in einen Teilbereich F von gesicherten
(well-confirmed) Anwendungen und einen Teilbereich A von
vermuteten oder angenommenen (assumed) Anwendungen. Die
Entwicklung ist insgesamt u.a. geprägt von Transformationen
der A-Bereiche, indem Teile derselben mit der Zeit fallen-
gelassen werden müssen, andere Teile bestätigt und also zu
F geschlagen werden können und neue Anwendungsfelder zu A
hinzugenommen werden. (Mir scheint, daß das Bild der historischen Entwicklung noch verdeutlicht werden könnte, indem
man jeweils einen dritten Bereich der ausgeschiedenen (wi-
derlegten) Anwendungsfälle explizit mit aufführt.)
Moulines übt - mit aller Vorsicht - Kritik am Paradigma-
Konzept, das Sneed und Stegmüller im Anschluß an Kuhn formal
expliziert haben. Nach Moulines' Rekonstruktion gibt es zwar
in jeder der vier von ihm betrachteten Perioden _Basis_-
Theorie-Elemente - die Entwicklungen sind "baumartig (tree-
like)" -, die paradigmatischen Anwendungen stehen aber im

allgemeinen <u>nicht</u> am Anfang, sondern kristallisieren sich
erst später heraus.

Eine andere Relativierung der Kuhnschen Vorstellungen (in
ihrer Sneed-Stegmüllerschen Rekonstruktion) könnte man m.E.
darin vermuten, daß auch die "Baumartigkeit" der Entwicklung nicht immer haltbar ist. Beispielsweise scheint die
Geschichte der Impetustheorie wesentlich <u>Zusammenführungen</u>
zunächst unabhängiger Entwicklungsstränge zu enthalten und
eher in eine paradigmatische (endgültige) Theorie zu <u>münden</u>:
in die Newtonsche Mechanik[73]; inwieweit diese dann nichts-
destotrotz im Sneedschen Rahmen als <u>Anfang</u> einer neuen
normal-wissenschaftlichen Theorie-Entwicklung gelten kann,
scheint eine offene Frage zu sein. Vielleicht ist die Geschichte der Mechanik in einem anderen Sinne "baumartig":
zunächst vereinigen sich zahlreiche Wurzeln in einem Stamm,
bevor dieser sich wiederum zur Krone entfaltet. Zur Rekonstruktion dieses Wurzelwerks können wir hier nur vermuten,
daß der Relation π der Präzisierung und insbesondere der
Relation μ der Metrisierung eine bedeutende Rolle zukommen
wird.

5   Anwendungen auf ökonomische Theorien

Im Bereich der Sozialwissenschaften lassen sich jedenfalls
ökonomische Theorien mit einiger Aussicht auf Erfolg im
Sneedschen Rahmen rekonstruieren, wie die Versuche von
H.F. Fulda und W. Diederich, "Sneedsche Strukturen in Marx'
'Kapital'", und von W. Balzer "A Logical Reconstruction of
Pure Exchange Economics", zeigen[1]. Im folgenden wird ein ge-
genüber der erstgenannten Arbeit modifizierter Versuch der
Rekonstruktion der Marxschen Ökonomie vorgelegt.

Die Ziele einer Rekonstruktion der Marxschen Ökonomie im
Sneedschen Rahmen sollen hier nicht erneut erörtert werden[2].
Es sei hier nur nochmals betont, daß wir keineswegs der An-
sicht sind, daß sich Marx' im "Kapital" entwickelte Theorie
in allen ihren Facetten im Sneedschen Rahmen rekonstruieren
lasse. Vielmehr sind es nur gewisse Aspekte dieser Theorie,
die wir einer solchen Rekonstruktion für fähig halten. Insbesondere gehören die sozialkritischen Ansprüche der Theorie
nicht dazu. Wir glauben aber, daß die Marxsche ökonomische
Theorie, die "Das Kapital" auch enthält, für sich genommen
interessante und im übrigen auch von Marxisten erörterte
methodologische Fragen aufwirft, zu deren Klärung eine Rekonstruktion im Sneedschen Rahmen einiges beitragen könnte[3].
Für diese Arbeit kommt motivierend hinzu, daß man sich von
einer solchen Rekonstruktion eine geeignete Basis sowohl für
den Theorienvergleich innerhalb der Ökonomie (Marxsche/"bür-
gerliche" Ökonomie) versprechen kann, als auch Gesichtspunkte
für einen interdisziplinären Theorienvergleich.

Der folgende Rekonstruktionsversuch wird gegenüber dem von
H.F. Fulda und mir publizierten ersten Versuch vor allem in
folgenden Punkten abweichen:
a) Er wird die Marxsche Kapital-Theorie ein Stück weiter rekonstruieren als bisher, wenn auch nur skizzenhaft.

b) Es wird systematisch Gebrauch gemacht von der neueren
Version des Sneedschen Apparates, wie dieser in Kapitel 3
entwickelt worden ist. Es werden also Theorie-Elemente zu
konzipieren sein, die in der Rekonstruktion der Marxschen
Kapital-Theorie als Bausteine zu verwenden sind. In dem Versuch einer so gearteten Sneedschen Rekonstruktion der Marxschen Theorie drückt sich verstärkt die Überzeugung aus, daß
sich Marx' Theorie - in Parallele zu seiner eigenen Darstellung - sukzessive verstehen läßt, nicht nur im Vorgriff auf
das Ganze seiner Theorie. Freilich ist von vornherein einzu-
räumen, daß auch der hier vorgelegte Versuch von seinem Ergebnis her diese Überzeugung noch nicht rechtfertigt; dazu
wäre es nötig, die Rekonstruktion erheblich weiter zu treiben
und detaillierter mit dem Marxschen Text zu konfrontieren -
was einer eigenen Untersuchung vorbehalten bleiben muß.
c) Schließlich wird versucht, die Rekonstruktion auf den
formalen Standard der physikalischen Rekonstruktionen zu heben (natürlich ohne damit inhaltliche Parallelen zu behaupten),
um die Rekonstruktionen vergleichbarer zu gestalten. Der dazu
nötige Aufwand wird allerdings nur beim ersten Theorie-Element
(Abschn. 1) vorgenommen, so daß der nicht beabsichtigte Eindruck entstehen könnte, dem durch das erste Theorie-Element
dargestellten Anfangsstück der Theorie würde ein übergroßes
Gewicht beigemessen. Vielmehr soll exemplarisch ein Gewinn an
Präzision demonstriert werden, der von Rekonstruktionen sozialwissenschaftlicher Theorien nicht unbedingt erwartet
wird.

5.1   Arbeitswertlehre und Wertgesetz

In diesem Abschnitt soll das Anfangsstück des "Kapital",
Arbeitswertlehre und Wertgesetz umfassend, als ein Theorie-
Element $\langle K^o, I^o \rangle$ rekonstruiert werden[4]. Die Einführung des
Geldes und der Ware Arbeitskraft mittels weiterer Theorie-
Elemente folgt in Abschnitt 2, die Weiterentwicklung bis zur

126

Kapital-Theorie skizzenhaft in Abschnitt 3. Im folgenden
wird darauf verzichtet, den Bezug zum Marxschen Text im
Detail herzustellen[5]. In erster Linie geht es uns um einen
begrifflich möglichst durchsichtigen Aufbau, und zwar zunächst um den Aufbau des elementaren Kerns K^O, dessen Modelle "Marxsche Waren produzierende ökonomische Systeme"
(MWS) heißen mögen (Unterabschnitte 1-5). Danach werden wir
auf den Bereich I^O intendierter Anwendungen des Kerns K^O zu
sprechen kommen (Unterabschnitt 6)[6]. Die mit $\langle K^O, I^O \rangle$ verbundene Behauptung kann in verschiedenen Varianten formuliert
werden (Unterabschnitt 7). Am Ende dieses Abschnitts diskutieren wir schließlich noch alternative Konzeptionen des
Kerns selbst (Unterabschnitt 8).

Marx entwickelt seine Wert-Theorie in nuce bereits im ersten
Kapitel des "Kapital", dem sogenannten Warenkapitel. Mithilfe des Wertbegriffs werden zwei gesetzmäßige Zusammenhänge
unterstellt, die das Explikandum für die folgende Rekonstruktion bilden sollen: einmal der Zusammenhang von Wert und Arbeit, zum anderen der Zusammenhang von Wert und Tausch. Daß
der Wert einer Ware durch die in ihr enthaltene Arbeit in
noch näher zu qualifizierender Weise bestimmt sei, wird als
Grundaussage der <u>Arbeitswertlehre</u> angesehen. Daß die so verstandenen Werte der Waren neben anderen, weniger relevanten
Faktoren den Warentausch auf dem Markt bestimmen, werde
<u>Wertgesetz</u> genannt. Durch Arbeitswertlehre und Wertgesetz
werden Produktions- und Zirkulationssphäre miteinander in
eine erste Beziehung gesetzt[7].

5.1.1 Gemeinsamer zentraler Begriff von Arbeitswertlehre und Wertgesetz ist der <u>Wertbegriff</u> selbst. Dessen Rekonstruktion ist
unsere erste Aufgabe.
a. Der Ausdruck "Wert" wird von Marx in mindestens drei Bedeutungen, die eng zusammenhängen, gebraucht. Diese Homonymie
zeugt nicht etwa von Marx' besonderer Nachlässigkeit -

höchstens für eine, die er mit vielen anderen teilt. Die
folgende Differenzierung wird auch nur für analytische Zwecke
vorgeschlagen und ist nicht als Beckmesserei mißzuverstehen.

"Wert" meint erstens einen quantitativen Begriff, zweitens
Zahlen (evtl. mit Einheitenangabe), die gewissen Objekten
als "Werte" zukommen, drittens solche Objekte selbst: die
"Wertträger". Der Zusammenhang ist folgender. Logisch primär
ist der quantitative Wertbegriff; er ist aufzufassen als eine
numerische Funktion v, die für gewisse Objekte, die "Wertträger", erklärt ist; deren Menge V ist also der Argumentbereich
von v. Die Wertfunktion kann so als

$$v:V \longrightarrow \mathbb{R}^+$$

hingeschrieben werden, wobei $\mathbb{R}^+$ die Menge der positiven reellen Zahlen ist[8].

Sei a ein Wertträger, also $a \in V$. Dann ist die <u>Zahl</u> v(a), die
die Funktion v dem Objekt a zuordnet (der "Funktionswert" von
a), der "Wert" (in der zweiten Bedeutung), der dem Objekt a
zukommt; a "<u>hat</u>" den Wert v(a); schließlich wird a, sofern
es überhaupt einen Wert hat, als Wertträger selbst auch "Wert"
genannt, "<u>ist</u>" selbst ein Wert.

Wir unterscheiden also, indem wir die drei Bedeutungen von
"Wert" durch Indizes markieren:

$\underline{Wert}_1$: die Funktion $v:V \longrightarrow \mathbb{R}^+$ ("Wertfunktion"),

$\underline{Wert}_2$: Zahlen v(a),v(b),... für $a,b,... \in V$ ("Werte" der
                        Objekte a,b,...)

$\underline{Wert}_3$: Objekte $a,b,... \in V$ ("Wertträger").

Hinsichtlich der Begriffsbildung genetisch primär ist
vielleicht $Wert_2$: man spricht zuerst von Werten einzelner
Objekte a,b,..., dann von Werten eines "variablen Objekts" x,
die man als "Funktion" v(x) dieser Objekte auffaßt. -

Erschwert wird die terminologische Unschärfe von "Wert"
durch den metatheoretischen formal-logischen Wertbegriff:
<u>jede</u> Funktion ordnet ihren Argumenten "Werte" zu, die
"Funktionswerte" der Funktion. Im Falle der Wertfunktion v
sind die Funktionswerte auch inhaltlich "Werte".

b. Nichts kann einen Wert haben, ohne irgendwie nützlich zu
sein, d.h. einen <u>Gebrauchswert</u> zu haben oder, wie Marx auch
sagt[9], selbst ein Gebrauchswert zu sein. Wenn also G die
Menge der Gebrauchswerte - die wir auch "Güter" nennen -
bezeichnet, so ist die Menge V der Wertträger eine Teilmenge
dieser Menge G:

$$V \subseteq G.$$

Man beachte, daß hier G als Menge von Einzelgütern und nicht
etwa als Menge von Güter<u>arten</u> aufgefaßt ist. Oft sind wir
geneigt, Güterarten und insbesondere Warenarten selbst "Güter"
bzw. "Waren" zu nennen; wenn etwa von "Warenpreisen" gesprochen wird, so denkt man oft nicht primär an den Preis z.B.
eines bestimmten individuellen Autos, sondern an den jedem
Auto eines bestimmten Typs in einem Markt-Zusammenhang zukommenden gemeinsamen Preis. Wir meinen jedoch in dieser Arbeit
mit "Gütern" immer Einzelgüter und führen Güterarten bei Bedarf eigens ein[1o]. Bei weitem nicht jedes Gut, z.B. (noch?)
nicht frische Luft, ist ein Wert(träger); V ist also eine
echte - und sogar nur "recht kleine" - Teilmenge von G:

$$V \subset G.$$

Ein engerer Oberbegriff für "Wert" ist <u>Produkt</u>, d.h. "produziertes Gut". Nur produzierte Güter haben einen Wert im Sinne
von Marx. Sei P die Menge der "produzierten Güter" oder
"Produkte"; dann ist also[11]

$$V \subseteq P \subset G.$$

Auch die Bestimmung "produziertes Gut" ist noch viel weiter
als "Wert", denn für Marx schafft bei weitem nicht jede

produzierende Tätigkeit "Werte", sondern nur solche, die unter gewissen Bedingungen, nämlich <u>unter Bedingungen "abstrakter Arbeit"</u> stattfindet[12]. Wenn L ("labores") die Menge aller konkreten, Güter produzierenden Verrichtungen bezeichnet, so bildet die Menge A der unter Bedingungen abstrakter Arbeit stehenden konkreten Verrichtungen einen echten Teil von L:

$$A \subset L,$$

und entsprechend:

$$V \subset P.$$

Zur leichteren Formulierung der Entsprechung führen wir eine Hilfsfunktion f ein, die jeder Güter produzierenden konkreten Tätigkeit, also jedem Element von L, das Produkt dieser Tätigkeit zuordnet[13]: f ist eine Funktion von L in die Gütermenge G mit der Produktenmenge P als Wertebereich:

$$f : L \longrightarrow G \quad \text{mit} \quad f(L) = P.$$

Dabei erhält die Teilmenge A von L als f-Bild[14] die Menge V der Wertträger: f(A) = V, graphisch:

$$
\begin{array}{ccccc}
A & \subset & L & & \\
f\downarrow & & f\downarrow & & \\
V & \subset & P & \subset & G.
\end{array}
$$

5.1.2 Um Werte <u>quantitativ</u> mit werteschaffender Arbeit in Beziehung zu setzen und die <u>Arbeitswertlehre</u> formulieren zu können, bedarf es der Einführung einer Funktion d, die jeder konkreten Verrichtung $l \in L$ ihre <u>zeitliche Dauer</u> d(l) zuordnet. Wir gehen davon aus, daß die Dauer von Arbeitsprozessen in irgendeiner festen Einheit, z.B. in Stunden, gemessen wird, so daß zur Angabe der zeitlichen Dauer einer Arbeit eine Zahl genügt: die Anzahl der Stunden, die die Arbeit dauert. Wir können also d als eine auf L definierte positive (reellwertige) numerische

Funktion auffassen:

$$d: L \longrightarrow \mathbb{R}^+ \, .$$

Es sei betont, daß d die tatsächliche zeitliche Erstreckung
einzelner Arbeiten mißt, nicht etwa Durchschnittszeiten o.ä.;
erst recht nicht geht die Art der Arbeit irgendwie in die
Definition von d ein, z.B. wird die "Reduktion von komplexer auf
einfache Arbeit"[15] nicht schon durch d vorgenommen, sondern
ist bei der Bestimmung der Wertfunktion v aus d zu berücksichtigen. Die Funktion d ist mithin eine sehr konkrete, rein
physikalisch meßbare Funktion.
In seiner allgemeinsten, wenig spezifischen Form besagt die
Arbeitswertlehre: die Werte der - in einem gewissen Zusammenhang und unter gewissen Bedingungen - produzierten Güter werden bestimmt von ihren Produktionszeiten, d.h. die Wertfunktion v wird bestimmt von der Arbeitszeitfunktion d, symbolisch:

$$d \curvearrowright v.$$

In dieser Formulierung ist absichtlich offengelassen, auf welche Weise die Arbeitszeiten die Werte bestimmen. Der "Bestimmungspfeil" $\curvearrowright$ kann je nach näherer Beschreibung der jeweils
betrachteten Zusammenhänge durch genauere Angaben ersetzt
werden, etwa durch Angabe einer Funktion ϕ, mit der sich Werte
aus Arbeitszeiten und evtl. (endlich vielen) weiteren Parametern $\varphi_1, \varphi_2, \ldots$ berechnen[16]:

$$v = \phi(d, \varphi_1, \varphi_2, \ldots).$$

Diese Gleichung - eine "Funktionalgleichung"[17] - ist hier, bei
der allgemeinsten Formulierung der Arbeitswertlehre, als bloße
Aussage<u>form</u> bezüglich der Variablen ϕ zu verstehen. Wollen
wir auf dieser abstrakten Stufe eine Aussage formulieren, so
können wir das dadurch tun, daß wir die Variable ϕ durch einen Existenzquantor binden:

$$(\exists \phi)(v = \phi(d, \varphi_1, \varphi_2, \ldots)),$$

d.h. wir fordern (nicht mehr als) die _Existenz_ einer Funktion, durch die sich v aus d (und $\varphi_1, \varphi_2, \ldots$) eindeutig bestimmt. Diese Existenzaussage der allgemeinen Arbeitswertlehre steht natürlich auf einer anderen Stufe als jede mit einer bestimmten Funktion ϕ_0 gebildete Aussage $v = \phi_0(d, \varphi_1, \varphi_2, \ldots)$. Beispielsweise kann in besonders einfachen Fällen ϕ_0 aus einer Durchschnittsbildung bestehen, etwa wenn Güter einer bestimmten Art in "einfacher" (unqualifizierter) Arbeit direkt aus frei verfügbaren Rohstoffen hergestellt werden (einstufige Produktion): wenn $g_1, \ldots, g_n$ die (in einem gewissen Zeitraum) hergestellten Güter der fraglichen Art sind, so könnte man als Behauptung der Arbeitswertlehre für diesen speziellen Zusammenhang

$$v(g_j) = \frac{1}{n} \cdot \sum_{i=1}^{n} d(f^{-1}(g_i)) \quad \text{für } 1 \leq j \leq n$$

hinschreiben[18]. Alle g_j haben hier denselben Wert, obwohl die zu ihrer Produktion jeweils erforderlichen Zeiten $d(f^{-1}(g_j))$ durchaus verschieden sein können (und im allgemeinen natürlich auch sind). Man darf also die Arbeitswertlehre nicht dahin mißverstehen, als behaupte sie eine _elementweise_ Bestimmung von Werten aus Arbeitszeiten; vielmehr wird der Wert jedes einzelnen Produkts in der Regel von der für Produkte der betreffenden Art branchenüblichen Produktionszeit bestimmt, mithin auch von den Produktionszeiten anderer Güter derselben Art.

5.1.3 Den Wert eines Guts, sofern es überhaupt einen hat, kann man ihm nicht ansehen, er drückt sich nur indirekt im _Preis_ des Gutes oder allgemeiner in _Tauschbeziehungen_ des Gutes zu anderen Gütern aus. Den Zusammenhang von Werten und Preisen bzw. Tauschbeziehungen regelt das sogenannte _Wertgesetz_[19]. Zu seiner Formulierung ist eine Relation T auf der Gütermenge G für die Tauschbeziehungen zwischen Gütern einzuführen: sind x und y Güter, so bedeute xTy, daß sich x und y gegeneinander tauschen lassen, d.h. ihre Besitzer wechseln können.

Sie brauchen für das Bestehen dieser Relation nicht tatsächlich ausgetauscht zu werden, die Relation T steht für potentiellen Tausch[20]. Ist ein Geldgut vorhanden, so läßt sich T in einer Preisfunktion p darstellen, die Gütern $x, y, \ldots$ auf eine Geldeinheit bezogene Zahlen $p(x)$, $p(y), \ldots$ als <u>Preise</u> zuordnet. Es ist dann für $x, y \in G$

$$x T y \quad \text{gdw.} \quad p(x) = p(y).$$

Wir lassen die Frage des genaueren Definitionsbereiches der Funktion p an dieser Stelle offen. Für den Zusammenhang mit T ist nur wichtig, daß p jedenfalls für alle überhaupt tauschbaren Güter erklärt ist; weiter wird vorausgesetzt, daß alle Werte (im Sinne von "Wertträger") Preise haben, p also mindestens auf V erklärt ist[21].

Die allgemeinste Form des Wertgesetzes laute:

$$v \curvearrowright T \quad \text{bzw.} \quad v \curvearrowright p,$$

in Worten: die Werte bestimmen die Tauschbeziehungen bzw. die Preise.

Ähnlich wie bei der Arbeitswertlehre läßt sich auch hier die Formulierung mit dem Bestimmungspfeil $\curvearrowright$ durch eine Funktionalgleichung ersetzen. Nehmen wir an, daß der Preis $p(x)$ eines Gutes x außer von dessen Wert $v(x)$ noch von gewissen Parametern $\psi_1, \psi_2, \ldots$ abhängt. Dann läßt sich das Wertgesetz für Preise durch die Aussageform

$$p = \Psi(v, \psi_1, \psi_2, \ldots)$$

oder durch die Existenzaussage

$$(\exists \Psi)\, (p = \Psi(v, \psi_1, \psi_2, \ldots))$$

ausdrücken. Beim allgemeinen Wertgesetz für Tauschbeziehungen T tritt an die Stelle der Funktionsvariablen eine Relationsvariable, die wir ebenfalls mit Ψ bezeichnen wollen:

$$x T y \equiv \Psi(v, \psi_1, \psi_2, \ldots)$$

oder

$$(\exists \Psi)\, (x T y \equiv \Psi(v, \psi_1, \psi_2, \ldots)).$$

Auf die inhaltliche Problematik, die sich hinter den Parametern φ_1, φ_2,... und dem funktionalen Zusammenhang $\bar{\psi}$ verbirgt, gehen wir hier nicht näher ein. Erwähnt sei nur, daß die Preise auch von Angebot und Nachfrage, Konkurrenz auf dem Markt und ähnlichen Faktoren abhängen. Die Frage nach generellen Verfahren zur Umrechnung von Werten und Preisen ineinander führt zum sogenannten <u>Transformationsproblem</u>[22].

5.1.4 Arbeitswertlehre und Wertgesetz fassen wir formal zum <u>"Arbeitswertgesetz"</u> (AWG)

$$d \rightsquigarrow v \rightsquigarrow T \quad \text{bzw.} \quad d \rightsquigarrow v \rightsquigarrow p$$

zusammen. Die entsprechenden Aussageformen mittels Funktionsvariablen sind (unter Auslassung der Objektvariablen)

$$T \equiv \psi(\phi(d, \varphi_1, \varphi_2, \ldots), \psi_1, \psi_2, \ldots)$$

bzw.

$$p = \psi(\phi(d, \varphi_1, \varphi_2, \ldots), \psi_1, \psi_2, \ldots),$$

die zugehörigen Existenzaussagen

$$(\exists \phi)(\exists \psi)(T \equiv \psi(\phi(d, \varphi_1, \varphi_2, \ldots), \psi_1, \psi_2, \ldots))$$

bzw.

$$(\exists \phi)(\exists \psi)(p = \psi(\phi(d, \varphi_1, \varphi_2, \ldots), \psi_1, \psi_2, \ldots)).$$

In diesen Formulierungen wird deutlich, daß der Wertbegriff im AWG in gewisser Weise eliminiert wird: er taucht explizit nicht mehr auf, nur implizit in ϕ. Noch indirekter drückt sich die "Vermittlerrolle" von v zwischen d und T bzw. p aus, wenn man ϕ und ψ zu einer Funktion Ξ und die Parameter φ_1, φ_2,... und ψ_1, ψ_2,... zu einer Parameterschar ξ_1, ξ_2,... zusammenfaßt:

$$(\exists \Xi)(T \equiv \Xi(d, \xi_1, \xi_2, \ldots))$$

bzw.

$$(\exists \Xi)(p = \Xi(d, \xi_1, \xi_2, \ldots))[23].$$

Die bisherigen Formulierungen des AWG sind in hohem Grade
schematisch, da nichts Näheres über Anzahl und Art der evtl.
zu berücksichtigenden Parameter und die Gestalt der funktionalen Zusammenhänge gesagt worden ist und auch nur jeweils im Hinblick auf die besonderen Verhältnisse in konkreten Anwendungen gesagt werden kann. Auf der jetzigen Allge-
meinheitsebene kann dem AWG nur dadurch ein etwas bestimmte-
rer Charakter gegeben werden, daß man die Funktionsvariablen
ϕ und $\bar{\Psi}$ bzw. Ξ - wie angegeben - durch Existenzquantoren
bindet. Doch soll man sich von der Formulierung mit Existenzquantoren nicht darüber hinwegtäuschen lassen, daß in konkreten Anwendungen nicht nur nach irgendwelchen formal geeigneten Funktionen ϕ und $\bar{\Psi}$ bzw. Ξ gefragt wird, sondern nach
solchen, die bestimmte weitere Bedingungen erfüllen, die mit
dem Reduktions- und Transformationsproblem zusammenhängen.
Wir kommen auf diese Fragen im Zusammenhang mit den noch zu
formulierenden Constraints zurück[24].

5.1.5 Bevor wir die Modellmengen M^O, M^O_p, M^O_{pp} und die anderen Komponenten unseres elementaren Kerns $K^O = \langle M^O, M^O_p, M^O_{pp}, r^O, C^O \rangle$ definieren, wollen wir die bisherigen Begriffe, mit denen wir
das AWG formuliert haben, einer Revision unterziehen; hätten
wir von vornherein die revidierten Begriffe eingeführt, so
hätte das das Verständnis der Formulierung des AWG unnötig
erschwert.

Wir sind implizit von der Vorstellung ausgegangen, als habe
die Marxsche Theorie _einen_ universalen Anwendungsbereich,
der zu beschreiben und zu erklären sei mithilfe _der_ Menge G
der Güter, _der_ Menge L der Güter produzierenden konkreten
Verrichtungen und _der_ Menge A der unter Bedingungen abstrakter Arbeit stattfindenden Verrichtungen aus L. Wenn wir jedoch den elementaren Anfang des "Kapital" im Sneedschen Sinn
rekonstruieren wollen, müssen wir von der - sehr viel reali-
stischeren! - Vorstellung ausgehen, daß dieses Theorie-Stück

eine Vielzahl Anwendungsbereiche besitzt, die mithilfe
jeweiliger Mengen G, L und A zu beschreiben und zu erklären
sind. Die universalen Mengen G, L, ... unserer bisherigen
Betrachtungen haben dagegen einen vor- oder außertheoreti-
schen Status, den wir dadurch zum Ausdruck bringen wollen,
daß wir sie hinfort mit $\mathcal{G}, \mathcal{L}, \ldots$ bezeichnen. Im folgenden
benötigen wir nur die beiden universalen Mengen $\mathcal{G}$ und $\mathcal{L}$,
und auch die im wesentlichen nur zur Formulierung der -
früher mit f bezeichneten - universalen Funktion

$$f: \mathcal{L} \longrightarrow \mathcal{G},$$

die jeder Güter produzierenden konkreten Tätigkeit das Produkt dieser Tätigkeit zuordnet. Ferner verwenden wir die -
früher mit d bezeichnete - universale Arbeitszeitfunktion

$$\vartheta: \mathcal{L} \longrightarrow \mathbb{R}^+,$$

die (bezogen auf eine feste Zeiteinheit) die zeitliche Dauer
der Arbeiten aus $\mathcal{L}$ mißt. Die Symbole G und L benutzen wir im
folgenden als Variablen für Gütermengen bzw. Mengen produk-
tiver Tätigkeiten, also für Teilmengen von $\mathcal{G}$ bzw. $\mathcal{L}$: $G \subseteq \mathcal{G}$,
$L \subseteq \mathcal{L}$. Die Symbole A, V und v verwenden wir ebenfalls hin-
fort in ihren relativen, auf jeweilige Anwendungen bezogenen
Bedeutungen. Zu ihnen gibt es aufgrund ihres - noch zu er-
örternden - theoretischen Status keine universellen Gegen-
stücke. Die Symbole f und d schließlich bezeichnen jetzt
Einschränkungen der universellen Funktionen f und ϑ auf die
jeweilige Menge "abstrakter Arbeiten": $f := f | A$, $d := \vartheta | A$. Mit
den neuen Symbolen "lautet" das Diagramm vom Ende des
Unterabschnitts 5.1.1 nunmehr:

$$
\begin{array}{ccc}
A & \subset & \mathcal{L} \\
f \downarrow & & f \downarrow \\
V & \subset f(\mathcal{L}) \subset & \mathcal{G}.
\end{array}
$$

(Für das früher mit P bezeichnete $f(\mathcal{L})$, das im folgenden
nicht benötigt wird, führen wir kein neues Symbol ein.)

Versucht man, das AWG auf ein ökonomisches System mit der Gütermenge $G \subseteq \mathcal{G}$ anzuwenden, so müssen mindestens den Gütern aus G Werte zugewiesen werden können, d.h. der Argumentbereich V der Wertfunktion v muß G umfassen: $G \subseteq V$. Man sollte nicht generell G = V voraussetzen. Es könnte nämlich sehr wohl sein, daß G in einem gewissen Sinne unabgeschlossen ist, d.h. daß etwa das "Marktverhalten" der Güter aus G nicht aus sich heraus mit dem AWG erklärbar ist, wohl aber aus einem größeren Zusammenhang von Wertzuweisungen für die Güter aus einer umfassenderen Menge $V \supset G$.

Die Güter aus V sind nur Werte (im Sinne von "Wertträger"), wenn sie von "abstraken Arbeiten" erzeugt sind: $f^{-1}(V) =: A$ ist also eine Menge "abstrakter Arbeiten"[25]. Da $V \supseteq G$, gilt natürlich auch $A = f^{-1}(V) \supseteq f^{-1}(G) =: L$. Das obige Diagramm kann daher auf der linken, "inneren" Seite ergänzt werden zu[26]

$$
\begin{array}{ccccc}
L & \subseteq & A & \subset & \mathcal{L} \\
f\downarrow & & f\downarrow & & f\downarrow \\
G & \subseteq & V & \subset & f(\mathcal{L}) \subset \mathcal{G}.
\end{array}
$$

Wir können nun daran gehen, die Modellmengen M^O, M^O_p und M^O_{pp} des Kerns K^O zu bestimmen. Die Elemente von M^O, die eigentlichen <u>Modelle</u>, sollen solche ökonomischen Systeme sein, die das "Fundamentalgesetz" der Theorie: das AWG, erfüllen; sie sollen <u>"Marxsche Waren produzierende (ökonomische) Systeme"</u> (MWS) heißen. Als <u>potentielle Modelle</u> (Elemente von M^O_p), die <u>"Waren produzierende (ökonomische) Systeme"</u> (WS) heißen mögen, sind Systeme anzusehen, die zwar für alle zur Formulierung des AWG nötigen Begriffe entsprechende Komponenten enthalten, für die aber das AWG nicht notwendig gilt. Zur Formulierung des AWG sind unmittelbar nur die Begriffe d, v und T (bzw. p) erforderlich, mittelbar als deren Definitionsbereiche auch A, V und G. Wegen f(A) = V und der Eineindeutigkeit von f^{27} ist A oder V entbehrlich; wir eliminieren V – um mit A die Produktionsseite augenfälliger zu repräsentieren –, so daß wir die Komponenten d, v, T (bzw. p), A und G

behalten. Die Funktion d ist ebenfalls entbehrlich, da sie
durch Beschränkung der vortheoretisch verfügbaren universellen Funktion ϑ auf die schon aufgenommene Menge A definiert
ist: $d := \vartheta | A$. Wir beschreiben also <u>Waren produzierende
Systeme</u> (WS) als Quadrupel $\langle G,T,A,v \rangle$ mit den Eigenschaften:

(1) G ist ein nichtleerer Teil von $\mathcal{G}$: $\phi \subset G \subseteq \mathcal{G}$,

(2) T ist eine Relation auf G $\qquad$: $T \subseteq G \times G$,

(3) A ist ein nichtleerer Teil von $\mathcal{L}$: $\phi \subset A \subseteq \mathcal{L}$,

(4) v ist eine auf $V := f(A)$ definierte positive reellwertige Funk-
tion $\qquad$: $v : V \longrightarrow \mathbb{R}^{+}$.

<u>Marxsche Waren produzierende Systeme</u> (MWS) haben zusätzlich
als eigentliche inhaltliche Forderungen die Bedingung, daß
V die Menge G umfaßt, und das AWG für den Bereich V zu erfüllen:

(5) $\qquad V := f(A) \supseteq G$,

(6) $\qquad d \rightsquigarrow v \rightsquigarrow T \qquad$ (mit $d := \vartheta | A$).

Wir betrachten die Bedingungen (1) - (4) bzw. (1) - (6) als
<u>definierende</u> Bedingungen für die Prädikate <u>WS</u> bzw. <u>MWS</u> und
nennen Quadrupel $\langle G,T,A,v \rangle$, die diese Bedingungen erfüllen,
"Waren produzierende Systeme" bzw. "Marxsche Waren produzierende Systeme", wohl wissend, daß solche Quadrupel keine ökonomischen Systeme <u>sind</u>, sondern nur bestenfalls welche
<u>repräsentieren</u> - "bestenfalls", weil einige Bedingungen
außerordentlich schwach sind und daher eine Fülle von nicht
intendierten Modellen möglich sein werden[28]. Beispielsweise
läßt (2) jede beliebige Relation auf G als Tauschrelation zu,
und die Arbeitsmenge A und die auf $f(A)$ definierte Funktion v
stehen aufgrund von (1) - (4) allein in überhaupt keinem Zusammenhang mit G und T. Ein solcher Zusammenhang wird erst
durch (5) und (6) hergestellt, und das AWG (6) sorgt natürlich auch rückwirkend dafür, daß die Relation T nicht allzu
abenteuerlich ausfallen kann[29].

WS und - weniger stark - MWS sind also als Kunstprädikate
aufzufassen, die nur gewisse formale Züge der von Marx betrachteten ökonomischen Systeme herausheben sollen. Wenn wir

daher im folgenden Konsequenzen aus den Bedingungen (1) - (6)
ziehen, so bleiben wir zugegebenermaßen inhaltlich unvoll-
ständig, was aber die herauszuhebenden strukturellen Merkmale
weder unzutreffend noch eo ipso irrelevant macht. Andererseits könnte man - und müßte man, wenn man ein puristisches
Programm der Axiomatisierung durch Definition mengentheoretischer Prädikate im Sinne von Suppes und Sneed vertreten
will[30] - die Formalisierung noch ein Stück weitertreiben und
auf die in die Bedingungen eingearbeiteten Vorausdeutungen
$G \subseteq \mathcal{G}$ und $A \subseteq \mathcal{L}$ und die Verwendung der universellen Funktion φ
verzichten. Man könnte in diesem Sinne - und mit V statt mit
A - definieren:

$\langle G,T,V,v \rangle$ ist ein <u>formales Waren produzierendes System</u> (fWS)
gdw.

(1') G eine nichtleere Menge ist $\qquad$: $G \neq \emptyset$,

(2') T eine Relation auf G ist $\qquad$: $T \subseteq G \times G$,

(3') V eine nichtleere Menge ist $\qquad$: $V \neq \emptyset$,

(4') v eine auf V definierte positive
reellwertige Funktion ist $\qquad$: $v: V \longrightarrow \mathbb{R}^+$.

"Formale Marxsche Waren produzierende Systeme" können nicht
auf entsprechende Weise definiert werden, da zwar noch die
Bedingung (5) durch die formale Bedingung

(5') $\qquad V \supseteq G$

ersetzt werden kann, das AWG (6) aber wegen der schon gedeu-
teten Arbeitszeitfunktion d kein formales Gegenstück hat
(vgl. allerdings die Überlegungen am Ende von 5.1.8).

Um die Restriktionsfunktion r^o und damit die <u>Partialmodelle</u>:
die Elemente von M_{pp}^o, zu definieren, sind die vier Komponenten G,T,A,v der potentiellen Modelle in K^o-theoretische und
K^o-nichttheoretische einzuteilen[31].
Es leuchtet unmittelbar ein, daß G nichttheoretischer Natur
ist. Von der Tauschbarkeitsrelation T wollen wir dies ebenfalls voraussetzen: T "liegt an der Oberfläche" eines ökonomischen Systems und ist prinzipiell aufgrund von Beobachtungen des Marktgeschehens entscheidbar; dasselbe gilt für die

Preisfunktion p. Andererseits dürfte der theoretische Charakter von v nicht strittig sein: der Wertfunktion v wird die eigentlich theoretische Erklärungsaufgabe aufgebürdet. A schließlich wird von Marx wesentlich bestimmt über sein Pendant f(A): über die Menge V der Wertträger, die als Definitionsbereich der Wertfunktion theoretisch ist wie diese selbst. Wir lassen die <u>Restriktionsfunktion</u> r^O daher jeweils die letzten beiden Komponenten: A und v, aus den potentiellen Modellen streichen und definieren die Menge M^O_{pp} der <u>Partialmodelle</u> als die Menge der dadurch erhaltenen Paare $\langle G,T \rangle$:

$$r^O : M^O_p \longrightarrow M^O_{pp} \qquad \text{mit } r^O(M^O_p) =: M^O_{pp}$$

durch

$$r^O(\langle G,T,A,v \rangle) =: \langle G,T \rangle \quad \text{für} \quad \langle G,T,A,v \rangle \in M^O_p .$$

Die Elemente von M^O_{pp} mögen kurz <u>"Tausch-Systeme"</u> (TS) heißen.

Schließlich sind noch <u>Constraints</u> zu berücksichtigen, durch die gewisse Mengen potentieller Modelle ausgeschlossen werden, weil sie der Interdependenz einzelner, aus komplexen Systemen herausgegriffener Anwendungen nicht entsprechen.

Zunächst einmal unterliegt die Wertfunktion einem <u>Identitätsconstraint</u>: sind $\langle G_1,T_1 \rangle$ und $\langle G_2,T_2 \rangle$ zwei Tauschsysteme mit überlappenden Gütermengen: $G_1 \cap G_2 \neq \emptyset$, so sollen ergänzende Wertfunktionen $v_1 : G_1 \longrightarrow \mathbb{R}^+$ und $v_2 : G_2 \longrightarrow \mathbb{R}^+$ den G_1 und G_2 gemeinsamen Gütern dieselben Werte zuweisen:

$$v_1(g) = v_2(g) \quad \text{für} \quad g \in G_1 \cap G_2 ;$$

m.a.W.: v_1 und v_2 müssen sich zu einer Funktion auf $G_1 \cup G_2$ vereinigen lassen[32].

Sodann ist von Wertfunktionen <u>Extensivität</u> in folgendem Sinne zu verlangen: Ist ein Gut g_3 aus zwei Gütern g_1 und g_2 zusammengesetzt[33]:

$$g_3 = g_1 \circ g_2 ,$$

und entstammen g_1, g_2 und g_3 den Gütermengen G_1, G_2 und G_3

der Tauschsysteme $\langle G_1, T_1 \rangle$, $\langle G_2, T_2 \rangle$ und $\langle G_3, T_3 \rangle$, so soll
für ergänzende Wertfunktionen v_1, v_2 bzw. v_3 dieser Tausch-
systeme

$$v_3(g_3) = v_1(g_1) + v_2(g_2)$$

gelten[34].

Drittens ist eine die <u>mehrstufige Produktion</u> betreffende
Bedingung einzuführen: Seien g_1, g_2, ..., g_{n-1} Zwischenprodukte für g_n, wobei jeweils g_i durch die Arbeit l_i aus g_{i-1}
hervorgehe $(i = 1, \ldots, n)$[35], im Schema:

$$\xrightarrow{l_1} g_1 \xrightarrow{l_2} g_2 \xrightarrow{l_3} \ldots \xrightarrow{l_{n-1}} g_{n-1} \xrightarrow{l_n} g_n \quad ;$$

dann soll die Wertdifferenz je zweier aufeinanderfolgender
Güter g_{i-1} und g_i dieser Reihe von der zugesetzten Arbeit l_i
bestimmt sein:

$$d(l_i) \curvearrowright (v_i(g_i) - v_{i-1}(g_{i-1})) \quad (i = 1, \ldots, n),$$

zusammengefaßt also

$$\sum_{i=1}^{n} d(l_i) \curvearrowright v_n(g_n):$$

der Wert des Endprodukts wird durch die Summe der Produktionszeiten der Zwischenprodukte bestimmt. (Es wurde der allgemeine Fall angenommen, daß $g_1, \ldots, g_n$ den Gütermengen
$G_1, \ldots, G_n$ verschiedener Tauschsysteme $\langle G_1, T_1 \rangle, \ldots, \langle G_1, T_n \rangle$
angehören; diesen Systemen ist eine Schar von Wertfunktionen
$v_1, \ldots, v_n$ zuzuordnen.) - Die betrachtete lineare Produktion,
soll heißen die Produktion der Zwischenprodukte aus jeweils
nur einem Vorprodukt, ist natürlich nur ein Sonderfall. Es
läßt sich leicht vorstellen, wie entsprechende Bedingungen
für kompliziertere Fälle im Prinzip zu formulieren sind. -
Die bisher als Constraints aufgefaßten Forderungen betrafen
vor allem die Wertzuweisungen bei komplexen Produktionszu-
sammenhängen, bei denen verschiedene Einzelarbeiten zu berücksichtigen sind. Solche komplexen Zusammenhänge drücken
sich aber auch in der Zirkulationssphäre aus, nämlich dann -

was oft der Fall ist -, wenn Zwischenprodukte auf dem Markt erscheinen, um anschließend wieder in der Produktion Verwendung zu finden. Die dabei zu beobachtenden Preise (oder allgemeiner Tauschbeziehungen) von Zwischen- und Fertigprodukten sind ihrerseits analogen Constraints zu unterwerfen, auf deren Formulierung wir hier nicht eingehen[36].

Die Constraints werden formal wiedergegeben als eine Menge C^O zulässiger Mengen potentieller Modelle, also als eine Menge $C^O \subseteq Pot(M^O_p)$. Damit ist der Kern

$$K^O = \langle M^O, M^O_p, M^O_{pp}, r^O, C^O \rangle$$

vollständig festgelegt. Die darin auftretenden Modellmengen M^O, M^O_p und M^O_{pp} sind die Extensionen $|MWS|$, $|WS|$ bzw. $|TS|$ der Prädikate MWS, WS bzw. TS, so daß wir auch

$$K^O = \langle |MWS|, |WS|, |TS|, r^O, C^O \rangle$$

schreiben können.

5.1.6 Es wird intendiert, den Kern K^O auf einen Bereich von Objekten anzuwenden, der der K^O zugeordnete <u>intendierte Objektbereich</u> I^O des Theorie-Elements $\langle K^O, I^O \rangle$ genannt wird. Als intendierte Objekte für K^O kommen solche Partialmodelle, d.h. Tausch-Systeme $\langle G,T \rangle$ in Frage, von denen vermutet wird, daß sie durch Ergänzung um theoretische Komponenten A und v als Marxsche Waren produzierende Systeme gedeutet werden können. Ob ein TS zu I^O gehören soll oder nicht, wird von dem Charakter der Tauschbarkeitsbeziehungen zwischen den betrachteten Gütern wie von der Art und Weise der die Güter produzierenden Tätigkeiten abhängen; wir verzichten hier auf eine weitere Rekonstruktion dieser kontextabhängigen pragmatischen Bestimmungen[37].

5.1.7 Die mit dem Theorie-Element $\langle K^O, I^O \rangle$ verbundene Behauptung
lautet

$$I^O \in \Gamma'(K^O) ,$$

worin $\Gamma'(K^O) := r^O(\text{Pot}(M^O) \cap C^O)$ den Gehalt des Kerns $K^O =$
$\langle M^O, M_p^O, M_{pp}^O, r^O, C^O \rangle$ darstellt (vgl. 3.1.4).

Wir analysieren diese Behauptung zunächst unter Absehung
von Constraints. Unter dieser Voraussetzung läuft sie auf
$I^O \subseteq r^O(M^O)$ hinaus, d.h. sie zerfällt in eine Menge von Ein-
zelbehauptungen über die Elemente von I^O: Von jedem Element
von I^O wird behauptet, es sei die Restriktion eines Modells.
Wenn $\langle G_1, T_1 \rangle$, $\langle G_2, T_2 \rangle$,... Elemente von I^O sind, also gewisse Tausch-Systeme, auf die K^O angewandt werden soll, so ist
die Existenz von Modellen zu zeigen, die G_1 und T_1 bzw. G_2
und T_2 usw. als erste Komponenten enthalten. Das kann man
auch so ausdrücken, daß man die Existenz entsprechender
theoretischer Komponenten fordert, d.h. die Existenz einer
Menge A_1 und einer Funktion v_1, so daß $\langle G_1, T_1, A_1, v_1 \rangle$ ein
Modell (ein MWS) ist, die Existenz einer Menge A_2 und einer
Funktion v_2, so daß $\langle G_2, T_2, A_2, v_2 \rangle$ ein Modell ist usw.. Daß
beispielsweise $\langle G_1, T_1, A_1, v_1 \rangle$ ein Modell ist, heißt wiederum,
daß die Gütermenge G_1 zu der Menge $f(A_1)$ der von A_1 produzierten Güter gehört und daß v_1 eine auf $f(A_1)$ definierte
Funktion ist, die zusammen mit der - auf A_1 beschränkten -
Arbeitszeitfunktion, $d_1 := \vartheta \restriction A_1$, und der gegebenen Tauschrelation T_1 auf G_1 das AWG erfüllt:

$$v_1: f(A_1) \longrightarrow \mathbb{R}^+ \ \& \ d_1 \curvearrowright v_1 \curvearrowright T_1 .$$

Die Einzelbehauptung für $\langle G_1, T_1 \rangle$ lautet daher:

$$(\exists A_1)(\exists v_1)(G_1 \subseteq f(A_1) \ \& \ v_1: f(A_1) \longrightarrow \mathbb{R}^+ \ \& \ d_1 \curvearrowright v_1 \curvearrowright T_1),$$

und die Gesamtbehauptung (mit jeweils $d := \vartheta \restriction A$):

$$(\exists A)(\exists v)(G \subseteq f(A) \ \& \ v: f(A) \longrightarrow \mathbb{R}^+ \ \& \ d \curvearrowright v \curvearrowright T)$$

für alle $\langle G, T \rangle \in I^O$.

Sind Constraints C^O zu beachten, so können die Ergänzungen
$\langle A_j, v_j \rangle$ nicht unabhängig voneinander für die einzelnen

$\langle G_j, T_j \rangle$ gewählt werden. Wir ersparen dem Leser die aufwendigere und im folgenden nicht benötigte Formalisierung dieser Verhältnisse.

Den Aussage-Gehalt des Anfangsstücks von Marx' "Kapital", das AWG betreffend, in einer solchen Existenzbehauptung zu erblicken, erscheint sicherlich zunächst sehr fremd. Sehen wir zum besseren Verständnis wieder zunächst von Constraints ab und betrachten die Aussage

(a) $\quad (\exists A)(\exists v)[G \subseteq \not{f}(A) \ \& \ v: \not{f}(A) \longrightarrow \mathbb{R}^+ \ \& \ d \sim v \sim T]$

über ein einzelnes $\langle G, T \rangle \in I^O$. Man könnte diese Aussage verstärken, indem man nicht nur die Existenz _irgendeines_ A fordert, zu dem es ein v derart gibt, daß der Ausdruck in der eckigen Klammer erfüllt ist, sondern das gleiche für ein _spezielles_ A, nämlich für A:=L:=$\not{f}^{-1}$(G), fordert; wegen G=$\not{f}$(A) ist dann das erste Konjunktionsglied in der eckigen Klammer natürlich erfüllt, so daß die Behauptung äquivalent wird zu

(b) $\quad (\exists v)[v:G \longrightarrow \mathbb{R}^+ \ \& \ d \sim v \sim T]$,

m.a.W.: Es gibt eine auf G erklärte Wertfunktion, die das AWG erfüllt. Diese Formulierung klingt für Marx-Leser schon vertrauter, wird aber - auch wenn wir von Constraints absehen dürfen - der (Marxschen) Sache nicht ganz gerecht. Denn man muß, wie schon früher erwähnt, die Möglichkeit einräumen, daß ein herausgegriffenes $\langle G, T \rangle$, also ein gewisses Tausch-System, nicht aus sich heraus durch eine geeignete Wertfunktion im Marxschen Sinne - d.h. hier: mit dem AWG - erklärbar ist, wohl aber ein $\langle G, T \rangle$ umfassendes System $\langle G', T' \rangle$: es könnte sehr wohl sein, daß auch die Werte von Gütern außerhalb G zur AWG-Erklärung des Systems beigezogen werden müssen. Der Definitionsbereich von v, also $\not{f}$(A), müßte dann über G hinausgehen. Eben die Existenz eines solchen größeren Definitionsbereichs $\not{f}$(A) bzw. eines entsprechenden A wird in der ursprünglichen Formulierung (a) gefordert. Sie ist die korrekter formulierte und zugleich schwächere Behauptung. Wollte man sie durch die einfachere Formulierung (b) ersetzen, so müßte man darauf achten, nur "abgeschlossene", d.h. in sich AWG-erklärbare Systeme $\langle G,T\rangle$ in I^O zuzulassen[38].

Konkrete Untersuchungen müßten zeigen, wie stark die in den Existenzbehauptungen angelegte prinzipielle Mehrdeutigkeit von A (im Falle (a)) und v (in beiden Fällen) wirklich ins Gewicht fällt. Vielleicht gibt es in interessanteren Fällen nur triviale Mehrdeutigkeiten, z.B. in dem Sinne, daß A derart zu einem $A' \supseteq A$ erweiterbar ist, daß jede auf den Argumentbereich $\mathcal{f}(A')$ erweiterte Wertfunktion v' unnötigerweise mehr erklärt als $\langle G,T\rangle$, oder in dem Sinne, daß v bis auf einen Skalenfaktor eindeutig bestimmt ist. Aus prinzipiellen Gründen halten wir es jedoch in jedem Fall für angemessen, an der Form der Mehrdeutigkeit zulassenden Existenzbehauptung festzuhalten, selbst wenn diese sich in wichtigen Fällen durch eindeutige Konstruktionen bewahrheiten lassen sollte. So aufgefaßt, macht die Marxsche Theorie ökonomische Aussagen nicht über irgendwelche metaphysischen Wesenheiten, genannt "Werte", sondern über ökonomische Systeme, die ohne Hilfe des Wertbegriffs beschrieben werden, indem sie diese Systeme für in bestimmter Weise mittels geeigneter Wertfunktionen deutbar hält[39].

Wir wollen die mit der Anwendung von K^O auf ein einzelnes System $\langle G,T\rangle$ verbundene Behauptung noch einmal umformulieren, indem wir zunächst die theoretische Komponente A durch die theoretische Komponente $V := \mathcal{f}(A)$ ersetzen:

(c) $(\exists V)(\exists v)(G \subseteq V \,\&\, v:V \longrightarrow \mathbb{R}^+ \,\&\, d \curvearrowright v \curvearrowright T)$,

um dann die im gleichzeitigen Gebrauch der beiden theoretischen Komponenten V und v stärker hervortretende Redundanz durch Elimination von V zu beseitigen: wir sehen v an als eine Funktion aus $\mathcal{g}$ in die positiven reellen Zahlen[40],

$$v: \mathcal{g} \longmapsto \mathbb{R}^+,$$

und betrachten den Argumentbereich V von v als durch v bestimmt: $V = \mathrm{Arg}(v)$. Dann können wir statt (c) schreiben

(d) $(\exists v)(v:\mathcal{g} \longmapsto \mathbb{R}^+ \,\&\, \mathrm{Arg}(v) \supseteq G \,\&\, d \curvearrowright v \curvearrowright T)$,

worin d die Funktion ϑ, beschränkt auf das $\mathcal{f}$-Urbild des Argumentbereichs von v, bedeutet: $d = \vartheta|\mathcal{f}^{-1}(\mathrm{Arg}(v))$. Diese Formulierung hat den Vorteil, v als einzigen theoretischen

Term aufzuweisen: als nichtlogische Größen treten sonst nur
die nichttheoretischen Komponenten G und T auf, die mathe-
matische Menge $\mathbb{R}^+$, die vortheoretische Menge $\mathcal{G}$ und implizit
die universellen Funktionen f und ϑ.
Es ist wichtig zu sehen, daß die Wahl von v keinen Einschränkungen durch vorherige Deutung unterliegt, außer der, daß
vom Argumentbereich von v verlangt wird, daß er nur Güter
umfaßt: $\text{Arg}(v) \subseteq \mathcal{G}$. Dies zu fordern ist nur konsequent, wenn
man theoretisch $\text{Arg}(v) \supseteq G$ fordert und von G schon vortheoretisch $G \subseteq \mathcal{G}$ vorausgesetzt hat; es wäre unplausibel, zur Erklärung von $\langle G,T\rangle$ eine Funktion v heranzuziehen, die für die
Güter aus G und darüber hinaus für Nicht-Güter erklärt ist.
Versteht man v von vornherein als Variable für (positiv
reellwertige) numerische Funktionen, so kann man die Behauptung für $\langle G,T\rangle$ vereinfacht so schreiben:

(e) $(\exists v)\,(\mathcal{G} \supseteq \text{Arg}(v) \supseteq G \ \&\ d \curvearrowright v \curvearrowright T)$,

in Worten: es gibt ein System von Wertzuweisungen (eine
Funktion v), das G abdeckt, die Tauschbeziehungen T auf G
erklärt und seinerseits von den Produktionszeiten d der
Güter aus G best$_\text{immt}$ wird[41].

Habe ich mehrere Tauschsysteme zu erklären und dabei
<u>Constraints</u> zu berücksichtigen, so sind Wertfunktionen v
so zu konstruieren (oder anderweitig als existent nachzuweisen), daß sie diese Tauschsysteme zu Modellen ergänzen
und zusammen den Constraints genügen. Ob es eine universelle
Wertfunktion gibt, die das leistet, darüber macht die Theorie keine Aussage[42].

5.1.8   Zum Abschluß unserer Erörterungen des Theorie-Elements $\langle K^O, I^O\rangle$
sei noch dessen formal einfachste Version notiert, die zu-
gleich der von Sneed benutzten Methode der Axiomatisierung
durch Definition mengentheoretischer Prädikate am nächsten
kommt. Inhaltlich beschränken wir uns dafür auf Tausch-
Systeme, bei denen erstens die Relation T auf eine Preisfunktion p zurückgeführt werden kann und die zweitens in

dem Sinne abgeschlossen sind, daß man zur Erklärung nicht
über den Güterbereich G hinauszugehen braucht, d.h. wir
nehmen an, daß die Behauptung über ein einzelnes System
$\langle G,p \rangle \in I^O$

(f) $(\exists v)(v:G \longrightarrow \mathbb{R}^+$ & $d \sim v \sim p)$

lautet (entsprechend (b) von 5.1.7 mit p statt T). Hierin
ist wieder $d:=\vartheta|\ell^{-1}(Arg(v))$ zu nehmen. Um diesen Zusatz zu
vereinfachen und möglichst wenig inhaltliche Vorausdeutungen
vornehmen zu müssen, ersetzen wir die universellen Funktionen
ϑ und ℓ durch die eine Funktion $\mathfrak{z}:=\vartheta\ell^{-1}$ (d.h. die Abbil-
dung, die durch Anwendung erst von ℓ^{-1}, dann von ϑ defi-
niert ist)[43]; $\mathfrak{z}$ ist eine numerische Funktion auf $\mathcal{G}$:

$$\mathfrak{z}:\mathcal{G} \longrightarrow \mathbb{R}^+,$$

die jedem $g \in \mathcal{G}$ die Zahl $\mathfrak{z}(g)$ zuordnet, die die auf eine
feste Zeiteinheit bezogene tatsächliche Dauer der g produ-
zierenden Tätigkeit $\ell^{-1}(g)$ angibt:

$$\mathfrak{z}(g) := \vartheta(\ell^{-1}(g)) \quad \text{für } g \in \mathcal{G}.$$

Mithilfe der Funktion $\mathfrak{z}$ können wir das AWG ohne expliziten
Rekurs auf produzierende Tätigkeiten durch

(AWG') $z \sim v \sim p$

wiedergeben, wenn z die auf den jeweiligen Bereich einge-
schränkte Funktion $\mathfrak{z}$ bedeutet: $z:=\mathfrak{z}|Arg(v)$, oder - mit der
bei (f) gemachten Voraussetzung $Arg(v)=G - z= \mathfrak{z}|G$. Wir be-
trachten gleichsam alle Güter g als mit ihrer "Arbeitszeit"
$\mathfrak{z}(g)$ behaftet. Diese universelle Bewertung braucht aber
nicht in die Beschreibung der Objekte der Theorie einzugehen; die Arbeitszeiten sind - dem Gewicht, der Farbe etc.
vergleichbar - als physische Eigenschaften der Güter anzusehen, im Gegensatz zu den Preisen, die kontextabhängig sein
können. Die Objekte der Theorie werden also weiterhin durch
Paare $\langle G,p \rangle$ und nicht etwa durch Tripel $\langle z,G,p \rangle$, wie zunächst nahezuliegen scheint, beschrieben, und die (poten-
tiellen) Modelle durch Tripel $\langle G,p,v \rangle$. Die die Modellmengen

definierenden Prädikate TS, WS bzw. MWS werden zunächst
durch die folgenden Bedingungen bestimmt:

$$
\begin{aligned}
&(0) \quad G \subseteq \mathcal{O} \\
&(1) \quad G \neq \emptyset \\
&(2) \quad p: G \to \mathbb{R}^+ \\
&(3) \quad v: G \to \mathbb{R}^+ \\
&(4) \quad z \sim v \sim p \quad (\text{mit } z = \mathfrak{z}|G)
\end{aligned}
$$

mit (0)–(4): TS, WS, MWS

Durch Streichen der inhaltlichen Bedingung (0) erhalten wir
statt TS und WS rein mengentheoretische Prädikate – vgl.
5.1.5 –, die wir mit f'TS und f'WS bezeichnen wollen; sie
sind durch (1) – (2) bzw. (1) – (3) definiert. Die Bedingungen (1) – (4) definieren dagegen wegen des Bezugs auf $\mathfrak{z}$ kein
rein mengentheoretisches Prädikat. Möchte man auch das erreichen, so bietet sich an, z vorweg ungedeutet zu lassen
und nur formal

$$(1a) \quad z: G \longrightarrow \mathbb{R}^+$$

zu fordern. Dann ist z allerdings doch eigens als zusätzliche Komponente in die nichttheoretischen Objekte aufzunehmen.
Entsprechende Tripel $\langle z, G, p \rangle$ mit nur ungedeuteten Komponenten mögen f"TS heißen; analog werden die f"WS gekennzeichnet
und wird nun auch f"MWS eingeführt:

$$
\begin{aligned}
&(1) \quad G \neq \emptyset \\
&(1a) \quad z: G \to \mathbb{R}^+ \\
&(2) \quad p: G \to \mathbb{R}^+ \\
&(3) \quad v: G \to \mathbb{R}^+ \\
&(4) \quad z \sim v \sim p
\end{aligned}
$$

mit (1)–(1a): f"TS; (1)–(3): f"WS; (1)–(4): f"MWS

Natürlich sind diese rein mengentheoretischen[44] Forderungen
(1) – (4), wie nochmals betont sei, keineswegs geeignet, die
von Marx intendierten ökonomischen Systeme zu kennzeichnen;
vielmehr werden sie sehr viele nicht intendierte Modelle besitzen, handelt es sich doch – wie jetzt überdeutlich wird –
formal einfach um einen Determinationszusammenhang dreier

auf ein und derselben Menge definierter reellwertiger Funktionen z, p und v, cum grano salis (vgl. 5.1.4) um die Existenz eines Paares von Funktionen (eines gewissen Typs) φ und ψ , so daß

(4') $p = \psi(\varphi(z))$,

bzw. einer Funktion $\sqsupseteq$, so daß

(4") $p = \sqsupseteq(z)$

gilt[45].

5.2   Erweiterungen: Geldware und Ware Arbeitskraft

5.2.1   Im Fortgang seiner Theorie führt Marx zunächst den Begriff des Geldes, dann den der Arbeitskraft ein. Beide werden charakteristischerweise dem Begriff der Ware subsumiert[46]. Da Waren - wie immer man den Warenbegriff genauer fassen will - Werte (im Sinne von Wertträgern) sind, hat das zur Folge, daß Geld- und Arbeitskraft dem Geltungsbereich des Arbeitswertgesetzes (Abschnitt 5.1) zuzurechnen sind. Damit werden wesentliche theoretische Bestimmungen getroffen: Geld hat einen Wert, der prinzipiell von der Produktion des Geldes bestimmt ist, und dieser Wert ist seinerseits bestimmend für die Tauschbeziehungen von Geld mit anderen Gütern, also für die Güterpreise. Desgleichen wird der Arbeitskraft ein Wert zugeschrieben, der dem Aufwand bei ihrer Produktion (hier als Reproduktion zu verstehen[47]) entspricht, und dieser Wert bestimmt den Preis (oder andere Tauschäquivalente) der Ware Arbeitskraft. - Daß nicht Arbeit, sondern Arbeitskraft auf dem Arbeitsmarkt gehandelt wird, ist eine besondere Pointe der Theorie[48]. (Der "Arbeitnehmer" gibt Arbeitskraft, der "Arbeitgeber" nimmt sie.)

Bei der Rekonstruktion der Einführung des Geldes und der Arbeitskraft[49] ist zu fragen, wie die bisherige begriffliche

Struktur geändert und/oder erweitert werden muß. Bei Einführung des Wertbegriffs in 5.1.1 haben wir von Werten (im Sinne von Wertträgern) angenommen, daß sie jedenfalls Güter (nützliche Dinge) sind:

$$V \subseteq G,$$

und weiter, daß sie produzierte Güter sind:

$$V \subseteq P \subseteq G.$$

Können diese allgemeinen Bestimmungen aufrechterhalten werden, wenn auch Geld und Arbeitskraft als Waren und damit als Wertträger angesehen werden? Beim Geld scheint das noch möglich zu sein - jedenfalls dann, wenn wir die Nützlichkeit eines Gutes nicht ausschließlich in seiner Konsumierbarkeit im üblichen Sinne sehen. Wenn als Geldware Gold dient, so ist zwar noch eine solche unmittelbare Nützlichkeit der Geldware - beispielsweise für Zahnersatz - gegeben. Den Gebrauchswert des Geldes sieht Marx aber in seiner genuinen Rolle als Zirkulationsmittel. Sieht man Geld in diesem erweiterten Sinn als Gut an, so macht es keine nennenswerte Schwierigkeit, Geld auch als produziertes Gut anzusehen, wenn man Marx' Auffassung über die Entstehung des Geldes teilt; nur produzierte Güter, beispielsweise Edelmetalle, können als Geldgüter fungieren, nicht frei verfügbare Güter[50]. Schwieriger ist es bei der Arbeitskraft, die alten Begriffsbestimmungen aufrechtzuerhalten. Arbeitskraft ist kein Ding und überhaupt nicht im üblichen Sinn konsumierbar. Man kann sie nur indirekt konsumieren, indem man sie konsumierbare Güter produzieren läßt: Arbeitskraft ist "produktiv konsumierbar"[51]. - Ist sie selbst ihrerseits produziert? Ebenfalls nur indirekt: produziert werden Güter zur _Re_produktion der Arbeitskraft, also Lebensmittel im weitesten Sinne.
Ohne auf die Frage einzugehen, ob Marx die ursprünglichen Bedeutungen von "Gut" und "produziertes Gut" ausgeweitet hat oder ob jetzt nur neue Güterarten in den Blick kommen, die

unausgesprochen bereits mitgemeint gewesen sind, halten wir
für das folgende fest, daß^{nach Marx} auch Geld und Arbeitskraft produzierte Güter sind, auf die das Arbeitswertgesetz anzuwenden
man prinzipiell versuchen kann[52].

5.2.2   Wir schreiten jetzt zur Rekonstruktion der Grundzüge der
Einführung des Geldes und der Arbeitskraft. Am naheliegendsten
erscheint zunächst die Möglichkeit, die mit dem Geld und der
Arbeitskraft verbundenen Erweiterungen der Theorie als _Spe-_
zialisierungen K' und K'' des Kerns K^O zu rekonstruieren. Wir
haben dafür Kerne

$$K' = \langle M', M'_p, M'_{pp}, r', C' \rangle$$

und

$$K'' = \langle M'', M''_p, M''_{pp}, r'', C'' \rangle$$

anzugeben, so daß $K' \sigma K^O$ und $K'' \sigma K^O$ gilt. Da K' und K'', um
Spezialisierungen von K^O zu sein, dasselbe nichttheoretische
und theoretische begriffliche Inventar wie K^O haben müssen,
ist einfach

$$M'_p = M''_p = M^O_p \ ,$$

$$M'_{pp} = M''_{pp} = M^O_{pp}$$

und

$$r' = r'' = r^O$$

zu setzen. Partialmodelle von K' und K'' sind also wieder
"Tausch-Systeme" $\langle G, T \rangle$, potentielle Modelle von K' und K''
"Waren produzierende Systeme" $\langle G, T, v \rangle$ (vereinfachte Version,
vgl. 5.1.7). Die Modellmengen M' und M'' von K' bzw. K'' werden durch jeweils eine zusätzliche Forderung definiert. Sei
$\langle G, T \rangle$ ein Tauschsystem, dessen Gütermenge G Geldgüter einschließt. Damit die Geldgüter $g' \in G$ ihre Geldfunktion inner-

halb des Systems $\langle G,T\rangle$ erfüllen können, muß es in G genügend
Geldgüter geben, nämlich zu jedem Gut $g \in G$ ein wertgleiches
Geldgut $g' \in G$; wenn G' die Teilmenge der Geldgüter in G be-
deutet, soll also

(1) $(g)(g \in G \supset (\exists g') [g' \in G' \& v(g') = v(g)])$

gelten[53]. Daß es eine Teilmenge $G' \subseteq G$, für die u.a. (1) gilt,
gibt, sei die Forderung, die Modelle aus K^O zusätzlich erfüllen müssen, um Modelle von K' zu sein:

$\langle G,T,v\rangle \in M'$ gdw.

(1a) $\langle G,T,v\rangle \in M^O$,

(1b) $(\exists G')[G' \subseteq G \& (1) \& ...]^{54}$.

Natürlich wird hiermit nur eine strukturelle Eigenschaft des
Geldes festgehalten; (1b) ist nicht mehr als eine Minimalbedingung dafür, daß in dem Tauschsystem $\langle G,T\rangle$ alle Güter gegen Geld gehandelt, also gekauft bzw. verkauft werden können.

Suchen wir nach einer entsprechenden Eigenschaft für die
Arbeitskraft, so müssen wir uns an die besondere Weise der
"Produktion" dieser Ware erinnern (vgl. 5.2.1): Arbeitskräfte
werden reproduziert. Die Reproduktion werde durch eine Relation R zwischen Gütern und Arbeitskräften wiedergegeben: gRg"
bedeutet, daß die Arbeitskraft g" sich durch das Gut g reproduziert; g wird dafür die Zusammenfassung vieler Einzelgüter sein
müssen[55]. Sei $\langle G,T\rangle$ ein Tauschsystem, dessen Gütermenge G auch
Arbeitskräfte umfaßt; G" sei die Menge der Arbeitskräfte in
G. Damit die Arbeitskräfte in $\langle G,T\rangle$ mit anderen Gütern wert-
gleich getauscht werden können, muß es zu jeder Arbeitskraft
$g" \in G"$ ein g" reproduzierendes und wertgleiches Gut $g \in G$
geben, das nicht selbst Arbeitskraft ist:

(2) $(g")(g" \in G" \supset (\exists g)[g \in G \backslash G" \& gRg" \& v(g) = v(g")])$.

Daß es eine Teilmenge G" und eine Relation R mit dieser Eigenschaft gibt, sei die Forderung, die Modelle von K^O erfüllen müssen, um Modelle von K" zu sein[56]:

$$\langle G,T,v\rangle \in M" \quad \text{gdw.}$$

(2a) $\quad\quad \langle G,T,V\rangle \in M^O$

(2b) $\quad\quad (\exists G")(\exists R)[G" \subseteq G \ \& \ R \subseteq G \times G \ \& \ (g")(g" \in G" \supset$
$$\supset (\exists g)[g \in G \backslash G" \ \& \ gRg" \ \& \ v(g) = v(g")])].$$

Versteht man die Einführung der Arbeitskraft in die Theorie als abhängig von der vorherigen Einführung des Geldes[57], so ist K" als Spezialisierung von K' statt direkt als Spezialisierung von K^O zu konzipieren. Das kann für die Modellmengen einfach dadurch geschehen, daß man (2a) durch

(2a') $\quad \langle G,T,v\rangle \in M'$

ersetzt. Man hat dann

$$M" \subseteq M' \subseteq M^O.$$

Zur Definition der Kerne K' und K" fehlt noch die Angabe der Constraints C' bzw. C". Durch C' ist z.B. die Forderung zu repräsentieren, daß Geldgüter eines Tauschsystems, die zugleich Güter eines anderen Tauschsystems sind, auch in diesem anderen System zu den Geldgütern zählen: Seien $\langle G_1,T_1\rangle$ und $\langle G_2,T_2\rangle$ Tauschsysteme mit Geldgüter-Teilmengen $G_1' \subseteq G_1$ bzw. $G_2' \subseteq G_2$. Dann soll

$$(g')(g' \in G_1' \ \& \ g' \in G_2 \supset g' \in G_2')$$

gelten, oder - anders ausgedrückt -:

$$G_1' \cap G_2 \subseteq G_2'.$$

Analog ist für Arbeitskraftmengen $G_1"$ und $G_2"$ je zweier Tauschsysteme $\langle G_1,T_1\rangle$ und $\langle G_2,T_2\rangle$ zu fordern

$$G_1'' \cap G_2 \subseteq G_2'' \ ,$$

sowie entsprechende Bedingungen für die Reproduktionsrelation[58]. Für diese sind aber vermutlich noch weitere sehr viel komplexere Constraints in Anschlag zu bringen, da die Komplexität der "Warenkörbe", die der Reproduktion der Arbeitskraft dienen, starke Interdependenzen der Tauschsysteme stiften[59]. Wir gehen diesen in ökonomische Details führenden Fragen hier nicht weiter nach und halten nur fest, daß in K' und K" zusätzliche Constraints gegenüber denen von K^O auftreten, die zu Einschränkungen von C^O zu C' bzw. C" führen:

$$C' \subseteq C^O \ , \ C'' \subseteq C^O.$$

Wie bei den Modellmengen könnte man auch hier alternativ C" als Teil von C' konstruieren, indem man die zu C' führenden Forderungen einfach den zu C" führenden Forderungen hinzufügt. Man erhält dann

$$C'' \subseteq C' \subseteq C^O$$

und zusammen mit den entsprechenden Inklusionen der Modellmengen die Spezialisierungskette[60]

$$K'' \sigma K' \sigma K.$$

Wir haben die mit der Einführung des Geldes und der Arbeitskraft verbundenen spezifischen Forderungen einfach jeweils neben die in (1a) bzw. (2a) wieder aufgenommene Forderung des Arbeitswertgesetzes gestellt. Die Existenz eines Geldguts und die Einbeziehung von Arbeitskräften bleiben aber nicht ohne Auswirkungen auf das AWG. Wenn ein Geldgut existiert, drückt sich die Tauschbarkeit von Gütern in der Gleichheit ihrer Preise aus:

$$(3) \qquad xTy \ \Longleftrightarrow \ p(x) = p(y) \qquad \text{für } x,y \in G,$$

worin

$$p : G \longrightarrow \mathbb{R}^+,$$

die Preisfunktion, theoretisch durch die Werte der Güter

bestimmt ist:

$$v \rightsquigarrow p.$$

Welche Tauschbarkeitsbeziehungen zwischen den Gütern gelten, wird indirekt über deren Preise bestimmt:

$$v \rightsquigarrow T \text{ via } p, \text{ nämlich nach (3)}.$$

Die Relation T muß daraufhin bestimmte Eigenschaften haben, z.B. transitiv sein:

$$xTy \ \& \ yTz \supset xTz \quad \text{für alle} \quad x,y,z \in G;$$

denn mit (3) ist dies gleichwertig zu

$$p(x) = p(y) \ \& \ p(y) = p(z) \supset p(x) = p(z)$$
$$\text{für alle } x,y,z \in G,$$

also zur logisch gültigen Transitivität der Identität[61].

Während so die "rechte Seite" des AWG, das Wertgesetz, bei Vorhandensein eines Geldgutes eine Qualifikation erfährt, wird bei Einbeziehung von Arbeitskräften die "linke Seite" des AWG: die Arbeitswertlehre, spezifiziert. In die Reproduktion der Arbeitskraft gehen ungleich mehr gesellschaftliche Faktoren ein als in die Produktion eines gewöhnlichen Gutes. Die Reproduktionsrelation R, über die der Wert der Arbeitskraft sich aus Produktionszeiten gewöhnlicher Güter bestimmt, drückt aus, welche Güter dem Arbeiter in einer bestimmten Gesellschaft in einem bestimmten Entwicklungsstadium als Reproduktionsgüter zuerkannt werden bzw. welche sich die Arbeiterklasse erkämpft hat[62].

Um von den Kernen zu vollen Theorie-Elementen übergehen zu können, sind noch die Bereiche intendierter Anwendungen I' und I" zu bestimmen, also die jeweiligen Mengen von Tauschsystemen, die mit der Theorie zu erklären man sich anheischig macht. Soll die Spezialisierungsrelation auch zwischen den Theorie-Elementen bestehen, also

$$\langle K', I' \rangle \ \sigma \ \langle K^O, I^O \rangle$$

und

$$\langle K'', I'' \rangle \ \sigma \ \langle K^O, I^O \rangle$$

gelten, so sind nach Definition der Relation σ die Bereiche I' und I" als Teile von I^O zu wählen:

$$I' \subseteq I^O \text{ und } I'' \subseteq I^O.$$

Folgt man dem Gang der Marxschen Theorie, so ist aber eher das Umgekehrte zu erwarten[63]:

$$I^O \subseteq I' \text{ und } I^O \subseteq I''.$$

Denn diejenigen Tauschsysteme, bei denen Tauschakte von Preisen bestimmt sind, und diejenigen Tauschsysteme, in denen auch Arbeitskräfte getauscht werden, sind kaum zum intendierten Anwendungsbereich I^O des elementaren Kerns K^O zu zählen. Marx jedenfalls scheint mit K^O eher nur Anwendungen in sehr viel einfacheren Tauschsystemen in betracht zu ziehen[64].

Dagegen sind nach unserer Rekonstruktion eher Einschränkungen des ursprünglichen intendierten Anwendungsbereiches I^O zu erwarten. Denn schließlich wird Zusätzliches behauptet, so daß der Gehalt des Kerns K^O eingeschränkt wird:

$$\Gamma(K') \subseteq \Gamma(K^O) \text{ und } \Gamma(K'') \subseteq \Gamma(K^O) ;$$

die Bereiche I' und I" müssen also in einen kleineren Bereich $\Gamma(K')$ bzw. $\Gamma(K'')$ hineinfallen, um die Behauptung

$$I' \in \Gamma(K') \text{ bzw. } I'' \in \Gamma(K'')$$

zu bewahrheiten[65].

Wir nehmen diese zwischen der Marxschen Theorie-Entwicklung und unserer Rekonstruktion anscheinend bestehende Diskrepanz zum Anlaß, im folgenden Unterabschnitt alternative Rekonstruktionen der Einführung des Geldes und der Einführung der Arbeitskraft zu versuchen[66].

5.2.3 Geld und Arbeitskraft haben in unserem bisherigen Rekonstruktionsversuch die kümmerliche Rolle von Variablen G'
und G" gespielt, die zwar in spezifizierenden Bedingungen,
nicht aber in der begrifflichen Struktur selbst, d.h. in
den potentiellen Modellen, auftreten. In den Bedingungen
(1b) bzw. (2b) wurde nur die Existenz von Teilmengen G'
und G" von G - sowie, im zweiten Falle, einer Relation R -
mit gewissen Eigenschaften verlangt. Angemessener scheint
von daher eine Rekonstruktion zu sein, die Geld bzw. Arbeitskraft explizit mit in die begriffliche Struktur aufnimmt,
und zwar - dem theoretischen Gewicht, das Marx ihnen gibt,
entsprechend - als theoretische Komponenten. Eine solche
Änderung der begrifflichen Struktur verhindert allerdings,
die Einführung von Geld und Arbeitskraft als Spezialisierung
von Kernen im Sinne der ∇-Relation aufzufassen.

Seien in der angestrebten alternativen Rekonstruktion K^1 und
K^2 die im Hinblick auf Geld bzw. Arbeitskraft zu konzipieren-
den Kerne:

$$K^1 = \langle M^1, M^1_p, M^1_{pp}, r^1, C^1 \rangle$$

und

$$K^2 = \langle M^2, M^2_p, M^2_{pp}, r^2, C^2 \rangle .$$

Der Begriff des Geldes ist als zusätzliche Komponente in die
potentiellen Modelle von K^1, also in die Elemente von M^1_p aufzunehmen, und der Begriff der Arbeitskraft sowie die Reproduktionsrelation als zusätzliche Komponenten in die potentiellen Modelle von K^2, also in die Elemente von M^2_p. M^1_p besteht demnach - wenn wir wieder von Tripeln $\langle G,T,v \rangle$ als potentiellen Modellen von K^0 ausgehen - aus Quadrupeln

$$\langle G,T,v,G' \rangle$$

und M^2_p aus Quintupeln

$$\langle G,T,v,G",R \rangle$$

mit Gütermengen G, Tauschbarkeitsrelationen T, Wertfunktionen v,

Geldmengen G', Arbeitskraftmengen G" und Reproduktionsre-
lationen R. Die Forderungen

$$G' \subseteq G$$

und

$$G'' \subseteq G \ , \ R \subseteq G \times G$$

sind als kategoriale Forderungen zu den definierenden Bedingungen der potentiellen Modelle zu zählen. Als zu M^1
und M^2 führende theoretische Forderungen fungieren in der
neuen Auffassung nicht die Existenzaussagen (1b) bzw. (2b)
von 5.2.2, sondern die darin eingearbeiteten, zuvor formu-
lierten Allaussagen (1) bzw. (2). Die Constraints C^1 und C^2
seien gegenüber C' bzw. C" entsprechend modifiziert. Blei-
ben noch M^1_{pp}, r^1, M^2_{pp} und r^2 zu bestimmen und damit die jeweilige Dichotomie theoretischer und nichttheoretischer
Komponenten.

Hier nun ergeben sich jeweils zwei Subalternativen. Einerseits könnte man die neuen theoretischen Komponenten G'
bzw. G" und R als jeweils alleinige theoretische Komponenten ansehen; das hätte zur Konsequenz, daß als Partialmodelle von K^1 und K^2 potentielle Modelle von K^O zu wählen
sind:

$$M^1_{pp} = M^2_{pp} \subseteq M^O_p \ ,$$

oder besser

$$M^1_{pp} = M^2_{pp} \subseteq M^O \ ,$$

damit die Partialmodelle von K^1 und K^2 nicht nur die Wertfunktion enthalten, sondern auch dem Arbeitswertgesetz genügen (vgl. 5.1.4 und 5.1.5).
Andererseits könnte man die bei K^O getroffene Unterscheidung
theoretischer und nichttheoretischer Komponenten beibehalten
und G' bzw. G" und R als zusätzliche theoretische Komponenten auffassen; dann würden die Partialmodelle von K^1 und K^2
einfach dieselben sein wie in K^O:

$$M^1_{pp} = M^2_{pp} = M^O_{pp} \ .$$

Schlägt man den ersten Weg ein, so erhält man - bei Wahl
der Partialmodelle aus der Modellmenge M^O - K^1 und K^2 als
(äußere) <u>Theoretisierungen</u> von K^O:

$$K^1 \, \tau \, K^O \ \text{ und } \ K^2 \, \tau \, K^O \ .$$

Bevorzugt man den zweiten Weg, so werden K^1 und K^2 zu
<u>Erweiterungen</u> von K^O im Sinne der ε-Relation:

$$K^1 \, \varepsilon \, K^O \ \text{ und } \ K^2 \, \varepsilon \, K^O \ .$$

Im folgenden Schaubild[67] für K^1 kennzeichnen wir die erste
Alternative durch Hinzufügung des Buchstabens a, die zweite
Alternative durch Hinzufügung des Buchstabens b an die obe-
ren Indizes:

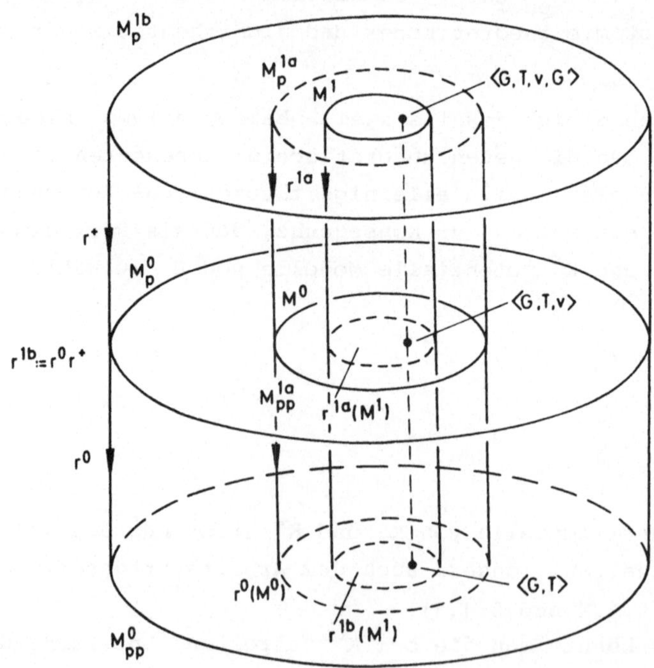

Um sich zu entscheiden, welcher der beiden Auffassungen man
den Vorzug gibt, sollte man sich fragen, <u>worüber</u> man mit den
Theorie-Elementen, die den Geldbegriff bzw. den Begriff der

Arbeitskraft enthalten, Aussagen machen will. Welches sind
die Objekte dieser erweiterten Theorien? Konstruiert man
K^1 und K^2 als Theoretisierungen von K^O, so sind die Partialmodelle von K^1 und K^2 zugleich (potentielle) Modelle von K^O,
enthalten also bereits Wertfunktionen. Da die Objekte der
intendierten Anwendungen dem Bereich der Partialmodelle zu
entnehmen sind, müssen bei dieser Auffassung   Wertfunktionen schon in die Beschreibungen der Objekte eingehen. Es
würde also ein wesentlicher theoretischer Schritt[68]: die
Einführung der Wertfunktion, vorausgesetzt, bevor auf Geld-
und Arbeitskraftphänomene eingegangen werden könnte. Das
wäre unerwünscht sowohl im Blick auf die empirische Zugäng-
lichkeit der erweiterten Theorien als auch hinsichtlich Marx'
Präsentation seiner Theorie, die einen so starken Bruch in
der Theorie-Entwicklung, wie ihn die Voraussetzung des AWG
bei der Konzipierung schon der Gegenstände der erweiterten
Theorien darstellen würde, nicht aufzuweisen scheint.

Wir geben daher der Rekonstruktion von K^1 und K^2 als
ε-Erweiterungen vor der Rekonstruktion als Theoretisierungen
den Vorzug, und zwar in der Variante, daß K^2 wiederum als
Erweiterung von K^1 angesehen wird (dem linearen Aufbau in
Marx' Theorie entsprechend):

$$K^O \; \bar{\varepsilon} \; K^1 \; \bar{\varepsilon} \; K^2 \; ,$$

analog zu der in 5.2.2 betrachteten Spezialisierungskette

$$K^O \; \bar{\sigma} \; K' \; \bar{\sigma} \; K''.$$

Man könnte auch daran denken, zwar die Einführung des Geldes als bloße Spezialisierung, die der Arbeitskraft aber
als Erweiterung zu rekonstruieren, d.h. die inhomogene Kette

$$K^O \; \bar{\sigma} \; K' \; \bar{\varepsilon} \; K^2$$

zu bilden. Dafür spräche das offenbar größere Gewicht, das
Marx der Einführung der Arbeitskraft beimißt[69]. Doch wollen
wir im folgenden an der Rekonstruktion als ε-Kette, in der

auch das Geld explizit eingeführt wird, der Deutlichkeit
halber festhalten.

Objekte auch der erweiterten Kerne bleiben Tauschsysteme
$\langle G,T \rangle$. Zu deren Erklärung werden neben der Wertfunktion v
als zusätzliche theoretische Komponenten G' bzw. G" und R
eingeführt und zusätzliche theoretische Forderungen: (1) bzw.
(2), sowie zusätzliche Constraints aufgestellt. Das führt in
folgendem Sinn zu gegenüber M^o eingeschränkten Modellmengen
M^1 und M^2 von K^1 bzw. K^2. Wenn r^{1+} und r^{2+} Funktionen sind,
die aus den potentiellen Modellen von K^1 bzw. K^2 die gegenüber K^o zusätzlichen theoretischen Komponenten streichen[70],
so sind $r^{1+}(M^1)$ und $r^{2+}(M^2)$ Einschränkungen von M^o; m.a.W.:
M^1 und M^2 "liegen über" echten Teilen von M^o.

Von den K^1 und K^2 zuzuordnenden intendierten Anwendungsbereichen I^1 bzw. I^2 haben wir schon am Ende von 5.2.2 gesehen
(dort mit den Bezeichnungen I' und I" statt I^1 bzw. I^2), daß
sie nicht gut als Teile von I^o anzusetzen sind, sondern daß
sie eher umgekehrt I^o als Teil enthalten. Jedenfalls gibt es
Tauschsysteme, die den Tausch von Geld bzw. Arbeitskraft einschließen und die man deshalb zu I^1 bzw. I^2 zählen möchte,
ohne zugleich eine Anwendung von K^o auf sie zu intendieren,
auch wenn das theoretisch möglich ist, da die Aussage, die
mit einer Anwendung von K^o gemacht wird, in gewisser Weise
in den mit K^1 bzw. K^2 gemachten Aussagen enthalten ist. Marx
scheint jeweils verschiedene Systeme als typische Anwendungsfälle für den elementaren Kern K^o und die erweiterten Kerne
K^1 und K^2 vorzusehen. Man könnte geradezu I^1 und I^2 für jeweils disjunkt zu I^o ansehen. Wir wollen jedoch in Einklang
mit unserem Konzept der ɛ-Relation Festlegungen dieser Art
vermeiden[71] und nur eine Möglichkeit des Verhältnisses von
I^o zu, beispielsweise, I^1, die sachlich nahezuliegen scheint,
herausstellen: die Möglichkeit, daß I^o und I^1 einander überlappen, ohne in der einen oder anderen Richtung in einem
Inklusionsverhältnis zu stehen:

$$I^0 \cap I^1 \neq \emptyset \ , \ I^0 \setminus I^1 \neq \emptyset \ \text{und} \ I^1 \setminus I^0 \neq \emptyset \ ,$$

bildlich:

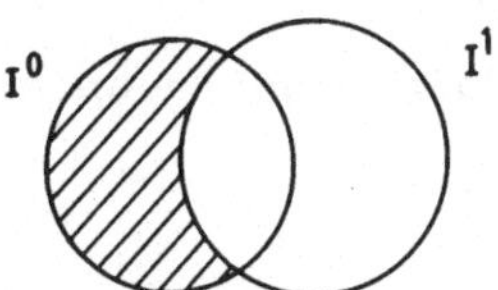

In I^0 können nämlich sehr gut sowohl Tauschsysteme ohne Geldgüter als auch Tauschsysteme mit Geldgütern zusammengefaßt
sein. Wird dann durch Konzipierung von K^1 der Geldbegriff in
die Theorie eingeführt, so werden im allgemeinen Tauschsysteme zum intendierten Anwendungsbereich I^1 von K^1 gezählt werden, die nicht schon in I^0 lagen. - In dieser Situation
"überlappen" sich auch die mit $\langle K^0, I^0 \rangle$ und $\langle K^1, I^1 \rangle$ verbundenen Aussagen,

$$\text{(a)} \quad I^0 \in \Gamma(K^0) \quad \text{und (b)} \quad I^1 \in \Gamma(K^1) ,$$

in folgendem Sinn: die erste Aussage impliziert $I^0 \cap I^1 \in \Gamma(K^0)$
und die zweite impliziert $I^0 \cap I^1 \in \Gamma(K^1)$ (da der Gehalt eines
Theorie-Elements bezüglich Inklusion nach unten abgeschlossen
ist). Von diesen beiden Aussagen wird wegen $\Gamma(K^1) \subseteq \Gamma(K^0)$ die
erste wiederum von der zweiten impliziert, so daß zusammenge-
faßt gilt:

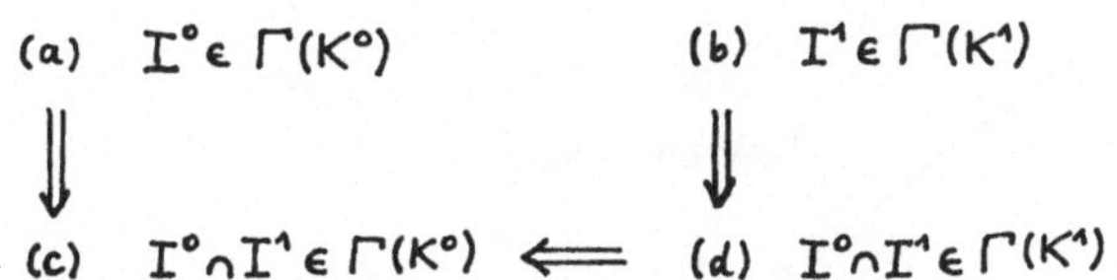

Die in (a) "enthaltene" Aussage (c) von K^0 über den mit I^1
gemeinsamen Teil von I^0 wird durch die Aussage (b) von K^1
über I^1 "reproduziert", da (c) via (d) aus (b) folgt. Man
kann diese Situation zum Anlaß nehmen, eine solche Verdop-
pelung zu vermeiden, indem man den intendierten Anwendungsbereich von K^0 gleich entsprechend einschränkt und mit K^0
nur etwas über $\bar{I}^0 := I^0 \setminus I^1$ (schraffiert) behauptet (vgl. 6.3).

Die mit dem Theorie-Netz

$$\langle K^O, \bar{I}^O \rangle \; -\varepsilon - \; \langle K^1, I^1 \rangle$$

verbundene Behauptung wäre dann ohne Redundanz durch

$$\bar{I}^O \in \Gamma(K^O) \quad \& \quad I^1 \in \Gamma(K^1)$$

ausgedrückt.

5.3 Kapital-Theorie

Die Theorie, soweit sie bisher mit den Kernen K^O, K^1 und K^2 rekonstruiert worden ist, kann nur Anfangsabschnitt der Marxschen Kapital-Theorie sein, da wesentliche Begriffe dieser Theorie, wie z.B. der des Mehrwerts und entsprechende Theoreme, noch gar nicht vorgekommen sind. In diesem Abschnitt soll die Möglichkeit der Rekonstruktion weiterer Theorie-Teile bishin zur Marxschen Kapital-Theorie plausibilisiert werden; eine wirkliche Durchführung dieses Rekonstruktionsprogramms muß späteren Arbeiten vorbehalten bleiben[72].

Dem Bezug auf Marx' eigene Darstellung und auf unseren früheren Rekonstruktionsversuch diene das folgende Diagramm:

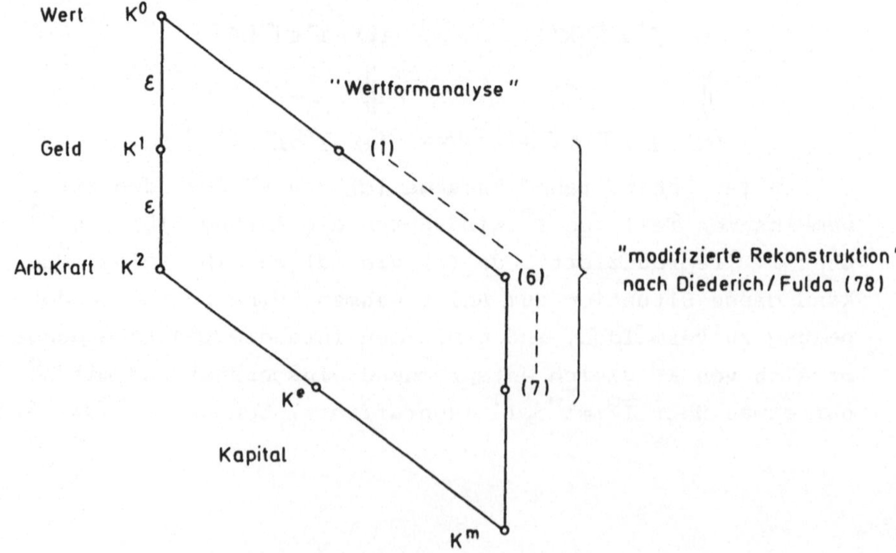

Den Ausgangspunkt der Rekonstruktion bildete in Abschnitt
5.1. die Konzeption des elementaren Kerns K^o mit "Wert" als
zentralem theoretischem Begriff. Der Einbezug des Geldes
und der Arbeitskraft in Abschnitt 5.2 führte zu den Erweiterungen K^1 und K^2 (wobei die Zeichnung die Variante, daß
K^2 Erweiterung von K^1 ist, wiedergibt[73]). Die weitere Rekonstruktion **soll** über die Darstellung elementarer Mehrwertproduktion in K^e zum Kern K^m der Marxschen Kapital-
Theorie führen. Marx' eigene Darstellung durchläuft zunächst
die sogenannte Wertformanalyse und folgt eher einem etwas
anderen Weg (oberer schräger Ast und unterer senkrechter
Ast des Parallelogramms), wie er in dem früheren Rekonstruktionsversuch skizziert wurde; die Ziffern 1 - 7 beziehen sich
auf die "modifizierte Rekonstruktion" in der früheren Arbeit[74].

Wir wollen versuchen, jedenfalls ein zentrales, auf dem Wege
zu K^m liegendes Phänomen kapitalistischer Ökonomie mithilfe
der eingeführten und einiger weiterer Begriffe zu erfassen:
die industrielle Mehrwertproduktion, zunächst in dem einfachen
Sinn gemeint, daß Kapitaleigner ihren Reichtum vermehren können, indem sie ihn "arbeiten lassen"[75].
Zur Erklärung dieses Phänomens dient Marx' Mehrwert-Theorie,
deren Grundzüge hier skizzenhaft rekonstruiert werden sollen.

Kapitalist im weitesten Sinne ist für Marx ein Geldbesitzer,
der Waren kauft und sie wieder verkauft, um auf diese Weise
seinen Geldbesitz zu vermehren[76]. Die Differenz zwischen der
beim Verkauf erzielten und der beim Kauf ausgegebenen Geldmenge nennt Marx _Mehrwert_[77]. Versuchte man, die Mehrwertbildung aus der Zirkulationssphäre allein zu verstehen, so müßte man zur Erklärung annehmen, daß einige Warenbesitzer
ständig andere Warenbesitzer beim Tausch übervorteilen, d.h.
systematisch unter dem Wert kaufen oder über dem Wert verkaufen. Das würde also die Mehrwertbildung nicht generell
erklären[78].

Unter der Annahme aber, daß in der Regel nur wertgleiche
Güter getauscht werden, kann der Kauf und Wiederverkauf von
Waren, worin oberflächlich gesehen das Geschäft des Kapitalisten besteht, nach Marx nur dann zur Mehrwertbildung
führen, wenn sich unter den gekauften Waren eine befindet,
die selbst wertschöpfend ist: die Arbeitskraft[79]. Sie muß
zu diesem Zweck "konsumiert" ("produktiv konsumiert") werden; der bloße Handel mit dieser Ware bringt im allgemeinen
keinen Mehrwert ein. Denn Marx nimmt ja gerade auch für den
Arbeitsmarkt an, daß prinzipiell nur Äquivalente, d.h.
wertgleiche Güter, getauscht werden.

Wie sieht nun die mehrwertschaffende "produktive Konsumption"
genauer aus? Verkauft ein Arbeiter einem Unternehmer ein gewisses Quantum seiner Arbeitskraft[80], so erhält er von diesem dafür Güter von prinzipiell demselben Wert zurück, und
zwar in der Regel als Lohn, also in der Geldform. (Die Geldmenge entspricht dem Wert der zur Reproduktion der Arbeitskraft nötigen Güter.) - Der Unternehmer setzt die erworbene
Arbeitskraft ein, indem er sie in einem Produktionsprozeß
"anwendet": er läßt den Arbeiter mithilfe von Werkzeugen und
Maschinen Rohstoffe bearbeiten und dadurch Güter produzieren.
Diese Güter eignet er sich an, und zwar zu Recht, da er ja
die zu ihrer Produktion erforderliche Arbeitskraft wie die
Arbeitsmittel und Rohstoffe zuvor erworben hat. Durch Verkauf
der produzierten Güter erhält er das zum Erwerb der Arbeits-
kraft, der Werkzeuge, Maschinen und Rohstoffe "vorgeschossene
Kapital" zurück und meistens darüber hinaus einen Profit
(Mehrwert); andernfalls würde er nicht produzieren lassen[81].
Das aus dem Produktionsprozeß zurückgeflossene Kapital kann
erneut eingesetzt und so immer weiter vermehrt werden.

Die Quelle der Mehrwertbildung ist nach Marx also in der
Produktion zu suchen. In der Regel sind die in einem bestimmten Produktionsprozeß produzierten Güter "mehr wert" als die
dabei angewandte Arbeitskraft, die verbrauchten Rohstoffe

und die verschlissenen Werkzeug- und Maschinenteile zusammengenommen.

Der durch Verkauf der Produkte realisierte Mehrwert erscheint
als solcher nur in der Zirkulationssphäre und als eine Sache
des Kapitalisten allein. Der Arbeiter tritt, nachdem er seine Arbeitskraft an den Unternehmer verkauft hat, im Produktionsprozeß gar nicht mehr als Person in Erscheinung; sein
Geschäft mit dem Unternehmer ist vor dem Fabriktor abgeschlossen[82]. Der Unternehmer kommandiert den Produktionsprozeß, das
Zusammenwirken der von ihm gekauften Waren: Arbeitskraft,
Maschinen, Rohstoffe, nach eigenem Gutdünken[83]. Er entlohnt
den Arbeiter (markt)gerecht, indem er ihm (bis auf Markt-
schwankungen) den Wert seiner Arbeitskraft bezahlt; daß dieser Wert in der Regel geringer ist als die Wertdifferenz von
Produkten und Produktionsmitteln (Rohstoffen und Arbeitsmitteln)[84], steht auf einem anderen Blatt.

Zur <u>Rekonstruktion</u> des skizzierten Theorie-Stücks sind einige neue Begriffe einzuführen. Folgen wir Marx' Darstellung,
so sind zur Formulierung von Austauschprozessen (2. Kapitel
des "Kapital", Bd. I) neben den schon betrachteten Waren auch
die "Warenhüter", die Besitzer von Waren, einzubeziehen; denn
"die Waren können nicht selbst zu Markte gehn ..., wir müssen uns ... nach ihren Hütern umsehn ..."[85].

Sei allgemeiner zu jeder Gütermenge G die Menge der Besitzer
von Gütern aus G mit B(G) oder - wenn nicht mehrere Gütermengen nebeneinander betrachtet werden - kurz mit B bezeichnet. B(G) umfasse n(G) Personen $b_1, \ldots, b_{n(G)}$, kurz:

$$B = \{b_1, \ldots, b_n\} .$$

$G_t(i)$ sei die Menge der Güter, die b_i zum Zeitpunkt t besitzt, $1 \leq i \leq n$. Wenn der zeitliche Bezug keine Rolle spielt,
schreiben wir auch kurz G(i). Die Gütermenge G zerfällt in
die Einzelbesitze G(i), $1 \leq i \leq n$:

$$G = G(1) \overset{.}{\cup} \ldots \overset{.}{\cup} G(n) .$$

Ist ein Gut g_1 beispielsweise im Besitz von b_1 und ein Gut g_2 im Besitz von b_2, so können b_1 und b_2 die Güter g_1 und g_2 tauschen. Daß dieser Tauschakt vollzogen wird, werde mithilfe einer vierstelligen Relation für <u>Austausch</u> ("exchange") $E \subseteq B \times G \times G \times B$ beschrieben:

(1) $(b_1,g_1,g_2,b_2) \in E$ gdw.

   b_1 tauscht sein g_1 gegen g_2 von b_2.

Die Aussage $(b_1,g_1,g_2,b_2) \in E$ beinhaltet noch nicht, daß b_1 und b_2 Äquivalente austauschen, daß also $v(g_1) = v(g_2)$ gilt. Mithilfe dieser Zusatzforderung definieren wir die Relation $E^{\ddot{a}}$ für <u>Äquivalententausch</u>:

(2) $(b_1,g_1,g_2,b_2) \in E^{\ddot{a}}$ gdw.

   $(b_1,g_1,g_2,b_2) \in E$ & $v(g_1) = v(g_2)$.

Wir können die Relation E auch nach Art der getauschten Güter spezialisieren. Im Hinblick auf die kapitalistische Produktion interessiert besonders der <u>Kauf von Arbeitskraft</u>: Tauscht b_1 sein Geldgut g_1 gegen die Arbeitskraft g_2 von b_2, so sei das durch die Relation E^k (Tausch von Arbeitskraft)[86] ausgedrückt:

(3) $(b_1,g_1,g_2,b_2) \in E^k$ gdw.

   $(b_1,g_1,g_2,b_2) \in E$ & $g_1 \in G'$ & $g_2 \in G''$.

Bezahlt b_1 dem b_2 für dessen Arbeitskraft g_2 einen <u>äquivalenten</u> Preis g_1, so kann das durch

   $(b_1,g_1,g_2,b_2) \in E^k \cap E^{\ddot{a}}$

wiedergegeben werden.

Wenn eine Angabe der Tauschpartner nicht erforderlich ist, werden wir Tauschakte auch als zweistellige Relationen zwischen Gütern auffassen und dafür statt der Symbole E, $E^{\ddot{a}}$ und E^k die Symbole $\bar{E}$, $\bar{E}^{\ddot{a}}$ und $\bar{E}^k$ verwenden:

$(\overline{1})$ $\qquad (g_1, g_2) \in \overline{E}$ $\quad$ gdw.

$\qquad g_1$ und g_2 werden getauscht,

$(\overline{2})$ $\qquad (g_1, g_2) \in \overline{E}^{\ddot{a}}$ $\quad$ gdw.

$\qquad (g_1, g_2) \in \overline{E}$ $\quad$ & $\quad v(g_1) = v(g_2)$,

$(\overline{3})$ $\qquad (g_1, g_2) \in \overline{E}^{k}$ $\quad$ gdw.

$\qquad (g_1, g_2) \in \overline{E}$ $\quad$ & $\quad g_1 \in G'$ & $g_2 \in G''$.

$\overline{E}^{\ddot{a}}$ und $\overline{E}^{k}$ sind, da sie mithilfe der theoretischen Begriffe v, G' und G'' definiert werden, abgeleitete theoretische Begriffe, während $\overline{E}$ als neuer nichttheoretischer Begriff zu betrachten ist, verwandt der nichttheoretischen Relation T der Tauschbarkeit. Natürlich gilt[87]

$$g_1 \overline{E} g_2 \implies g_1 T g_2 .$$

Ebenfalls nichttheoretisch sind der Begriff des Besitzers, B, und die Austauschrelation E[88], theoretisch dagegen $E^{\ddot{a}}$ und E^{k}, analog zu $\overline{E}^{\ddot{a}}$ und $\overline{E}^{k}$.

Die bisher eingeführten Relationen E, $E^{\ddot{a}}$ und E^{k} (sowie $\overline{E}$, $\overline{E}^{\ddot{a}}$ und $\overline{E}^{k}$) beschreiben und deuten nur Phänomene der Zirkulationssphäre. Um den vorher geschilderten Elementarprozeß kapitalistischer Mehrwertproduktion formulieren zu können, führen wir einen _Produktionsoperator_ $\oplus$ ein: Ist g'' eine Arbeitskraft, die auf g angewandt wird, so werde das Produkt dieser Anwendung mit

$$g'' \oplus g$$

bezeichnet; g sei darin die Zusammenfassung der in diesem Produktionsakt verbrauchten Produktionsmittel, also Werkzeuge (Maschinen) und Rohstoffe. Der Produktionsoperator hängt eng mit der früher verwendeten Produktionsfunktion $f: L \longrightarrow G$ zusammen; wenn $\lambda(g'', g) \in L$ die bei der Anwendung von g'' auf g konkret verrichtete Arbeit bezeichnet (die nicht mit der Arbeitskraft g'' identifiziert werden darf!), so ist

$$f(\lambda(g'', g)) = g'' \oplus g,$$

in Worten: durch die Anwendung von g" auf g wird g" $\oplus$ g produziert[89].

Der kapitalistische Elementarprozeß kann nun wie folgt beschrieben werden: Der Kapitalist teilt ein gegebenes Kapital
g' in zwei Teile, g_1' und g_2', auf[90]: $g' = g_1' \circ g_2'$, und kauft
für g_1' ein Quantum Arbeitskraft g" und für g_2' Produktionsmittel g_2; g_2 ist die Zusammenfassung von Arbeitsmitteln
(Maschinen, Werkzeugen) g_{21} und Rohstoffen g_{22}: $g_2 = g_{21} \circ g_{22}$.
Dann läßt er g_1'' auf g_2 wirken und erhält das Produkt
$g_3 := g_1'' \oplus g_2$. Schließlich verkauft er g_3 und erzielt als Erlös die Geldmenge g_3'. Im Schema:

$$
\begin{array}{ccc}
g' = g_1' \circ g_2' & & g_3' \\
\downarrow \quad\ \downarrow & & \uparrow \\
g_1'' \oplus g_2 & =: & g_3.
\end{array}
$$

Den Kapitalisten interessiert der Produktionsprozeß (untere
Zeile) nur als Quelle für die Mehrwertproduktion (obere Zeile):
Sein Ziel ist, mehr als das vorgeschossene Kapital zurückzu-
bekommen, also $|g_3'| > |g'|$ zu erreichen, wenn $|g_3'|$ und $|g'|$
die Beträge der Geldmengen g_3' bzw. g' bezeichnen. ($|\ |: G' \rightarrow \mathbb{R}^+$
ist eine Funktion, die Geldmengen in einer festen Einheit
mißt.) Wir tragen dieses Ziel in das Schaubild ein und "bewerten" gleichzeitig das Produkt $g_1'' \oplus g_2$:

$$
\begin{array}{ccc}
|g'| = |g_1' \circ g_2'| & < & |g_3'| \\
\downarrow \quad\ \downarrow & & \uparrow \\
v(g_1'' \oplus g_2) & = & v(g_3).
\end{array}
$$

Die Paradoxie, daß das Gleichheitszeichen zwischen den Werten
dem Kleiner-Zeichen zwischen den Preisen zu entsprechen
scheint, kommt dadurch zustande, daß g_3 lediglich eine Ab-
kürzung für $g_1'' \oplus g_2$ ist; $g_1'' \oplus g_2$ bezeichnet ein Produkt, nicht
einen Vorgang, und g_3 bezeichnet dasselbe Produkt. Die eigentliche Paradoxie, hinter der sich das "Geheimnis der Plusma-
cherei"[91] versteckt, kommt besser heraus, wenn wir g_1'' und g_2

einzeln bewerten, auch von g_1' und g_2' Einzelbeträge bilden
und im übrigen mit Marx annehmen, daß die Waren einschließlich der Arbeitskraft im Prinzip zu ihren Werten ge- und verkauft werden, d.h. Äquivalententausch $\overline{E}^{\ddot{a}}$ stattfindet:

$$|g'| = |g_1'| + |g_2'| < |g_3'|$$

$$\overline{E}^{\ddot{a}}\downarrow \qquad \overline{E}^{\ddot{a}}\downarrow \qquad \uparrow\overline{E}^{\ddot{a}}$$

$$\boxed{\begin{array}{l} v(g_1'') + v(g_2) < v(g_3) \\ \text{trotz} \\ g_1'' \ \oplus \ g_2 \ = \ g_3 \end{array}}$$

Die Quelle des Mehrwerts

$$v(g_3) - (v(g_1'') + v(g_2))$$

ist demnach in der besonderen Eigenschaft der Ware Arbeitskraft zu sehen, durch Anwendung auf geeignete andere Waren
(Produktionsmittel) "Wert zu schöpfen", und zwar mehr Wert,
als gleichzeitig verbraucht wird: durch Konsumption der Werte
(im Sinne von "Wertträger") g_1'' und g_2 wird der Wert g_3 produziert ("produktive Konsumption"), dessen Wert-Quantum $v(g_3)$
in der Regel die Summe der Wert-Quanta $v(g_1'') + v(g_2)$ der
konsumierten Güter übertrifft. Im Einklang mit Marx' Sprach-
gebrauch wollen wir als _Mehrwert_ auch die in Geld ausge-
drückte Wertdifferenz ansehen; wir bezeichnen sie aber mit
m':

$$m' := |g_3'| - (|g_1'| + |g_2'|),$$

im Unterschied zur Wertdifferenz selbst:

$$m := v(g_3) - (v(g_1'') + v(g_2)).$$

Marx bezeichnet g_1', das sogenannte _variable Kapital_, mit v,
und g_2', das sogenannte _konstante Kapital_, mit c; deren Summe
C := c+v, das insgesamt vorgeschossene Kapital, "verwandelt

sich" in C' = C + m', das Ausgangskapital für die nächste
Investitions- und Produktionsrunde[92].

Wir haben gesehen, wie der Mehrwert im Prinzip zustandekommt,
und daß er den Kapitalisten, nicht den "unmittelbaren Produ-
zenten", den Arbeitern, zufließt. Die Arbeiter stehen sich
am Ende des beschriebenen Prozesses so gut oder schlecht wie
am Anfang: sie haben ihre Arbeitskraft verausgabt und gleichzeitig reproduziert[93]. Dagegen hat der Kapitalist den Mehrwert eingestrichen. Alles "ging mit rechten Dingen zu": es
wurden angenommenermaßen nur Äquivalente getauscht; trotzdem
fällt das Ergebnis für den Kapitalisten und den Arbeiter sehr
ungleich aus. Wie kommt es, daß dieser Prozeß immer aufs neue
stattfindet? Warum läßt sich der Arbeiter auf diesen Handel
ein, der ihm letzten Endes nichts einbringt? Kein Kapitalist
nötigt ihn, seine Arbeitskraft zu verkaufen; er tritt dem
Kapitalisten auf dem Arbeitsmarkt als freier Mann gegenüber,
nicht als Sklave seinem Sklavenhalter. Warum also trägt er
seine "Haut zu Markt", wenn er "nichts andres zu erwarten
hat als die ... Gerberei"[94]?

Andernfalls hätte er nichts zu erwarten als zu verhungern.
Da der Arbeiter <u>nur</u> seine Arbeitskraft zu verkaufen hat, ist
er <u>gezwungen</u>, sie zu verkaufen, um sein Leben zu fristen. Da
er als Entgelt wertmäßig nur ein Äquivalent für die veräußer-
te Arbeitskraft erhält, kann er diese gerade nur reproduzie-
ren, während er sie für den Unternehmer verausgabt[95]. Der
Handwerker, der über eigene Produktionsmittel verfügt, kann
von der Veräußerung seiner Produkte leben und braucht deshalb
nicht seine Arbeitskraft zu verkaufen. Reicht jedoch der Erlös für seine Produkte zur Lebensfristung nicht mehr aus und
muß er deshalb seine Produktionsmittel verkaufen, so wird
auch er zum Arbeiter, dessen einzige noch veräußerbare Ware
seine eigene Arbeitskraft ist.

Wir gehen auf die historisch-ökonomischen Bedingungen der
Entstehung einer Arbeiterklasse hier nicht ein, sondern

versuchen zum Abschluß unserer Rekonstruktionsbemühungen um
Marx' Kapital-Theorie nur noch, den <u>stationären</u> Zustand ka-
pitalistischer Mehrwertproduktion mit unseren begrifflichen
Mitteln näher zu beschreiben.

Wir gehen dafür aus von einer Menge B von Warenbesitzern,
die eine Teilklasse B' von Kapitalisten und eine (dazu dis-
junkte) Teilklasse B" von Proletariern enthält:

$$B' \subseteq B, \quad B'' \subseteq B, \quad B' \cap B'' = \emptyset.$$

Idealisierend nehmen wir an, daß die Kapitalisten ausschließlich Geld und die Proletarier ausschließlich Arbeitskraft
besitzen:

$$G(B') \subseteq G', \quad G(B'') \subseteq G'',$$

worin $G(B')$ die Menge der im Besitz von B' befindlichen Güter
und $G(B'')$ die Menge der im Besitz von B" befindlichen Güter
bezeichne und G' und G" wie früher (Abschnitt 5.2) die Menge
der Geldgüter resp. der Arbeitskräfte.

Sei G die Gesamtmenge der Güter des betrachteten ökonomischen
Systems, deren Warenbesitzer die Menge B bilden; das sei
durch $G = G(B)$ oder - wie weiter oben - durch $B = B(G)$ ausgedrückt[96].
Wir betrachten zwei Zustände des ökonomischen Systems, einen
früheren, a, und einen späteren, b. Zeitlich variable Größen
des Systems kennzeichnen wir entsprechend mithilfe von Indizes
a und b: z.B. seien G_a und G_b die Gesamtgütermengen des
Systems in den Zuständen a bzw. b. Zwischen den Zuständen a
und b finde in dem System ein ökonomischer Prozeß der beschriebenen Art statt.
Nach unserer Annahme bestehen $G_a(B')$ und $G_b(B')$, die Besitze
der Kapitalistenklasse, nur aus Geldgütern, $G_a(B'')$ und $G_b(B'')$,
die Besitze der Arbeiterklasse, nur aus Arbeitskräften. Nehmen wir an, daß sich Güter einer Warenart mengenmäßig vergleichen lassen und drücken dies durch Betragsstriche aus
(wie wir es im Falle von Geld auch früher schon getan haben),

so sind Anfang und Ende des Prozesses idealiter gekennzeichnet
durch

$$|G_a(B')| \; < \; |G_b(B')|$$

und

$$|G_a(B'')| \; = \; |G_b(B'')| \; .$$

Da auf dieser Stufe der Betrachtung Konkurrenz zwischen Kapitalisten keine Rolle spielt, können wir uns die Kapitalistenklasse B' durch einen fiktiven "Gesamtkapitalisten" b'
repräsentiert denken. Desgleichen wollen wir einen fiktiven
"Gesamtarbeiter" b'' einführen. Wir setzen also

$$B' = \{b'\} \quad \text{und} \quad B'' = \{b''\}$$

an. Es sei betont, daß diese Annahmen lediglich der einfacheren Schreibweise dienen sollen.

Weiterhin seien der Besitz G(b') von b' in dem einen Geldgut g' und der Besitz G(b'') von b'' in der einen zu veräußern-
den Arbeitskraft g'' zusammengefaßt[97]. Die für die Anfangs-
und Endzustände a und b unseres Elementarprozesses gemachten Annahmen können wir dann einfach durch

$$|g'_a| \; < \; |g'_b|$$

und

$$|g''_a| \; = \; |g''_b|$$

ausdrücken.

Auf der Grundlage der Marxschen Werttheorie wird nun dieser
durch seine Anfangs- und Endzustände gekennzeichnete Prozeß
dadurch erklärt, daß - wie beschrieben - b' sich für einen
Teil g'_{a1} seines g'_a die äquivalente Arbeitskraft g''_a von b''
kauft:

$$\langle b',g'_{a1},g''_a,b''\rangle \in E^k \cap E^{\ddot{a}}$$

und für den anderen Teil g'_{a2} von g'_a ($g'_a = g'_{a1} \circ g'_{a2}$) die äquivalenten Produktionsmittel g_{a2}:

$$\langle g'_{a2}, g_{a2} \rangle \in \overline{E}^{\ddot{a}}.$$

(Um nicht den Verkäufer von g_{a2} eigens einführen zu müssen, verwenden wir hier die Relation $\overline{E}^{\ddot{a}}$.)

Der Kapitalist b' läßt b" durch seine Arbeitskraft g''_a aus g_{a2} die Ware g_b produzieren:

$$g''_a \oplus g_{a2} =: g_b,$$

und veräußert diese mit dem Erlös g'_b, den Mehrwert

$$m' = |g'_b| - |g'_a|$$

enthaltend. Währenddessen konsumiert b" die für g'_a gekauften Reproduktionsgüter g_{a1} und verfügt dadurch am Ende über die reproduzierte Arbeitskraft g''_b:

$$|g''_b| = |g''_a|.$$

Wir versuchen zum Schluß eine Teilformalisierung der Theorie der von uns betrachteten elementaren mehrwertproduzierenden Prozesse. <u>Partialmodelle</u> eines entsprechenden Theorie-Element-Kerns K^e seien Tupel

$$\langle b', g'_a, g'_b, g''_b, g''_a, b'' \rangle \in M^e_{pp}$$

aus Warenbesitzern b' und b", die anfangs g'_a bzw. g''_a und am Ende des Prozesses g'_b bzw. g''_b besitzen. Hauptsächliche definierende Bedingung für Partialmodelle ist das Explanandum

$$(e) \qquad |g'_a| < |g'_b| \quad \text{und} \quad |g''_a| = |g''_b|.$$

<u>Potentielle Modelle</u> von K^e müssen darüber hinaus Komponenten v, G', G" und R mit den wie früher intendierten Bedeutungen enthalten:

$$\langle b', g'_a, g'_b, g''_b, g''_a, b''; v, G', G'', R \rangle \in M^e_p,$$

wenn gewisse kategoriale Bedingungen erfüllt sind. Schließlich sind als <u>Modelle</u> des Kerns solche potentiellen Modelle

zu betrachten, bei denen (e) auf die erläuterte Weise zustandekommt, für die also gilt:

(i) $\quad g'_a, g'_b \in G'$ und $g''_a, g''_b \in G''$,

(ii) $\quad$ es gibt g'_{a1} und g'_{a2}, so daß $g'_a = g'_{a1} \circ g'_{a2}$ und

$\quad \langle b', g'_{a1}, g''_a, b'' \rangle \in E^k \wedge E^{\ddot{a}}$, sowie

$\quad \langle g'_{a2}, g_{a2} \rangle \in \overline{E}^{\ddot{a}}$ für ein $g_{a2} \in G$,

(iii) $\quad \langle g_b, g'_b \rangle \in \overline{E}^{\ddot{a}}$ für $g_b := g''_a \oplus g_{a2}$,

(iv) $\quad v(g_b) > v(g''_a) + v(g_{a2})$,

(v) $\quad$ es gibt g_{a1} mit $\langle g'_{a1}, g_{a1} \rangle \in \overline{E}^{\ddot{a}}$, $g_{a1} R g''_a$ und
$\quad v(g_{a1}) = v(g''_b)$.

Wie verhält sich der - hier nur angedeutete - Kern K^e zu
der früher konstruierten Erweiterungskette $K^o \overline{\varepsilon} K^1 \overline{\varepsilon} K^2$ [98]?
In K^e kommen außer den in K^o bis K^2 ausgedrückten Gesetzen
neue Gesetze zum Zuge. K^e kann aber nicht Spezialisierung
von K^2 sein, da eine Reihe neuer Begriffe eingeführt werden.
Andererseits können wir K^e auch nicht als eine neuerliche
ε-Erweiterung ansehen, da die zusätzlich auftretenden Begriffe K^e-nichttheoretische Begriffe oder - wie E^k und $E^{\ddot{a}}$ -
abgeleitete theoretische Begriffe sind. Es liegt nahe, für
Fälle dieser Art eine weitere Relation ν ("nichttheoretische
Erweiterung") einzuführen. Doch wollen wir den formalen
Apparat hier nicht weiter aufblähen und unsere Rekonstruk-
tionsversuche zur Marxschen Kapital-Theorie an dieser Stelle
und auf diesem informelleren Niveau abbrechen[99].

6 Vergleich von Theoriestrukturen

In diesem abschließenden Kapitel soll überlegt werden, in-
wieweit die Rekonstruktionen physikalischer und ökonomischer
Theorien in den vorangegangenen Kapiteln Aufschlüsse auch
über die rekonstruierten Theorien hinaus gestatten. Dazu wird
im ersten Abschnitt (6.1) nach der Eignung der Sneedschen
Meta-Theorie als eines Rahmens für Disziplinenvergleich gefragt. Der zweite Abschnitt (6.2) resümiert die für einen
Vergleich von Theoriestrukturen relevanten Erfahrungen mit
Rekonstruktionen physikalischer und ökonomischer Theorien.
Im dritten Abschnitt schließlich (6.3) typisieren wir die
Art Theorie-Entwicklung vom Einfachen zum Komplexen, die uns
in der Marxschen Theorie exemplifiziert zu sein schien und
die vielleicht geeignet ist, diese und u.U. weitere sozialwissenschaftliche Theorien im Gegensatz zu naturwissenschaftlichen Theorien zu charakterisieren.

6.1 Der strukturalistische Vergleichsrahmen

Wie in Kapitel 2 angedeutet, ist es nicht unsere Absicht,
auf eine neue Weise die Einheit der Wissenschaft zu begründen. Vielmehr hegen wir nur die viel bescheidenere Hoffnung,
mit strukturalistischen Rekonstruktionen von Theorien verschiedener Disziplinen etwas zum Thema "Einheit der Wissenschaft" beitragen zu können, wobei durchaus zur Disposition
steht, ob der Strukturalismus eher zugunsten oder eher zu-
ungunsten der These von der Einheit der Wissenschaft in Anspruch genommen werden kann. Wir halten diese Frage nach wie
vor für offen und möchten im folgenden nur die diesbezügli-
chen Erwartungen aufgrund der bisherigen Rekonstruktionserfahrungen klären. Um das strukturalistische Rekonstruktionsprogramm für die Frage nach der Einheit der Wissenschaft
wirklich fruchtbar zu machen, bedürfte es wesentlich weiter-
gehender und diversifizierterer Rekonstruktionen.

Wenn der Strukturalismus etwas Neues über Einheit oder Verschiedenheit der Wissenschaften aussagen kann, dann auf dem
Wege über <u>Rekonstruktionen</u> von Theorien und Theoriengefügen,
über die Durcharbeitung konkreten "Materials": wirklicher
wissenschaftlicher Theorien. Es wird also gleichsam induktiv
vorgegangen: nach hinlänglich vielen Rekonstruktionsversuchen
an sorgfältig ausgewähltem Material können, so steht zu hoffen, Extrapolationen und generelle Hypothesen über die Unterschiede und Gemeinsamkeiten von Theorien verschiedener Disziplinen gewagt werden.

Wie bei allen Rekonstruktionsprogrammen ist auch hier darauf
zu reflektieren, wie viel im Hinblick auf die metatheoretische Fragestellung bereits durch die Rekonstruktions<u>mittel</u>
präjudiziert wird. Wie schon angedeutet, setzt der Sneedsche
Rekonstruktionsrahmen verhältnismäßig wenig voraus[1]; m.a.W.:
die Tatsache, daß eine Theorie in diesem Rahmen überhaupt
rekonstruierbar ist, sagt noch nicht sehr viel über diese
Theorie aus. Im wesentlichen wird nur verlangt, daß so etwas
wie "innere Theoretisierung" im Sinne von Kapitel 1 vorliegt[2], so daß Theorie-Elemente formuliert werden können.
Welche spezifische Struktur die Theorie-Elemente dann tragen
und auf welche besondere Weisen sie in Theorie-Netze eingehen,
ist nicht festgelegt. In diesen Hinsichten können sich
charakteristische Theoriebildungen der verschiedenen Wissenschaften in Strukturmerkmalen der rekonstruierten Theorien
ausdrücken. Idealiter wird man aus den rekonstruierten Theorien vielleicht einmal <u>disziplinenspezifische Theorie-Begriffe</u>
ableiten können; doch sind wir heute davon noch weit entfernt.

Nicht durch die internen Eigentümlichkeiten des Rekonstruk-
tionsrahmens selbst, aber durch die Tatsache, daß wir - mit
seiner Hilfe - überhaupt auf <u>Theorien</u>vergleich aus sind und
unser Augenmerk ausschließlich auf Theorie<u>strukturen</u> lenken,
sind unsere vergleichenden Überlegungen allerdings stark eingeschränkt. Die Physik und andere Naturwissenschaften sind

vielleicht noch als wesentlich theoriebildend aufzufassen. Dagegen scheinen Theorien in den Sozialwissenschaften vergleichsweise weniger ausgearbeitet zu sein und eine geringere Rolle zu spielen als in den Naturwissenschaften. Während beispielsweise physikalische Theorien, auch wenn sie in technisch-praktischen Überlegungen ihren Ursprung haben, im allgemeinen von diesen Bezügen unabhängig formuliert und analysiert werden können, dürften sozialwissenschaftliche Theorien in der Regel schwieriger aus ihren Praxiszusammenhängen herauszulösen sein. Sofern allerdings mit Theorien, so eng sie immer auf eine Praxis bezogen sein mögen, der Anspruch verbunden wird, empirisch prüfbare Aussagen zu machen, ist die strukturalistische Analyse der Theorien prinzipiell ein geeignetes Mittel, die Art und den Umfang solcher Aussagen zu explizieren. Dieser Fall scheint uns z.B. bei der Marxschen Theorie, insofern sie auch eine ökonomische Theorie ist, vorzuliegen.

6.2 Strukturvergleich physikalischer und ökonomischer Theorien

6.2.1 Aus dem Bereich der Natur- und Sozialwissenschaften ist von physikalischen bzw. ökonomischen Theorien vielleicht am ehesten zu erwarten, daß sie sich im Sneedschen Rahmen rekonstruieren lassen, weil sie formal durchgebildeter sind als die Mehrzahl nicht-physikalischer naturwissenschaftlicher bzw. nicht-ökonomischer sozialwissenschaftlicher Theorien. Wir können daher kaum hoffen, durch einen Vergleich allein der rekonstruierten physikalischen und ökonomischen Theorien schon etwas Spezifisches über natur- bzw. sozialwissenschaftliche Theorienbildung überhaupt zu erfahren. Aber innerhalb der Physik bzw. Ökonomie sind die gewählten Theorie-Beispiele vielleicht nicht untypisch. Die Marxsche Theorie nimmt zwar in der Ökonomie eine Sonderstellung ein, doch zeigen Sneedsche Rekonstruktionsversuche nicht-marxistischer ökonomischer Theorien[3], daß die strukturalistische Rekonstruierbarkeit der Marxschen Theorie diese nicht schon innerhalb der Ökonomie

auszeichnet. Im übrigen scheint es so, als hätten wir mit
der Marxschen Theorie nicht die am leichtesten strukturalistisch rekonstruierbare ökonomische Theorie ausgewählt[4].
Auch sei nochmals betont, daß die Marxsche Theorie uns nur
insoweit, als sie eine ökonomische Theorie ist, als Rekon-
struktionsobjekt gedient hat.

6.2.2 Für den Vergleich unserer Rekonstruktionserfahrungen mit
physikalischen und ökonomischen Theorien unterscheiden wir
folgende Aspekte ("Vergleichsparameter")[5]:

(i)   Möglichkeit einer strukturalistischen Rekonstruktion
        überhaupt,

(ii)   "mikroanalytische", d.h. die innere Struktur von Theo-
        rie-Elementen betreffende Vergleichsmomente,

(iii)   "makroanalytische", d.h. die Weise der Vernetzung von
        Theorie-Elementen betreffende Vergleichsmomente,

(iv)   Merkmale der Entwicklung der Bereiche intendierter
        Anwendungen.

In diesem Unterabschnitt behandeln wir die Aspekte (i) und
(ii), im nächsten (6.2.3) die Aspekte (iii) und (iv).

Der Leser der Kapitel 4 und 5 wird sich des Eindrucks nicht
haben erwehren können, daß sich physikalische Theorien dem
Sneedschen Rekonstruktionsrahmen nahtloser einfügen lassen
als ökonomische Theorien, jedenfalls als die Marxsche Theorie. Physikalische Begriffe lassen sich im allgemeinen prä-
ziser formulieren und physikalische Gesetzmäßigkeiten genauer fassen als ökonomische Begriffe bzw. Gesetzmäßigkeiten. Strukturalistische Rekonstruktionen, zur formalen Schär-
fe verpflichtet, sind darum im ökonomischen Bereich stärker
mit Interpretationsunsicherheiten behaftet. Die Maxime, die
Rekonstruktionen übersichtlich zu halten und zu diesem Zweck
die Anzahl der in die potentiellen Modelle aufzunehmenden
begrifflichen Komponenten möglichst zu begrenzen, ging im
Falle der Marxschen Theorie weit stärker als bei den

physikalischen Theorie-Beispielen auf Kosten der begrifflichen Reichhaltigkeit und Anschaulichkeit. So haben wir
beispielsweise den Begriff der Ware ebensowenig in die Rekonstruktionen der Marxschen Theorie aufgenommen wie den
Begriff des Tauschwerts und weitere Begriffe der Wertformanalyse[6]. Auch haben wir Personen oder Warenbesitzer so
lange als möglich ausgeklammert.

Indem wir als zentrale Gesetzmäßigkeiten des Anfangsstücks
des "Kapital" die Arbeitswertlehre und das Wertgesetz, zusammengefaßt im "Arbeitswertgesetz", herausgestellt haben,
sind wir von Marx' Darstellung jedenfalls dadurch abge-
wichen, daß wir diese beiden Theoreme viel expliziter als
Marx selbst formuliert haben. (Daß wir mit der <u>Bezeichnung</u>
"Wertgesetz" nicht die diversen Vorstellungen, die von Marx
und seinen Interpreten damit verbunden werden, zu treffen
versucht haben, wurde schon gesagt[7].)

Trotz der angesprochenen erheblichen Widerstände, die die
Marxsche Theorie einer strukturalistischen Rekonstruktion
entgegensetzt, glauben wir einige wichtige Züge dieser Theorie - wenn auch nicht unbedingt für Marx spezifische Züge[8] -
angemessen rekonstruiert und damit an einem Beispiel - und
sicher nicht dem zugänglichsten Beispiel - gezeigt zu haben,
daß sich ökonomische Theorien überhaupt im Sneedschen Rahmen
rekonstruieren lassen. Wie im Falle physikalischer Theorien
macht es auch bei der Marxschen Theorie Sinn, einige Begriffe als theoretische Begriffe der Theorie auszuzeichnen:
Begriffe, die - wie der Wertbegriff - nicht in die Beschreibung der Objekte der Theorie eingehen, in diesem Sinne Kon-
strukte sind und ihre Bedeutung aus dem theoretischen Zusammenhang erhalten. Auch wenn Marx selbst den Wertbegriff
anders zu verstehen scheint (Wert als etwas, dessen Existenz
man beweisen und dessen Substanz man bestimmen kann[9]), ist
dieser Begriff seinem Status nach zu vergleichen mit dem
Kraftbegriff der Mechanik; Wert wie Kraft sind Größen, die

bei Anwendungen der Theorie in Existenzaussagen von prinzipiell empirisch-hypothetischem Charakter auftreten, nämlich in Aussagen der Form: Es gibt eine Größe v (oder $\underline{f}$), die
zusammen mit den und den weiteren Größen die und die Forderungen erfüllt. - <u>Daß</u> es in physikalischen wie ökonomischen Theorien jeweils spezifische theoretische Begriffe
im Sinne des Strukturalismus und darum überhaupt so etwas
wie "innere Theoretisierung" gibt, ermöglicht in beiden
Bereichen die Formulierung von Theorie-Elementen.

Eine weitergehende Gemeinsamkeit physikalischer und ökonomischer Theorien besteht darin, daß wir in beiden Bereichen
Anfangselemente von Theorien gefunden haben, die einen schematischen Charakter tragen in dem Sinne, daß ihre Fundamen-
talgesetze adäquat als Funktionalgleichungen mit einer zunächst offenen Schar von Parametern zu schreiben sind. Wir
kommen auf die konkrete Ausfüllung solcher Gesetzesschemata
noch im Zusammenhang mit der Entwicklung der Bereiche intendierter Anwendungen in 6.2.3 zurück.

Neben der relativ zu Theorien verstandenen Theoretizität
spielt auch ein anderer wesentlicher, von Sneed geprägter
Begriff: der des <u>Constraints</u>, bei der Rekonstruktion physikalischer wie ökonomischer Theorien eine wesentliche Rolle.
Anfangs, als nur die Rekonstruktion der klassischen Partikelmechanik vorlag, schien es so, als hätten die Constraints
vielleicht nur die Hilfsfunktion, die Parzellierung eines
gedachten universalen Anwendungsbereichs einer Theorie in
Einzelanwendungen durch entsprechende Konsistenzforderungen
zu kompensieren. Wichtigste Beispiele von Constraints in
dieser Funktion waren die formalen Constraints der Identität und der Extensivität[1o]. Erste Überlegungen zur Sneedschen
Rekonstruktion ökonomischer Theorien ließen vermuten, daß
in diesem Bereich - wie unsere Rekonstruktionen in Kapitel 5
bestätigen - den Constraints wichtige inhaltliche Funktionen

zukommen; die Komplexität und Interdependenz ökonomischer
Systeme läßt eine strukturalistische Interpretation nur zu,
wenn wesentliche Theoriebestandteile als Constraints wiedergegeben werden. Die ursprüngliche Vermutung, daß dies
vielleicht für ökonomische oder überhaupt sozialwissenschaftliche Theorien spezifisch sein könnte, hat sich insofern als falsch herausgestellt, als wir eine analoge
Funktion von Constraints auch bei nicht-mechanischen physikalischen Theorien beobachten konnten, wie die Rekonstruktionen thermodynamischer und geometrischer Theorien zeigen.

6.2.3 Spezifische Differenzen in physikalischen und ökonomischen
Theorie-Strukturen konnten wir hinsichtlich der Vernetzung
von Theorie-Elementen beobachten. Die rekonstruierten physikalischen Theorien bilden, wie bereits in 4.4 dargelegt,
ein hierarchisches System, wobei neben der Theoretisierungsrelation τ die Zusammenführung von zwei Theorien in eine
übergreifende dritte (wiederzugeben durch eine dreistellige
Relation ζ zwischen Theorie-Elementen) und so etwas wie
approximative Reduktion auftraten[11]; diese drei Relations-
sorten sind intertheoretischer Natur. Intratheoretische
Relationen in den einzelnen Theorie-Schichten konnten wir
größtenteils mit der Spezialisierungsrelation σ ausdrücken.
Ferner fanden wir innerhalb der Mechanik Reduktionen und
Äquivalenzen (wechselseitige Reduktionen)[12]. Schließlich
zeichnete sich die Möglichkeit ab, Verhältnisse zwischen
Theorien einer physikalischen Teildisziplin, beispielsweise
zwischen verschiedenen thermodynamischen Theorien, mithilfe
der Erweiterungsrelation ε zu beschreiben, alternativ zu
Moulines' Rekonstruktion solcher Verhältnisse mittels des
Konzepts des "Theorie-Rahmens"[13].

Von eben dieser Erweiterungsrelation haben wir nun in Kapitel 5 gesehen, daß sie eine wichtige Rolle in der Entfaltung der Marxschen Theorie spielt. Sie scheint Marx'

charakteristische Weise, wesentliche Begriffe zunächst
zurückzuhalten, bis ihre Einführung in die Theorie unumgänglich erscheint, am besten auszudrücken. Die Fälle der
Einbeziehung von Geld und Arbeitskraft in die Wert-Theorie
konnten weder mithilfe der Spezialisierungsrelation σ,
noch mithilfe der Theoretisierungsrelation τ befriedigend
rekonstruiert werden. Schließlich ergaben erste Ansätze
zur Rekonstruktion der Mehrwerttheorie, daß diese wiederum
als eine Erweiterung der bisherigen Theorie-Elemente aufzufassen ist, wobei allerdings wesentlich nichttheoretische
Begriffe hinzuzunehmen sind. Man kann   hierfür das Konzept
einer Relation γ der nichttheoretischen Erweiterung einführen. Diese Relation ist zugleich geeignet, die Zurücknahme von Abstraktionen, d.h. Konkretisierung, auszudrük-
ken. Wenn beispielsweise auf einer bestimmten Stufe der
Marxschen Theorie-Entwicklung (in unserer Rekonstruktion
mit dem Kern K^e) außer Gütern auch die Besitzer der Güter
eingeführt werden, so erweist sich die zuvor gepflegte Redeweise von Gütern und ihren Tauschbarkeitsbeziehungen
nachträglich als Abstraktion, die mit der Hinzunahme der
Güterbesitzer wieder aufgehoben wird. Diese Deutung macht
es erforderlich, die nichttheoretische Erweiterung so zu
konzipieren, daß der Gehalt des nicht erweiterten Kerns
beim Übergang zum erweiterten Kern erhalten bleibt. Um das
ausdrücken zu können, müssen die Partialmodelle des ursprünglichen Kerns auf geeignete Weise mit den reichhalti-
ger beschriebenen Partialmodellen des zweiten Kerns iden-
tifizierbar sein.

Wenn es in dieser Weise gelingt, auch bei nichttheoretischer
Erweiterung den Gehalt zu bewahren, d.h. den Bereich Γ ein-
zuschränken, so entsteht allerdings die schon in 5.2 erörterte paradoxe Situation, daß, von der Logik der Aussagen
$I \in \Gamma$ her gesehen, bei Erweiterungen der Theorie eine Einschränkung des Bereichs I zu erwarten ist, während von
Marx' Darstellung her gesehen es näherzuliegen scheint,

im Zuge von Erweiterungen der Theorie auch neue Anwendungsbereiche zu erschließen. Marx scheint den einfacheren, abstrakteren Theorie-Kern vor allem oder sogar ausschließlich auf solche Systeme anwenden zu wollen, die einfach
oder "abstrakt" <u>sind</u> in dem Sinne, daß sie die reicheren
konkreteren Strukturen, die mit dem abstrakteren Theorie-
Element nicht <u>als solche</u> zu behandeln sind, auch gar nicht
aufweisen[14]. M.a.W.: In ihrem abstrakten Anfangsstadium behandelt die Theorie strukturarme Systeme, obwohl sie auch
erfolgreich abstraktere Aussagen über die strukturreicheren
Systeme zu machen in der Lage wäre.

Im Prinzip kann die gleiche Erscheinung auch bei den un-
tersuchten physikalischen Theorien auftreten, da deren in-
nertheoretische Entwicklungen - jedenfalls soweit sie verfolgt wurden - als Spezialisierungsketten beschrieben werden konnten und also ebenfalls der Gehalt des jeweils
früheren Kerns tradiert wird. Wir konnten aber bei physikalischen Theorien keine analogen Ausweitungen der Anwendungsbereiche beobachten. Ob sich nur die Marxsche oder ob
sich auch andere ökonomische oder überhaupt sozialwissenschaftliche Theorien im Hinblick auf die Entwicklung der
Anwendungsbereiche in der beschriebenen Weise von physikalischen oder überhaupt naturwissenschaftlichen Theorien
unterscheiden, ist eine interessante, weiter zu behandelnde
Frage.

6.3 <u>Theorie-Entwicklung vom Einfachen zum Komplexen</u>

Zum Abschluß wollen wir den Typ von Theorie-Entwicklung,
der uns bei Marx verwirklicht zu sein scheint, etwas genauer
und durch bildliche Darstellungen auch sinnfälliger fassen,
um sowohl für entsprechende künftige Bemühungen um eine ver-
tiefte Marx-Interpretation, als auch für spätere Untersuchungen anderer Theorie-Entwicklungen ein geschärftes
Instrumentarium zur Verfügung zu haben.

Sei K^O der Anfangskern einer theoretischen Entwicklung und I ein maximaler Bereich <u>tatsächlich möglicher</u> Anwendungen von K^O; d.h. I ist eine Menge von Partialmodellen von K^O, die im Gehalt $\Gamma(K^O)$ von K^O liegt:

$$I \in \Gamma(K^O),$$

und die nicht in einer umfassenderen Menge $\bar{I}$ von Partialmodellen von K^O, für die dies ebenfalls noch gilt, enthalten ist[15]:

$$\text{es gibt kein } \bar{I} \supset I, \text{ so daß } \bar{I} \in \Gamma(K^O).$$

I ist nicht zu verwechseln mit dem im allgemeinen sehr viel kleineren Bereich I^O der mit K^O <u>intendierten</u> Anwendungen, von dem wir hier annehmen wollen, daß

$$I^O \in \Gamma(K^O) \text{ gezeigt}$$

ist oder jedenfalls - in einem bestimmten Zusammenhang - als gültig angesehen wird. I ist als unbekannter, nur "platonisch" existenter Bereich vorzustellen, I^O dagegen als ein bekannter, überschaubarer kleinerer Bereich. Wir nehmen an, daß I^O ein echter Teil von I ist[16]:

$$I^O \subset I.$$

Es liege also die folgendermaßen zu veranschaulichende Situation vor:

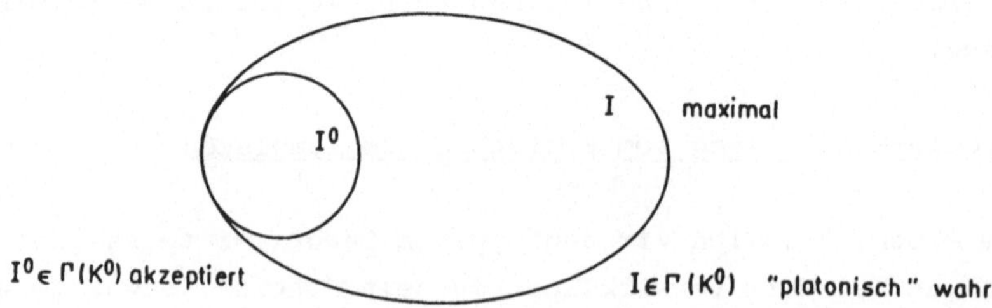

Nun werde K zu einem Kern K' erweitert. Geschieht diese Erweiterung im Sinne der $\mathcal{E}$-Relation: $K' \mathrel{\underset{\mathcal{E}}{\prec}} K$, so besteht, wie früher dargelegt, ein "umgekehrtes" Inklusionsverhältnis für die Gehalte der beiden Kerne[17]:

$$\Gamma(K) \supset \Gamma(K').$$

Ist K' eine nichttheoretische Erweiterung von K im Sinne
der ν-Relation, so kann zwar formell kein solches Inklusionsverhältnis zwischen den Gehalten von K und K' bestehen, aber man kann durch einen naheliegenden Abstrak-
tionsvorgang: das Absehen von den zusätzlichen nichttheoretischen Komponenten in K', die Gehalte vergleichbar machen[18]. Wir nehmen, um den Formalismus nicht zu sehr zu
befrachten, an, daß bei der Konzeption des Gehalts des
nichttheoretisch erweiterten Kerns K' eine solche Abstraktion bereits vorgenommen ist, so daß wir auch in diesem
Falle von dem angegebenen Inklusionsverhältnis der Gehalte
von K und K' ausgehen können. Auf diese Weise können wir
im folgenden die Fälle von $\mathcal{E}$- und von ν-Erweiterung
gemeinsam behandeln.

Sei I' ein maximaler zu $\Gamma(K')$ gehöriger Teilbereich von I.
Im allgemeinen wird sich I' mit I^0 schneiden:

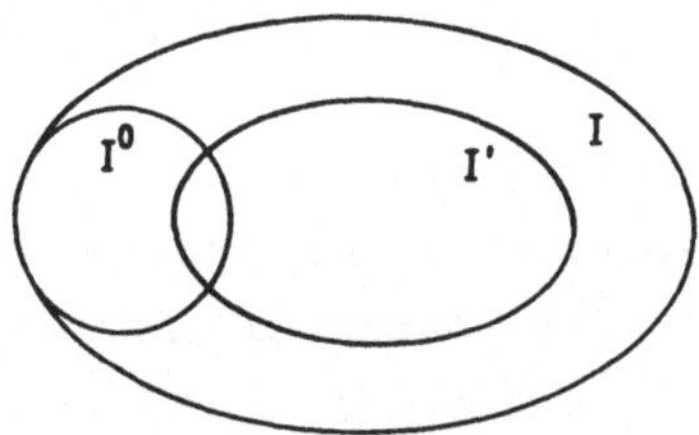

Man wird I' ebensowenig kennen wie I; I' ist wieder nur
ein tatsächlich ("platonisch") möglicher Anwendungsbereich
von K'. Auch der Bereich I^1 der intendierten und als gültig akzeptierten Anwendungen von K' wird sehr viel kleiner
sein als der maximale Bereich I'. Wir nehmen wieder an, daß
I^1 in I' liegt: $I^1 \subseteq I'$, und daß jedenfalls alle zu I' gehörenden Elemente von I^0 in I^1 liegen: $I^0 \cap I' \subseteq I^1$. Weiter
nehmen wir an, daß I^1 auch nicht zu I^0 gehörige Elemente
enthält: $I^1 \setminus I^0 \neq \emptyset$. Die bisherigen Annahmen lassen sich
folgendermaßen veranschaulichen:

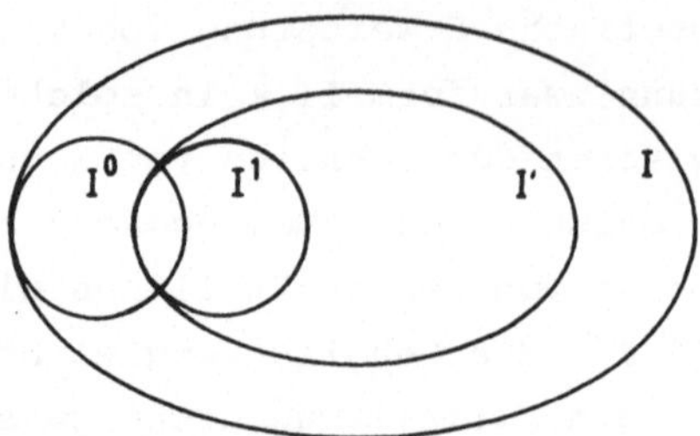

Nun kann man den von K zu K', von I zu I' und von I^0 zu I^1
führenden Erweiterungsschritt iterieren:

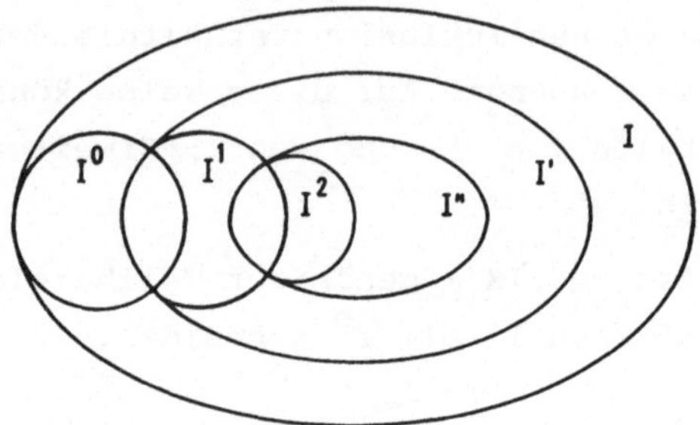

Zusätzlich zu den Annahmen für den zweiten Entwicklungsschritt, die den beim ersten Entwicklungsschritt gemachten
analog sind, haben wir in das Schaubild die der Übersichtlichkeit halber gemachte Annahme, daß $I'' \cap I^0 = \emptyset$ (und folg-
lich $I^2 \cap I^0 = \emptyset$) ist, eingetragen.

Man könnte die Entwicklung in der beschriebenen Weise weitertreiben und erhielte die folgende Situation. Während
die Bereiche I, I', I'', ... ineinandergeschachtelt sind
(durch immer weitere Einschränkungen auseinander hervorgehen), bilden I^0, I^1, I^2, ... eine Kette sich paarweise
überlappender Bereiche.
Nun ist es aus den folgenden Überlegungen heraus unwahr-
scheinlich, daß die geschilderte Situation "so stehen
bleibt" (etwa in Textbücher einer Wissenschaft aufgenommen
wird). Nach unseren Annahmen sind die Aussagen

$$I^0 \in \Gamma(K), \quad I^1 \in \Gamma(K'), \quad I^2 \in \Gamma(K''), \ldots$$

als gültig akzeptiert. Aus $I^1 \in \Gamma(K')$ folgt aber $I^1 \in \Gamma(K)$, aus $I^2 \in \Gamma(K'')$ folgt $I^2 \in \Gamma(K')$ und hieraus weiter $I^2 \in \Gamma(K)$, usw., d.h. die jeweils neu hinzukommenden intendierten Anwendungen können zum vorhergehenden und letztlich zum ersten Bereich intendierter Anwendungen geschlagen werden. Nach der ersten Erweiterung würde $I^{o1} := I^o \cup I^1$ als Bereich intendierter Anwendungen von K angesehen werden, nach der zweiten Erweiterung $I^{12} := I^1 \cup I^2$ als Bereich von K' und $I^{o2} := I^{o1} \cup I^2$ als Bereich von K, usw., so daß schließlich mit der Kernerweiterungskette K, K', K", ... eine jeweils umgeschriebene Inklusionskette von Bereichen intendierter Anwendungen verbunden wäre: nach der ersten Erweiterung

$$I^{o1} \supset I^1 ,$$

nach der zweiten Erweiterung

$$I^{o2} \supset I^{12} \supset I^2 ,$$

usw., veranschaulicht für den Stand nach der zweiten Erweiterung:

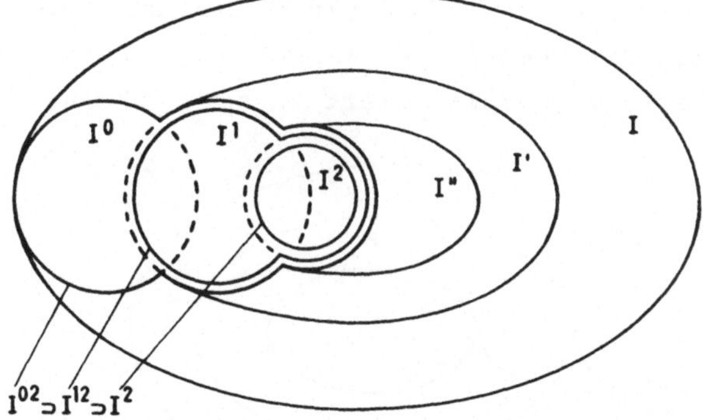

Eine andere denkbare, von Marx' Darstellung her näherliegende Reaktion auf die angenommene Entwicklung wäre, aus dem Bereich intendierter Anwendungen des jeweiligen alten Kerns diejenigen Fälle, auf die auch der jeweilig neue Kern anwendbar ist, herauszunehmen, also den Kernen K, K', K", ... die Bereiche $I^{o-1} := I^o \setminus I^1 , I^{1-2} := I^1 \setminus I^2 ,\ldots$ zuzuordnen, im Bild (für zwei Erweiterungen):

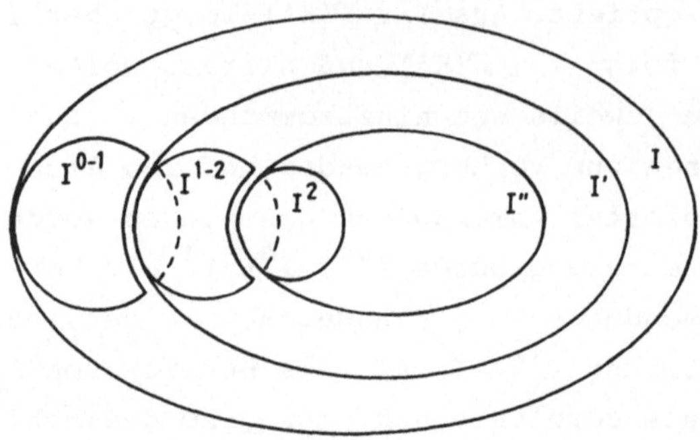

Die so gewählten Anwendungsbereiche I^{0-1}, I^{1-2} und I^2
stehen nicht nur nicht in Inklusionsverhältnissen wie
I^{02}, I^{12} und I^2, sondern sind paarweise <u>disjunkt</u>: K soll
nur auf I^{0-1}, K' nur auf I^{1-2}, K" nur auf I^2 angewandt
werden. Anstelle solcher nachträglichen Bescheidenheit
bezüglich der Anwendung des jeweils älteren Kerns bei
Erweiterung zu einem neuen Kern könnten die intendierten
Anwendungsbereiche von vornherein so eng umschrieben werden, daß sich die Theorie so präsentieren läßt, wie es in
Marx' Darstellung exemplifiziert zu sein scheint:

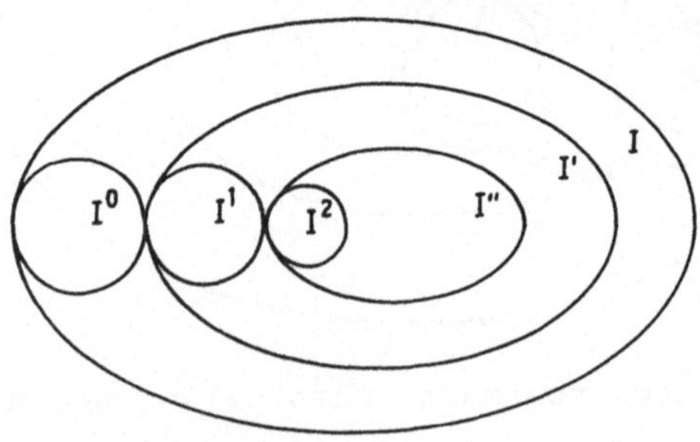

Hier ist also von vornherein $I^0 \cap I' = \emptyset$, $I^1 \cap I'' = \emptyset$, ...,
so daß I^0, I^1, I^2 paarweise disjunkt ausfallen.

Eine   Entwicklung dieses Typs wäre besser zu
rechtfertigen, wenn K, K', K", ... durch stärkere Kerne
$\bar{K}$, $\bar{K}'$, $\bar{K}''$, ... ersetzt würden, die <u>genau</u> (oder jedenfalls

genauer) auf I^O, I^1, I^2,... passen, d.h. für die I^O, I^1, I^2, ... maximal sind mit der Eigenschaft $I^O \in \Gamma(\overline{K})$ bzw. $I^1 \in \Gamma(\overline{K}')$ bzw. $I^2 \in \Gamma(\overline{K}'')$, ...[19].

Im Falle der Marxschen Theorie könnten solche Kernverstärkungen darin gesehen werden, daß beispielsweise dem auf einfachste Tauschsysteme eingeschränkt gedachten anfänglichen Anwendungsbereich der Theorie[20] eine verstärkte Version des Arbeitswertgesetzes zugeordnet wird, z.B. dadurch, daß angenommen wird, daß Werte ausschließlich von Arbeitszeiten abhängen, also dadurch, daß explizit keine anderen Parameter bei der Wertbestimmung zugelassen werden. Oder das Arbeitswertgesetz könnte z.B. dadurch verstärkt werden, daß - nach Einführung des Geldes - Preise ausschließlich von Werten abhängen[21]. Symbolisch:

$$d \leadsto v \quad \text{wird durch} \quad v = F(d)$$

bzw.

$$v \leadsto p \quad \text{wird durch} \quad p = H(v)$$

ersetzt, worin F und H für funktionale Zusammenhänge stehen. Bei dieser Sichtweise hat man es nicht - wie L. Nowak[22] - nötig, die noch nicht voll konkretisierten Theorieteile mit idealisierenden Annahmen zu verbinden, derart, daß jeweils aufgelistet wird, welche bestimmten Faktoren keine Rolle spielen. Wenn beispielsweise $v = F(d)$ gesetzt wird, wird zwar implizit auch behauptet, daß andere Faktoren außer d in der Wertbestimmung keine Rolle spielen, aber diese anderen Faktoren werden nicht und sollten auch nicht, wenn man Marx' Darstellung folgen will, explizit aufgeführt werden; denn die zur Formulierung der idealisierenden Bedingungen benötigten Begriffe sind auf der jeweiligen Stufe nach Marx' Darstellung noch gar nicht vorhanden. Sie tauchen erst auf, wenn entsprechende Konkretisierungen K', K", ... vorgenommen werden. Marx' Methode scheint weniger, wie Nowaks Interpretation nahelegt, in einer Zurücknahme expliziter Idealisierungen zu bestehen, als vielmehr in der

Einführung von Konkretionen durch begriffliche und gesetzliche Erweiterungen <u>dann</u>, wenn die intendierten Anwendungsfälle die der Formulierung mit der reicheren Begrifflichkeit entsprechende Komplexität aufweisen. Marx' Methode
des "Aufsteigens von Abstraktem zum Konkreten"[23] meint
weniger eine Entwicklung vom Idealisierten zum Realen als
eine vom Einfachen zum Komplexen. Die Entwicklung seiner
Theorie ist wesentlich von der Entwicklung der Anwendungsbereiche[24] im Sinne einer Entfaltung strukturellen Reich-
tums bestimmt und wird nur paradox ausgedrückt in einer
begrifflichen Entfaltung vom Abstrakten zum Konkreten.

Anmerkungen

Anmerkungen zu Kapitel 1

1 Siehe vor allem Sneeds Monographie (71), ferner seinen Aufsatz (76) sowie Balzer/Sneed (77). Bekannt geworden ist Sneeds Ansatz besonders durch Stegmüller (73). Zur neueren Entwicklung vgl. Stegmüller (79), ferner dessen Aufsatzsammlung (80), in der er auch auf die Ursprünge des Strukturalismus bei P. Suppes eingeht (Kap. I, Abschn. 1). - Die Bezeichnung "Strukturalismus" findet sich z.B. bei Niiniluoto (78), Tuomela (78) und bei Stegmüller (77) und (79); sie geht Stegmüller zufolge auf einen Vorschlag Bar-Hillels zurück (Stegmüller (80), p. 2 u. 106).

2 Sneed (71), ch. VI.

3 Vgl. Kap. 4 dieser Arbeit.

4 Diederich/Fulda (78), Balzer (78a).

5 Vgl. hierzu auch Abschn. 2.2 dieser Arbeit.

6 Es kommt uns hier nicht auf physikalische Details an, sondern nur auf Anschaulichkeit für ein besseres Verständnis der einzuführenden abstrakten strukturalistischen Begrifflichkeit.

7 Beim Pendel können die Geschwindigkeiten der beiden Kugeln jedenfalls für kurze Zeiten als linear angesehen werden.

8 Ferner sollen andere als Stoßkräfte vergleichsweise gering sein (z.B. die Gravitationskraft bei Stößen von Gasmolekeln) oder aber kompensiert werden (z.B. beim Billardspiel die Gravitationskraft durch die Unterlage: den Billardtisch.

9 Wir intendieren keineswegs eine historische Rekonstruktion der Stoßmechanik. Es sei aber vermerkt, daß das Gesetz der Impulserhaltung im wesentlichen auf Descartes zurückgeht und in Newtons Mechanik aus deren Axiomen abgeleitet werden kann.

10 In der "Alltagsphysik" würde man eher von Gewichten als von Massen sprechen.

11   "Objekte" einer Theorie können in dieser Sprechweise auch
      komplexe Phänomene wiedergebende Systeme sein, so daß es ei-
      nen Sinn hat, von der "Erklärung von Objekten" zu sprechen. -
      Wir nehmen hier nur beiläufig an, daß es die Aufgabe von
      Theorien ist, zu _erklären_, und daß die zu erklärenden Objekte
      zuvor _beschrieben_ werden müssen - ohne mit dieser Entgegen-
      setzung von Beschreibung und Erklärung einen tieferen Sinn
      zu verbinden. Was im gegenwärtigen Zusammenhang wichtig ist,
      hätten wir auch allgemeiner, aber blasser so sagen können:
      den theoretischen Begriffen einer Theorie kommt eine Funktion
      nur hinsichtlich der spezifischen Leistungen der Theorie,
      nicht auch hinsichtlich der Gegebenheitsweise ihrer Objekte
      zu, wie immer die Leistungen der Theorie und das Gegebensein
      von Objekten näher zu bestimmen sind.

12   Vgl. dazu 4.3.4 in dieser Arbeit, wo als spezifisch theoreti-
      scher Begriff der Kinematik der Begriff der Ortsfunktion $\underline{s}$
      genannt wird. Als zeitliche Ableitung der Ortsfunktion ist
      die Geschwindigkeit ein definierter theoretischer Begriff der
      Kinematik.

13   Die "Systeme", auf die
      die Theorie angewandt wird, sind Objekte der Theorie im Sinne
      von Anm. 11. - Zu "constraint" vgl. auch Anm. 7 zu Kap. 3.

14   Vgl. die Veranschaulichung in 3.1.5, wo wir allerdings eine
      endliche Menge potentieller Modelle (und folglich auch nur
      endlich viele Partialmodelle) betrachten.

15   Wenn p_1, p_2, p_3 die drei Partikeln sind, von denen p_2 in
      beide Stoßprozesse involviert ist, so ist $m:\{p_1,p_2\} \longrightarrow \mathbb{R}^+$
      und $m':\{p_2,p_3\} \longrightarrow \mathbb{R}^+$; ferner kürzen wir ab $m(p_1)=:m_1$,
      $m(p_2)=:m_2$, $m'(p_2)=:m_2'$ und $m'(p_3)=:m_3'$.

16   Korrekter müßten wir überlappende Definitionsbereiche der
      Massenfunktionen, also überlappende Partikelmengen P und P'
      betrachten; vgl. den Haupttext weiter unten.

17   Später nennen wir das, was hier informell "Theorie" genannt wird, ein "Theorie-Element". - Der Gehalt Γ wird auch gelegentlich "empirischer Gehalt" genannt; das ist im Sinne von "nichttheoretischer Gehalt" zu verstehen, d.h. im Gegensatz zum "theoretischen Gehalt" Pot(M)$\wedge$C. Man beachte: Je stärker die Forderungen, die ein Theorie-Kern repräsentiert, sind, desto eingeschränkter ist die Menge der ihr genügenden Strukturen und daher auch der "Gehalt" des Kerns.

18   Einige wichtige Arbeiten zur konstruktivistischen Protophysik sind in Böhme (Hg.) (76) zusammengestellt.

19   Zum Konventionalismus vgl. Schäfer (74) und Diederich (74).

2o   Quine (51).

21   Die Einführung der Ladung als eines vierten Grundbegriffs wird erwogen.

22   Vgl. 3.2.1.

23   "The unit of empirical significance ist the whole of science" (Quine (51), p. 42).

24   Vgl. wieder 3.2.1.

25   Wie eine äußere Theoretisierung zu einer inneren Theoretisierung gemacht werden kann, wird in 3.2.1 gezeigt.

26   Vgl. 3.2.1.

27   Vgl. Abschnitt 4.4.

28   Existenzaussagen sind ja geradezu paradigmatisch nicht-falsifizierbar.

29   Der Rekurs auf ein "technisches Apriori": praktisch-technische Herstellungsnormen, soll die Begriffe eindeutig <u>machen</u>.

3o   An dieser Möglichkeit sollte man aus prinzipiellen Gründen
      festhalten, auch wenn solche ineffektiven Existenznachweise
      nicht eben wahrscheinlich sind.

31   Vgl. das Ende von 4.3.4.

32   Vgl. Sneed (78).

33   Diese Möglichkeit sollte zwar nicht dogmatisch ausgeschlossen
      werden; mit Zirkeln dieser Art ist aber m.E. nicht zu rech-
      nen.

34   Das empiristische Programm scheint so auf absehbare Zeit alle
      Wahrscheinlichkeit gegen sich zu haben.

<u>Anmerkungen zu Kapitel 2</u>

1   Vgl. Abschnitt 1.4, besonders Absatz c) am Ende.

2   Den ersten Band dieser Reihe bildet Stegmüller (69), den vorerst letzten Band Stegmüller (73a).

3   Kuhn (62), Lakatos (7o).

4   Stegmüller (7o) und (73).

5   Vgl. z.B. Hanson (58), Toulmin (61), Feyerabend (63) und besonders Kuhn (62).

6   Vgl. besonders Lakatos/Musgrave (eds.) (7o).

7   Als "vorrevolutionär" kann man einen solchen Zustand natürlich nur postrevolutionär beschreiben!

8   Wittgenstein (21).

9   Das Toleranzprinzip (formuliert in Carnap (34), p. 44 f.) hat Carnap später auch "principle of (the) conventionality (of language forms)" genannt (Carnap (42), p. 247 und (63), p. 55).

1o   Vgl. z.B. die Darstellung in Stegmüller (7o).

11   Vgl. dazu z.B. Achinstein (63).

12   Vgl. Lakatos' Kritik in (71).

13   Quine (51), (63); vgl. dagegen Putnam (62).

14   Duhem (o6). Zur Duhem-Quineschen These vgl. auch die einschlägigen Kapitel in Diederich (74).

15   Vgl. Hempel (58).

16   Sneed nennt in (71), p. 8, eine einzige Ausnahme.

17   Vgl. zu diesem Komplex Stegmüller (73a).

18   Siehe besonders Lakatos (7o).

19   Die Darstellbarkeit in solcherart "Mikrostruktur" verlangt
      im wesentlichen das Vorliegen von innerer Theoretisierung
      im Sinne von Kap. 1.

2o   Vgl. Abschnitt 1.4.

21   Man könnte natürlich auch den Begriff der Basis auf Theorie-
      Elemente relativieren und nach der Konstitution jeweiliger
      Partialmodelle fragen. Für eine analoge pragmatische Auf-
      weichung des Zwei-Stufen-Konzepts (vgl. Anmerkung 1o) vgl.
      Hempel (7o) und (74).

22   Man mag in Sneedschen Rekonstruktionen stückchenweise Re-
      duktionen von Theorien auf Empirie erblicken, von denen al-
      lerdings sehr zweifelhaft ist, ob sie sich je zu einer Re-
      duktion von Theorien auf Empirie im Sinne der logischen
      Empiristen werden zusammensetzen lassen.

23   Zu letzterem vgl. wieder Quine (51).

24   Diese Frage ist im Zusammenhang mit den Problemen (1) und
      (2) zu klären.

25   Sneed (71), ch. III, bes. p. 49 ff. - Sneedsche Eliminationen
      jeweiliger theoretischer Terme tragen den "relativ empiristi-
      schen" Charakter, den wir beim Strukturalismus schon in bezug
      auf das Basis- und auf das Reduktionsproblem beobachten konn-
      ten.

26   Die Logik erster Stufe ist nicht nur ihrer Einfachheit halber
      zu bevorzugen, sondern auch wegen ihrer metatheoretischen
      Eigenschaften, bes. ihrer Vollständigkeit (d.h. dem Zusammen-
      fallen von logischer Wahrheit und Beweisbarkeit).

27   Eine solche Theorie wäre allenfalls vorstellbar bezogen auf
      einen maximalen Bereich tatsächlich möglicher Anwendungen.
      Dieser ist (oder diese sind, falls es mehrere gibt) aber in
      der Regel unbekannt. - Natürlich können in Einzelfällen, zur
      Stützung jeweiliger Hypothesen $I_n \in \Gamma(K)$, u.U. induktive Ar-
      gumente eine Rolle spielen, jedoch nicht als Beitrag zur Recht-
      fertigung der Theorie, wie Induktionsargumente von logischen
      Empiristen oft einzusetzen versucht wurden. Eine Theorie der
      Rechtfertigung kann und soll im Sneedschen Rahmen nicht ge-
      leistet werden, wenn auch die Züge einer Theorie-Entwicklung,
      die faktisch die Annahme der Theorie und das Arbeiten mit der
      Theorie stützen, in der Sneedschen Rekonstruktion nachzuzeich-
      nen sind (kumulative Entwicklung der Anwendungsbereiche u.ä.).

28   Man kann sich allerdings darüber streiten, ob oder inwieweit
      die Poppersche Wissenschaftsphilosophie den Naturwissenschaf-
      ten tatsächlich gerecht wird; vgl. dazu etwa Lakatos (7o).
      Aber jedenfalls entspricht das im Haupttext gezeichnete Bild
      sowohl dem Anspruch Poppers wie der Rezeption seiner Wissen-
      schaftsphilosophie in den Sozialwissenschaften.

29   Deswegen sind die "philosophischen" Vorworte und Festtagsreden
      verdienter Naturwissenschaftler selten beim Wort zu nehmen;
      Einstein warnt davor, allerdings ohne daß man ihn selbst bei
      dieser Warnung auszunehmen brauchte. - In jedem Fall bleibt
      die Analyse und Grundlegung auch der Naturwissenschaften eine
      genuin philosophische Aufgabe.

3o   Vgl. Adorno et al. (69).

31   Vgl. die in den letzten Jahrzehnten von Physikern und Philo-
      sophen getragenen Debatten zur Interpretation und Weiter-
      führung der Relativitätstheorie und der Quantentheorie.

32   Inwieweit man eine solche Unterscheidung mit einer Entgegen-
      setzung von Verstehen und Erklären oder von hermeneutischer
      und empirischer Methode begründen kann, bleibe hier ununter-
      sucht. Auf jeden Fall kann aber gesagt werden, daß auch in

historischen Untersuchungen empirische Fragen eingehen und
umgekehrt Verstehensprobleme in empirisch-sozialwissenschaft-
liche Forschungen; vgl. z.B. v.Wright (71).

33   Vgl. hierzu z.B. Suppes (78).

34   Vgl. Stegmüller (69), auch v. Wright (71).

35   Stegmüller (69).

36   Vgl. v. Wright (71). - Das covering law-Modell steht übrigens
       auch im Falle der Naturwissenschaften vor immensen, wenn auch
       anderen Problemen, die - kurz gesagt - darin bestehen, daß
       genuine Erklärungen meist Gesetze oder ganze Theorien er-
       klären, nämlich aus höherstufigen Theorien ableiten: eine
       Situation, der das Modell nur schwer adjustiert werden kann.

37   Vgl. wieder v. Wright (71).

38   Vgl. hierzu z.B. Stegmüller (73a), Teil IV, und Krüger (76).

39   Vgl. 6.1.

4o   Vgl. Kuhn (62). - Konkurrenz von Theorien und "revolutionäre"
       Theorie-Ablösungen werden in unserer Arbeit nicht behandelt.
       Es bleibe offen, ob es sich lohnen würde, die strukturellen
       Aspekte dieser Phänomene - und um mehr kann es im Rahmen des
       strukturalistischen Ansatzes natürlich nicht gehen - gründlich
       zu untersuchen.

Anmerkungen zu Kapitel 3

1   Sneed (71) und (76), Stegmüller (73), (79) und (80),
Balzer/Sneed (77).

2   "Kern eines Theorie-Elements" (vgl. unten 3.1.3) entspricht
etwa dem früheren "Strukturkern einer Theorie (der mathematischen Physik)" (Sneed (71), (D 29), p. 171, Stegmüller (73),
p. 128), "Theorie-Element" einer "Theorie der mathematischen
Physik" (Sneed (71), (D 38), p. 183), deren Kern sogenannter
Kernerweiterungen fähig ist. Kernerweiterungen sind jetzt
als Spezialisierungen von Theorie-Element-Kernen zu konzipieren (vgl. unten 3.2.1).

3   Vgl. unten 3.2.5.

4   Dieser "non statement view", von uns schon in Kap. 1 erläutert, wurde von Stegmüller zunächst in (73) ins Zentrum seiner Darstellung und Interpretation des Sneedschen Ansatzes
gerückt, später in (79) ausdifferenziert und weniger betont.

5   Sneed und andere nennen die Objekte, also die Elemente von
I, selbst "Anwendungen" und I den "Bereich intendierter Anwendungen". Diese irritierende Ausdrucksweise wird hier in
der Regel vermieden. Die Anwendungen eines Kerns auf Objekte
nennen wir gelegentlich auch "Anwendungsfälle".

6   Zum besseren Verständnis mache man sich klar, daß $\Gamma(K)$ keine
strukturlose Ansammlung von Mengen ist, in die man mit der
Wahl eines I   mit Glück hineingeraten kann. Ist eine Menge
I   Mitglied von $\Gamma(K)$, so sind es auch alle
Teilmengen dieser Menge (wie aus der Definition von $\Gamma(K)$ und
dem Konzept der Constraints hervorgeht, vgl. unten 3.1.3).
Weiß ich umgekehrt von einem "paradigmatischen" I_o, daß
$I_o \in \Gamma(K)$, so gibt es im allgemeinen gute Gründe zu vermuten,
daß ich I_o zu einem noch in $\Gamma(K)$ gelegenen I ausdehnen kann:
$I_o \subset I \in \Gamma(K)$; vgl. hierzu unten 3.1.5.

7   Stegmüller übersetzt "constraints" mit "Nebenbedingungen",
     was m.E. unangebrachte Assoziationen an recht verschiedene
     Konnotationen von "Nebenbedingung" im physikalischen Sprach-
     gebrauch hervorruft und im übrigen fälschlich suggerieren
     könnte, als drückten die Constraints weniger wichtige For-
     derungen (als die die Modelle definierenden Gesetze) aus.
     "Einschränkung" trifft insofern den Sinn von "constraint",
     als die Constraints die aufgrund der Gesetze möglichen Wahlen
     theoretischer Funktionen einschränken. - Wir werden in der
     Regel auch im Deutschen einfach von "Constraints" sprechen.

8   Von dieser Mehrdeutigkeit, die wir des einfacheren Sprachge-
     brauchs wegen zulassen, sind keine Mißverständnisse zu be-
     fürchten.

9   Weitere Forderungen an C sind:

$$\emptyset \notin C \; ;$$

$$\text{wenn } \emptyset \neq Y \subseteq X \in C, \text{ dann } Y \in C \; ;$$

$$\{x\} \in C \text{ für alle } x \in M_p.$$

Vgl. Balzer/Sneed (77), DO-B(3), p. 196.

1o   Von der Restriktionsfunktion r sagen wir gelegentlich,
     sie "projiziere" potentielle Modelle auf die nichttheoreti-
     sche Ebene. Die Funktion r induziert auf übliche Weise Funk-
     tionen $\bar{r}$, $\bar{\bar{r}}$ usw., die Mengen potentieller Modelle, Mengen von
     Mengen potentieller Modelle usw. entsprechende Mengen von
     Partialmodellen, Mengen von Mengen von Partialmodellen usw.
     zuordnen. Der Einfachheit halber bezeichnen wir alle diese
     Funktionen ebenfalls mit r, schreiben also z.B. "$r(M_p) = M_{pp}$"
     statt "$\bar{r}(M_p) = M_{pp}$" für die Tatsache, daß r surjektiv (d.h.
     eine Funktion <u>auf</u> M_{pp}) ist. Vgl. im übrigen die Liste der
     Symbolerläuterungen am Ende der Arbeit.

11   Sneed (71), ch. II, bes. p. 31 ff; dazu Stegmüller (73),
      Kap. VIII.3. Vgl. auch meine kritischen Bemerkungen in (74a).
      Einen neuen Versuch zur Explikation des Theoretizitätskri-
      teriums haben Balzer und Moulines in (79) unternommen.

12   Vgl. die Graphiken von 1.3; Constraints haben wir dort nur
      "im Aufriß" berücksichtigt.

13   Diese Graphik entspricht den "Aufriß"-Darstellungen von 1.3,
      wobei dort allerdings kontinuierliche Modellmengen zugrunde-
      gelegt wurden. - Daß im folgenden die Zugehörigkeit der
      Einermengen potentieller Modelle zu den Constraints (vgl.
      Anm. 9) der Übersichtlichkeit halber unterdrückt wird, steht
      dem Hauptzweck der Veranschaulichung nicht entgegen.

14   Sneed (78).

15   Vgl. außer Sneed (78) auch Balzer (79).

16   Für eingehendere Überlegungen dieser Art vgl. wieder
      Sneed (78).

17   Vgl. Balzer/Sneed (77).

18   Vgl. Balzer/Sneed (77).

19   Sei $\emptyset \neq A \subseteq B \in \Gamma(K)$. Aus $B \in r(\text{Pot}(M) \cap C)$ folgt $B \subseteq r(M)$ und
      $B \in r(C)$, also jedenfalls $A \subseteq r(M)$. Wegen $B \in r(C)$ gibt es
      ein $\bar{B}$ in C über B, d.h. ein $\bar{B} \in C$ mit $r(\bar{B}) = B$. Wähle daraus
      einen Teil $\bar{A}$ über A: $\bar{A} \subseteq \bar{B}$ mit $r(\bar{A}) = A$. Wegen $\emptyset \neq \bar{A} \subseteq \bar{B} \in C$
      ist auch $\bar{A} \in C$ (vgl. Anm. 9), folglich $A \in r(C)$.

20   Die theoretische Bedingung ist insbesondere dann erfüllt,
      wenn $r'(M') \subseteq M$ und $r'(C') \subseteq C$ gilt. Da im übrigen $M'_{pp} = r'(M'_p)$
      ist, können wir die formale und die so verstärkte theoreti-
      sche Bedingung in Form dreier analoger Bedingungen hinschrei-
      ben:

$$r'(M'_p) \subseteq M_p \quad , \quad r'(M') \subseteq M \quad , \quad r'(C') \subseteq C \ .$$

      Balzer/Sneed (77), p. 200, und Balzer (78), p. 15, geben im
      wesentlichen die ersten beiden dieser drei Forderungen an.
      Vgl. hierzu auch Niiniluoto (78) sowie die folgende Anmerkung.

21 $M'_{pp} = M$ kann als Grenzfall von $M'_{pp} \subseteq M$ angesehen werden, also von der Forderung, daß K' seine Objekte der <u>Modell</u>menge von K entnimmt. Diese Forderung erfüllt zugleich die formale Forderung $M'_{pp} \subseteq M_p$ und "einen Teil" der theoretischen Forderung, nämlich $r'(M') \subseteq M$ (vgl. die vorige Anm.); sie hat eine gewisse Plausibilität für sich, wenn man sich vorstellt, daß man die Modelle von K schon kennt und deshalb den begrifflichen Rahmen von K' gleich entsprechend einschränkt. Gibt man (wie im Schaubild des Haupttextes) die ganze Modellmenge M von K als Objektbereich M'_{pp} von K' an, so geht man andererseits auch sicher, den Objektbereich nicht im Hinblick auf die theoretische Forderung zu klein gewählt zu haben. Im übrigen wird man bei der Bestimmung von I sowieso noch die interessanten von den uninteressanten Objekten trennen und dadurch in der Regel zu einem echten Teil von M übergehen wollen; vgl. dazu auch Sneed (78). – <u>Wenn</u> man $M'_{pp} \subseteq M$ fordert, liegt es nahe, auch $M'_{pp} \in C$ zu fordern, so daß M'_{pp} zum theoretischen Gehalt von K gehören würde: $M'_{pp} \in \mathrm{Pot}(M) \cap C$. Damit wäre auch die theoretische Forderung $\Gamma(K') \subseteq \mathrm{Pot}(M) \cap C$ erfüllt. Auch

$$M'_{pp} \subseteq M \text{ und } M'_{pp} \in C$$

zusammen reichen also für $K' \, \tau \, K$ hin.

22 Als M_p^+ kann <u>irgendeine</u> Ausdehnung von M'_p gewählt werden, die diesen formalen Bedingungen genügt; r" sei eine passende Restriktionsfunktion für M_p^+.

23 Vgl. Anmerkung 11.

24 Vgl. 4.4.1.

25 Vgl. 3.3.2.

26 Dazu kommen u.U. noch "Brückenprinzipien" (bridge laws), vgl. 4.4.1.

27   Vgl. Balzer/Sneed (77). - Mit "Erklärung" bezeichnen wir
        hier einfach - ohne Anspruch auf Explikation des Erklärungs-
        begriffs - das Enthaltensein einer Menge von Partialmodel-
        len im Gehalt eines Theorie-Elements.

28   Vgl. Balzer/Sneed (77).

29   Vgl. Balzer/Sneed (77).

3o   Vgl. hierzu Mayr (77).

31   Vgl. Kuhn (62) zum "vorparadigmatischen" Zustand einer
        Disziplin.

32   Moulines (76).

37   Vgl. allerdings Moulines (76), p. 21o.

38   Innerhalb wie außerhalb der Physik lassen sich leicht wei-
      tere Beispiele finden, etwa in der Entwicklung der Elektro-
      dynamik von Faraday zu Maxwell, oder bei Formulierungen der
      Arbeitswertlehre vor Marx.

39   Das in der letzten Anmerkung erwähnte physikalische Beispiel
      wäre vermutlich so aufzufassen.

4o   Vgl. Stegmüller (73), Kap. IX.

41   Diese Konzeption der Konkurrenzrelation $\varkappa$, die in den fol-
      genden Kapiteln nicht zu Rekonstruktionen herangezogen wird,
      mag als vorläufig und aufgrund von späteren Rekonstruktions-
      erfahrungen zu verbessern angesehen werden.

42   Vgl. Abschnitt 5.2.

43   Wir schreiben wieder die zuerst anzuwendende Funktion rechts.

44   Diese Explikation der Erweiterungsrelation ist nach zukünfti-
      gen Rekonstruktionserfahrungen womöglich zu modifizieren oder
      durch weitere Typen von Erweiterungsrelationen zu ergänzen;
      vgl. z.B. die in 5.3 ad hoc einzuführende Relation $\sqrt{}$ nicht-
      theoretischer Erweiterung.

45   Der obere Zylinder ist nicht mit der räumlich aufzufassenden
      Menge potentieller Modelle im zweiten Schaubild von
                  1.3 zu verwechseln!

46   Die naheliegenden Zusammenhänge der Erweiterungsrelation ε
      mit der Umwandlung äußerer in innere Theoretisierung (vgl.
      3.2.1) sollen hier nicht weiter ausgeführt werden.

47   "Äußerer Zylinder" und "innerer Zylinder" symbolisieren
      jeweils den begrifflichen Apparat resp. die Gesetze eines
      Theorie-Elements.

48   Balzer/Sneed (77), ch. III. Einen noch engeren Begriff von
      Theorie-Netz (mit der Spezialisierungsrelation als einziger
      Verknüpfung von Theorie-Elementen) hatte Sneed in (76), p. 127,
      eingeführt.

49   Vgl. Balzer/Sneed (77), T 5-7.

5o   Dies ist eine Kurzform der Definition
      $$x \leqq y \quad \text{gdw.} \quad x \overline{\sigma} y \lor x \tau y.$$

51   Balzer/Sneed (77), p. 2oo.

52   Vgl. 4.2.3.

53   Vgl. die 1975 zwischen Sneed, Stegmüller und Kuhn geführte
      Diskussion: Sneed (76), Stegmüller (76) und Kuhn (76). -
      Zu den folgenden Bemerkungen vgl. auch die ausführlichere
      Stellungnahme in Diederich (74a).

54   Vgl. oben Anmerkung 11.

55   Vgl. Abschn. 1.3.

56   Vgl. Kapitel 5, aber auch 4.2.

57   Prima facie scheint es meist adäquater zu sein, neu auftre-
      tende Begriffe auch in die Rekonstruktion explizit aufzuneh-
      men. Doch andererseits sollten Rekonstruktionen von begriff-
      lichem Ballast möglichst freigehalten werden, um Übersicht-
      lichkeit und Klarheit, deretwegen man nicht zuletzt rekon-
      struiert, nicht zu gefährden.

58   Vgl. 3.2.1.

59   Dies ist eine generelle, nicht nur im Hinblick auf Theore-
      tisierungen zu beachtende Rekonstruktionsmaxime. Theoretische
      Gebilde sind in möglichst kleine, noch aussagefähige Theorie-
      Elemente zu zerlegen; die Zusammenhänge der Elemente bleiben
      gewahrt durch deren Zusammensetzung mithilfe von Relationen
      verschiedener explizierter Typen.

60   Einstweilen ist aber nicht mit einer solchen Versöhnung von
      Konstruktivismus und Strukturalismus zu rechnen.

<u>Anmerkungen zu Kapitel 4</u>

1   Vgl. Sneed (71), p. 114 f. Für Newtons eigene Formulierung
     und deren Interpretation vgl. Diederich (74), Anmerkungen
     C 1o und 12, p. 212 f.

2   Vgl. unten vor Anm. 9.

3   Sneed (71), p. 116 f.

4   Das Identitätsconstraint für $\underline{f}$ ist korrekter auf vergleich-
     bare Kraft<u>komponenten</u> zu beziehen, vgl. Sneed (71), p. 121 f.

5   Sneed (71), p. 123 ff., bes. p. 126.

6   Vgl. Stegmüller (7o), II.1; ferner Diederich (74), Kap. C.

7   Sneed (71), p. 129 ff. Diese Prädikate charakterisieren u.a.
     die "Newtonsche klassische Partikelmechanik" (NCPM) mithilfe
     des dritten Newtonschen Axioms, die weitere Spezialisierung
     auf Kräfte, die allein von Distanzen abhängen (DNCPM), deren
     Spezialisierungen wiederum einerseits für Hooke'sche Kräfte
     (HNCPM), andererseits für Kräfte, die umgekehrt proportional
     zum Quadrat der Entfernung sind (INCPM), und schließlich eine
     Spezialisierung der INCPM auf Gravitationskräfte (GNCPM). In
     dieser Reihenfolge durchnumeriert führen diese Spezialisierun-
     gen zu dem im Haupttext folgenden Schema der zugehörigen Mo-
     dellmengen.

8   Vgl. Sneed (71), p. 145 ff.

9   Moulines (78b). - Moulines argumentiert im übrigen dafür, die
     paradigmatischen Anwendungen nicht mit den zeitlich ersten An-
     wendungen der Newtonschen Partikelmechanik zusammenfallen zu
     lassen. Vgl. unten 4.4.4.

1o   Vgl. den Abschnitt 4.2 für entsprechende Verhältnisse bei der
     Thermodynamik, ferner 4.4.3 für einen diesbezüglichen Ver-
     gleich von Mechanik und Thermodynamik; für Entsprechungen in

der Ökonomie vgl. 5.1.4, ferner 6.2. Zu dem ganzen Komplex
vgl. auch Moulines (78) (mit Bezugnahme auf Kuhn). - Man kann
die Weiterentwicklung von K^O zu K^1, K^2 usw. als einen Kon-
kretisierungsvorgang auffassen, bei dem das angegebene, dem
zweiten Newtonschen Gesetz entsprechende Schema einer Funktionalgleichung nach und nach konkretere Gestalt gewinnt,
und zwar einmal dadurch, daß _bestimmte_ Parameter, wie z.B.
die Distanz der Partikeln, angegeben werden (bishin zu einer
vollständigen Liste aller zu berücksichtigenden Parameter),
zum anderen durch die Vorschrift bestimmter Formen für den
Ausdruck der Funktion _f_, beispielsweise lineare Abhängigkeit
von Distanzen der Partikeln (vgl. Anmerkung 7).

11   Die Reduktionsrelation erörtert Sneed in (71), p. 216 ff.,
      die Mechanik der starren Körper und deren Reduktion auf die
      klassische Partikelmechanik p. 235 ff. - Zur Diskussion der
      Lagrangeschen und Hamiltonschen Formulierungen der klassi-
      schen Partikelmechanik und deren Verhältnisse zur Newtonschen
      CPM s. Sneed (71), p. 2o6 ff.

12   Vgl. den Unterabschnitt 3.2.1; $\breve{\varrho}$ ist die zu ϱ konverse Re-
      lation.

13   So konzipieren Balzer/Sneed (77), p. 2o4 f, Äquivalenz, ohne
      allerdings die von Sneed in (71) gezeigten Äquivalenzen zwi-
      schen den verschiedenen Formulierungen der klassischen Par-
      tikelmechanik expressis verbis darunter zu subsumieren.

14   Moulines (75). - "SET" steht für "simple equilibrium thermo-
      dynamics".

15   Callen (6o), Tisza (66), Falk/Jung (59).

16   In (2) tritt der Kehrwert $\partial S/\partial U$ der Temperatur auf. Diese
      wird entsprechend als abgeleiteter Begriff der Thermodynamik
      angesehen und bleibt deshalb in der Folge unberücksichtigt;
      vgl. Moulines (75), p. 116.

17   Zur Rolle des Drucks als einer Mechanik und Thermodynamik
      verbindenden Größe vgl. unten 4.4.1.

18   Vgl. die etwas genaueren Formulierungen und Begründungen von
      Moulines in (75), p. 11o ff.

19   Zur einfacheren Formulierung nehmen wir an, daß Λ ein An-
      fangsabschnitt von $\mathbb{N} = \{1,2,3,\ldots\}$ ist, und ersetzen die
      korrektere Schreibweise "$n_1(z),n_2(z),\ldots,n_{|\Lambda|}(z)$" durch
      "$n_1(z),n_2(z),\ldots$".

2o   Moulines (75), p. 1o6 ff; strittig dürften höchstens die
      Fälle von p (vgl. dazu den Haupttext mit Anmerkungen 16 und
      17) sowie von E und U sein.

21   Der qualitative Begriff der "abstrakten Arbeit" ist ein
      theoretischer Begriff der Marxschen Ökonomie, vgl. 5.1.5.

22   Moulines (75), p. 119 ff.

23   Moulines (75), p. 125 ff.

24   In die Funktionalgleichung geht ein besonderer "Fiduzial-
      zustand" $z_o \in E$ ein, dessen Existenz zugleich gefordert wird,
      so daß G für U_o/n_o verschwindet, wobei der Index o bedeutet,
      daß der Wert der betreffenden Funktion an der Stelle z_o zu
      nehmen ist. Gleichgewichtszustände sind dann gekennzeichnet
      durch die Funktionalgleichung
$$S = (n/n_o) \cdot S_o + n \cdot G(U/n) + n \cdot R \cdot \ln(V \cdot n_o/V_o \cdot n).$$

25   Für Gleichgewichtszustände soll
$$G(U/n) = (3/2) \cdot R \cdot \ln(T/T_o)$$
      gelten. (Zur Notation vgl. Anmerkung 24, zur Definition der
      Temperatur T Anmerkung 16.) Mithilfe von (1') leitet man als
      Entropie für Gleichgewichtszustände ab:
$$S = (n/n_o) \cdot S_o + n \cdot R \cdot \ln[(U/U_o)^{3/2} \cdot (V/V_o) \cdot (n_o/n)^{5/2}].$$

26   Moulines (78a).

27   Vgl. analoge Constraints in der Marxschen Ökonomie (5.1.5).

28   Vielleicht ließen sich jedoch Zusammenhänge mit der am Ende
      von Kapitel 5 eingeführten und auch in 6.2 kurz behandelten
      nichttheoretischen Erweiterungsrelation ν finden.

29   Natürlich gibt es viele mechanische Theorien, so daß man die
      Mechanik besser eine Disziplin, eine Teildisziplin der Physik,
      nennen sollte oder vielleicht einen Theorie-Rahmen im Sinne
      von Moulines (78a) (vgl. 4.2.3).

3o   Balzer (78), vgl. auch Balzer (79) (und dazu die Schlußbe-
      merkungen dieses Abschnitts in 4.3.4).

31   Borsuk/Szmielew (6o). Im folgenden ändern wir die Notation
      ein wenig gegenüber Balzers Text.

32   Balzer (78), p. 42.

33   Geraden und Ebenen sind als Punktmengen auffaßbar und darum
      die Komponenten G und E prinzipiell entbehrlich; die Relation
      e wäre dann einfach die mengentheoretische Relation ϵ. Wir be-
      vorzugen mit Balzer im Hinblick auf leichtere Anwendbarkeit
      die ausführlichere, die Begriffe der Gerade und der Ebene ex-
      plizit aufnehmende Formulierung (vgl. Balzer (78), p. 1o8 ff.).

34   Balzer (78), p. 4o.

35   Balzer (78), p. 17 ff. und 1oo ff.

36   Balzer (78), p. 45.

37   Balzer (78), p. 55.

38   Balzer (78), p. 6o.

39   nach Borsuk/Szmielew (6o).

4o   Balzer (78), p. 63.

41   Balzer (78), p. 64, mit längerem Beweis.

42   Balzer (78), p. 63 und 87 f.

43   Vgl. für das Folgende Balzer (78), Kap. V.

44   Vgl. hierzu die Bemühungen der Konstruktivisten, zuletzt in
      Diederich (Hg.) (79) die Beiträge von Janich und Inhetveen,
      aber auch die ganz anderen Grundlegungsversuche in den Bei-
      trägen von Schmidt und Mayr in demselben Band.

45   Balzer (78), p. 1o7 f.

46   Balzer (78), Kap. VI, orientiert an Arbeiten von Ludwig und
      Moulines, die Approximationen mithilfe uniformer Strukturen
      konzipieren.

47   Diese Probleme werden von Balzer (78) nur gestreift.

48   Die Menge T' ist von ihrer kinematischen Darstellung als ein
      Intervall T reeller Zahlen zu unterscheiden. Bei der Rekon-
      struktion der klassischen Partikelmechanik (Abschn. 4.1) hat-
      ten wir der Anschaulichkeit halber die Elemente von T selbst
      "Zeitpunkte" genannt.

49   Balzer (78), p. 127, nennt die chronometrischen Partialmodelle
      "mögliche Zeitordnungen"; wir lassen das Prädikat "möglich"
      fort, um einer Verwechslung mit den potentiellen Modellen der
      Chronometrie vorzubeugen.

5o   Balzer (78), p. 13o f.

51   Balzer (78), Kap. VIII.

52   Balzer (78), p. 141, D 47; vgl. p. 141 ff. zur Interpretation.

53   Balzer (78), Kap. IX.

54   Balzer (78), p. 166 ff.

55   vgl. Anmerkung 33.

56   P ist dabei umzuinterpretieren als Partikelmenge.

57   Balzer (79).

58   Sneed (78).

59   Es ist zu erwarten, daß im Rahmen der speziellen Relativi-
      tätstheorie und noch einmal im Rahmen der allgemeinen Relati-
      vitätstheorie charakteristisch verschiedene intertheoretische
      Verhältnisse auftreten werden.

6o   Vgl. Balzer (79).

61   Vgl. 4.3.4.

62   Moulines (78c).

63   Moulines (78c), p. 17.

64   Moulines (78c), p. 18.

65   Vgl. 4.3.4.

66   Vollständig wird der schematische Charakter der Anfangs-
      elemente sogar erst in gewissen Endpunkten des Speziali-
      sierungsprozesses aufgehoben, z.B. im Theorie-Element für
      Gravitationskräfte oder im Theorie-Element für monoatomische
      ideale Gase, weil erst in solchen Endpunkten der im Fundamen-
      talgesetz des Anfangselements schematisierte Funktionalzusam-
      menhang voll spezifiziert wird.

67   Moulines (78c), p. 14 und 19.

68   Sneed (78), Balzer (79).

69   Sneed (78), p. 2.

7o   Balzer (77).

71   Vgl. Abschn. 1.2. Wie bei Balzers Rekonstruktion der Impetus-
      Theorie wird auch hier kein Anspruch auf historische Adäquat-
      heit der Rekonstruktion im einzelnen erhoben, sondern nur

auf systematische Nachzeichnung einiger Hauptstationen der theoretischen Entwicklung.

72   Moulines (78b).

73   Vgl. Wolff (78).

Anmerkungen zu Kapitel 5

1 Diederich/Fulda (78), Balzer (78a).

2 Vgl. Diederich/Fulda (78), p. 47 ff.

3 Wenn das nicht-marxistischen, analytisch geschulten Lesern
den Zugang zu Fragen der marxistischen Methodologie erleich-
tern würde, wäre das ein erwünschter Nebeneffekt.

4 Der entsprechende Theorieteil findet sich in Marx (67),
1. Kapitel. - Was wir unter "Arbeitswertlehre" und "Wertgesetz" verstehen, geht aus 5.1.2 bzw. 5.1.3 hervor.

5 Vgl. hierzu Diederich/Fulda (78).

6 Welchen Anwendungsbereich I^O Marx zunächst im Auge hat, ist
nicht leicht zu entscheiden. Etwas Licht wird auf diese Frage
im Zusammenhang mit den in Abschn. 5.2 diskutierten Theorie-
Erweiterungen geworfen (vgl. dort 5.2.3).

7 In seiner Gesamtanlage behandelt Marx' "Kapital" zuerst die
Produktion (Bd. I), dann die Zirkulation (Bd. II), schließ-
lich den "Gesamtprozeß der kapitalistischen Produktion"
(Bd. III). Marx setzt jedoch im I. Band zunächst bei der
Warenzirkulation ein und stößt erst bei der Suche nach dem
Wesen der Erscheinungen der Warenwelt auf die Produktions-
sphäre und deckt deren Primat auf.

8 Die Zahlen, die die Wertfunktion Objekten zuordnet, können
u.U. (wenn die Zuordnung über Berechnungen gewisser Art erfolgt) "irrational", d.h. nicht als Brüche darstellbar sein;
deswegen wird der die irrationalen Zahlen einschließende Bereich $\mathbb{R}$ der reellen Zahlen als "Wertebereich" gewählt. Der
vortheoretischen Konnotation von "Wert" folgend soll v allerdings nur positive Zahlen zuordnen können. - Daß man Größen
wie v "quantitative Begriffe" nennt, ist zwar gebräuchlich

(und soll hier auch geschehen), aber irreführend insofern,
als Größen keine Begriffe sind in dem Sinne von "Begriff",
wie er sich seit Freges Analysen durchgesetzt hat: Begriffe
sind aufzufassen als Funktionen, die Objekten Wahrheitswerte
zuordnen. Sogenannte quantitative Begriffe sind danach keine
Begriffe einer besonderen Art, sondern Funktionen einer besonderen Art, nämlich numerische Funktionen, während sogenannte qualitative Begriffe Funktionen einer anderen besonderen Art, nämlich mit Wahrheitswerten als Funktionswerten,
sind. Der gemeinsame Oberbegriff ist nicht "Begriff", sondern
"Funktion".

9   Beispielsweise: "Der Warenkörper selbst ... ist ... ein Ge-
       brauchswert oder Gut" (Marx (67), Bd. I, p. 5o). - Ist N ein
       Prädikat für die Eigenschaft, nützlich zu sein oder einen
       Gebrauchswert zu haben, und ist G:={x|Nx} die Menge der nütz-
       lichen Dinge oder Güter, so lassen sich die beiden Redeweisen,
       daß "x einen Gebrauchswert hat" und daß "x ein Gebrauchswert
       ist" durch "Nx" bzw. "x ∈ G" wiedergeben.

1o   Z.B. in Abschn. 5.2 die Güterarten Geld, G', und Arbeits-
       kraft, G".

11   Als Beispiele für Gebrauchswerte, die nicht Werte, weil nicht
       einmal Produkte   sind, nennt Marx "Luft, jungfräulicher
       Boden, natürliche Wiesen, wildwachsendes Holz usw." (Marx (67),
       Bd. I, p. 55).

12   Abstrakte Arbeiten selbst sind fiktiv, im Gegensatz zu "unter
       Bedingungen abstrakter Arbeit" stattfindenden konkreten Ar-
       beiten; "abstrakte Arbeit" ist eine Abstraktion, ein abstrak-
       ter Begriff, nicht der Begriff einer bestimmten Sorte von
       Arbeit. (Marx gebraucht den Terminus "abstrakt" hier nicht
       als extensionales Adjektiv im Sinne der Semantik: "abstrakte
       Arbeit" bezeichnet ebenso wenig eine Arbeit wie "angebliche
       Entdeckung" eine Entdeckung.)

13   Der Tätigkeit l wird ihr Produkt g auch dann durch f zuge-
      ordnet, wenn g durch l aus einem Zwischenprodukt g' ent-
      steht, also durch Anwendung von l auf g'.

14   Wir unterscheiden notationell nicht zwischen der Funktion
      f:L $\rightarrow$ G und der durch f induzierten Funktion Pot(L) $\rightarrow$ Pot(G)
      der Potenzmengen, vgl. die allgemeine Erläuterung der Symbole
      und Schreibweisen.

15   Qualifizierte (komplexe) Arbeit wird höher gewichtet als einfache
      ("ungelernte") Arbeit. Das wird i.a. durch gewisse Faktoren
      bei der Wertbestimmung von Produkten aus ihren Produktions-
      zeiten berücksichtigt. "Kompliziertere Arbeit gilt nur als
      <u>potenzierte</u> oder vielmehr <u>multiplizierte</u> einfache Arbeit ..."
      (Marx (67), p. 59). Man kann diesen Vorgang als Reduktion
      einer qualifizierten Arbeit auf entsprechend länger dauernde
      einfache Arbeit deuten. - Vgl. zum Reduktionsproblem in der
      Marxschen Ökonomie den fünften Teil der Sammlung Nutzinger/
      Wolfstetter (Hg.) (74).

16   Zu diesen Parametern zählen beispielsweise Faktoren, die
      komplexe auf einfache Arbeit reduzieren, vgl. die vorige
      Anmerkung. - Durch die folgenden Gleichungen erhält v die
      Dimension der Zeit, was man durch Einfügen eines geeigneten
      Proportionalitätsfaktors ändern könnte.

17   Genauer müßte man schreiben:

$$v(x) = \phi(d(f^{-1}(x)), \psi_1(x), \psi_2(x), \ldots),$$

      mit der Objektvariablen $x \in$ G und der Funktionsvariablen ϕ
      (wenn man ψ_1, ψ_2, ... als Funktions-Konstanten wie d und v
      ansieht). f^{-1}, die Umkehrfunktion von f:L $\rightarrow$ G, ist eine
      Funktion von G in L. - Zum Begriff der Funktionalgleichung
      und der Deutung physikalischer Grundgleichungen als Funk-
      tionalgleichungen vgl. 4.1.1 und 4.2.1.

18   Zur Umkehrfunktion f^{-1}:G $\rightarrow$ L von f vgl. die vorige Anmerkung.
      Die Verwendung der Funktion f^{-1} ist regelmäßig erforderlich,
      wenn man die Arbeitswertlehre genauer formulieren will. In

der Formulierung "d $\sim$ v" wird unterschlagen, daß d eine
Funktion von Arbeiten, v aber eine Funktion von Gütern ist;
korrekter wäre darum die Schreibweise $df^{-1} \sim v$, wobei df^{-1}
die Funktion von G in $\mathbb{R}^+$ ist, die durch Anwendung erst von
f^{-1}, dann von d definiert ist. - In 5.1.8 wird $df^{-1} =: z$ abgekürzt.

19   Der Ausdruck "Wertgesetz" wird in der marxistischen Literatur
      sehr vielfältig und meist unscharf gebraucht. Weit entfernt
      davon, das hier kritisieren zu wollen, möchten wir an dieser
      Stelle nur festhalten, daß wir eine vergleichsweise enge Auf-
      fassung des Wertgesetzes zugrunde legen, vor allem dadurch,
      daß wir durch das Wertgesetz nur die Tauschbeziehungen (oder
      Preise), also nur Marktphänomene bestimmt sein lassen. Oft
      wird unter "Wertgesetz" auch und gerade die Rückwirkung des
      Marktgeschehens auf die Produktion mitverstanden.

2o   Es dürfte schwierig sein, die Art dieser Modalisierung ge-
      nauer zu bestimmen. Als paradigmatisch mag der Fall ange-
      sehen werden, daß eine Ware zu einem bestimmten Preis ange-
      boten wird; dann ist sie tauschbar mit jeder entsprechenden
      Geldmenge. - In 5.3 werden wir auch Relationen für tatsäch-
      lichen Austausch einführen.

21   Marx (67), Bd. I, p. 83.

22   Daß Waren nicht immer und nicht nur zufällig nicht zu ihren
      Werten getauscht werden oder - anders ausgedrückt - daß die
      Warenpreise systematisch von den Warenwerten abweichen kön-
      nen, war Marx wohl bewußt. Im III.Band des "Kapital" ver-
      sucht er, diese Erscheinung mit einer Theorie der sogenannten
      Produktionspreise zu erklären, ohne das Problem der Trans-
      formation von Werten in (Produktions-)Preise wirklich zu
      lösen. Zur neueren Debatte des Transformationsproblems vgl.
      den dritten Teil der Sammlung Nutzinger/Wolfstetter (Hg.)
      (74).

23   Diese letzte Formulierung mit ihrer expliziten Elimination
der Wertfunktion kann natürlich nicht mehr den Anspruch er-
heben, den Grundgedanken der Marxschen Werttheorie wiederzugeben. Daß die Formalisierungen dieses Unterabschnitts überhaupt nur cum grano salis zu verstehen sind, geht aus den
im Haupttext folgenden Bemerkungen hervor.

24   Vgl. unten Anm. 36. - Zum schematischen Charakter des AWG
vgl. auch die analogen Beobachtungen an physikalischen Gesetzen (s. 4.4.3).

25   Die funktion ℓ ist umkehrbar eindeutig, ℓ^{-1} ist also eine
Funktion von $\mathcal{G}$ in $\mathcal{L}$; vgl. auch Anmerkung 17.

26   Für Einschränkungen von ℓ benutzen wir wieder das Symbol f.

27   Vgl. Anm. 25.

28   Dies ist ein generelles Problem strukturalistischer Analysen:
man kann i.a. nur notwendige strukturelle Bedingungen für
das Vorliegen von Systemen bestimmter Art angeben. Die präzise Beschreibung der Struktur von Systemen hat aber einen
Wert auch dann, wenn andere Systeme dieselbe Struktur tragen.

29   Dem AWG gemäß sollen nur solche Güter miteinander tauschbar
sein, die denselben - oder jedenfalls ungefähr denselben -
Wert besitzen. Daraus folgt z.B. die Symmetrie der Relation T,
ferner - jedenfalls ungefähr - die Transitivität von T.

3o   Vgl. Sneed (71), p. 9 ff.

31   Wir konzipieren die theoretisch/nichttheoretisch-Dichotomie
hier relativ zum Kern K^O, nicht - Sneeds ursprünglichem Kriterium entsprechend - relativ zu einem ganzen Theorie-Element
$T^O = \langle K^O, I^O \rangle$. Letzteres wäre nötig, wenn man sich streng an
Sneeds auf Anwendungen Bezug nehmendes Theoretizitätskri-
terium halten wollte und wenn man im übrigen - wie wir - zuläßt, daß mehrere Theorie-Elemente (eines Netzes) denselben

Kern haben können. Wir nehmen im folgenden jedoch die Einteilung in theoretische und nichttheoretische Komponenten
eher intuitiv und auf den Kern allein bezogen vor; für ausführlichere Überlegungen zu diesem Punkt vgl. Diederich/
Fulda (78), p. 6o ff.

32   v_1 und v_2 sind als Funktionen von G_1 bzw. G_2 in $\mathbb{R}^+$ Relationen,
d.h. Teilmengen von $G_1 \times \mathbb{R}^+$ bzw. $G_2 \times \mathbb{R}^+$, und zwar "rechtsein-
deutige" Relationen: für v_1 beispielsweise gilt

$$(x,y) \in v_1 \ \& \ (x,y') \in v_1 \Longrightarrow y = y'.$$

Diese Eigenschaft von Funktionen geht i.a. verloren, wenn man
diese vereinigt: $v_1 \cup v_2$, eine Teilmenge von $(G_1 \cup G_2) \times \mathbb{R}^+$,
ist i.a. nicht mehr rechtseindeutig.

33   Es wird angenommen, daß die Zusammensetzung keine nennenswerte
Arbeit erfordert. Mit der Operation $\circ$ sollen auch gedachte
Zusammenstellungen, etwa die vorgestellte Zusammenfassung
des gesamten Besitzes einer Person, erfaßt werden.

34   Dies soll natürlich auch gelten, wenn g_1, g_2 und g_3 alle zur
Gütermenge eines einzelnen Tauschsystems gehören. Um aber
auch andere Fälle einbeziehen zu können, ist die Extensivität als Constraint aufzufassen.

35   g_1 gehe durch l_1 aus dem "leeren Produkt" g_o, soll heißen:
aus unmittelbar verfügbaren Rohstoffen, hervor.

36   Interdependenzen von Produktionszweigen und von Teilmärkten
müssen nicht unbedingt in Constraints berücksichtigt werden,
wenn die betrachteten Tauschsysteme umfassend genug sind bzw.
zu ihrer Erklärung weit genug über sie hinausgegangen wird;
V, der Argumentbereich von v und damit der Bereich, über den
mit dem AWG eine Aussage gemacht wird, könnte ja sehr viel
umfassender als die Gütermenge G des betrachteten Tauschsystems sein. Wenn jedoch die Tauschsysteme und die zu ihrer
Erklärung herangezogenen Wertsysteme klein gehalten werden,

sind die beim Reduktions- und Transformationsproblem zu berücksichtigenden Faktoren in entsprechende weitere Constraints
einzuarbeiten.

37   Vgl. hierzu auch Diederich/Fulda (78), p. 6o ff., sowie un-
      sere entsprechenden Betrachtungen für die Geld und Arbeits-
      kraft einführenden Theorie-Erweiterungen in Abschnitt 5.2.

38   Vgl. hierzu auch das Ende von 5.1.8.

39   In dieser Rekonstruktion steckt ein Stück Kritik an Marx'
      Darstellung seiner Werttheorie, insofern er in (67), Bd. I,
      p. 51 ff, mindestens den Anschein erweckt, als könne er be-
      weisen, daß es so etwas wie Werte realiter gibt, und ebenso
      a priori zeigen, worin der Wert der Substanz und der Größe
      nach besteht: in (abstrakter) Arbeit bzw. in (gesellschaft-
      lich notwendiger) Arbeitszeit. - Unsere Rekonstruktion ver-
      meidet dagegen den Anklang an eine Substanz-Metaphysik und
      macht die Behauptung der Existenz von (mathematischen) Wert-
      funktionen zu einer prinzipiell empirischen Hypothese.

4o   Eine Funktion "aus" einer Menge, symbolisch durch $\longmapsto$ wieder-
      gegeben, braucht nicht allen Elementen der Menge einen Funk-
      tionswert zuzuordnen.

41   Diese Formulierung läßt im Unterschied zu einigen Marx'schen
      Formulierungen nicht den Verdacht aufkommen, der Wertbegriff
      würde hypostasiert.

42   Vgl. Anmerkung 39.

43   Vgl. Anmerkung 18.

44   Anstelle von (4) ist korrekter (4') (s. unten) zu setzen.

45   Vgl. 5.1.4.

46   Wir haben den Begriff der Ware nicht eigens diskutiert, son-
     dern stattdessen den Begriff des Werts in den Vordergrund
     gestellt. Jedenfalls sind Waren für Marx Werte im Sinne von
     Wertträgern (Marx (67), Bd. I, 1. Kap. passim, z.B. p. 53),
     so daß aus dem Warencharakter von Geld und Arbeitskraft deren
     Wertcharakter folgt. - Geld wird zwar als "allgemeines Äqui-
     valent" zur "ausgeschlossenen Ware", bleibt aber dennoch Ware
     (ibid., 2. Kap., p. 1o1). Zur Arbeitskraft als Ware vgl. be-
     sonders den 3. Abschnitt im 4. Kapitel des "Kapital", Bd. I,
     p. 181 ff.

47   Zum Wert der Arbeitskraft vgl. Marx (67), Bd. I, 4. Kap.,
     3. Abschn., p. 184 ff. "Die Existenz des Individuums gegeben,
     besteht die Produktion der Arbeitskraft in seiner eignen Re-
     produktion oder Erhaltung. Zu seiner Erhaltung bedarf das
     lebendige Individuum einer gewissen Summe von Lebensmitteln.
     Die zur Produktion der Arbeitskraft notwendige Arbeitszeit
     löst sich also auf in die zur Produktion dieser Lebensmittel
     notwendige Arbeitszeit, oder der Wert der Arbeitskraft ist
     der Wert der zur Erhaltung ihres Besitzers notwendigen Le-
     bensmittel" (p. 185).

48   Arbeit selbst vergegenständlicht sich in Produkten. Ein im
     Besitz der nötigen Arbeitsmittel befindlicher Handwerker kann
     seine eigenen Produkte und insofern seine Arbeit verkaufen.
     Der Arbeiter, der nichts besitzt außer seiner Arbeitskraft,
     kann dagegen nur diese veräußern. Hat der Kapitalist diese
     einmal gekauft, so kann er sie seinen Profitinteressen gemäß
     einsetzen; der Arbeitsprozeß steht unter seinem Kommando.
     Insbesondere kann er durch Verwendung fortgeschrittener Tech-
     nologien und entsprechender Arbeitsteilung seinen Profit zu
     erhöhen suchen.

49   Vgl. Diederich/Fulda (78), p. 68 ff.

5o   Papiergeld und andere, noch indirektere Zahlungsmittel
      (Schuldscheine und dergleichen) stehen nur symbolisch für
      Geldgüter in dem von uns betrachteten engeren Sinn. Geld in
      den abgeleiteten Formen hat natürlich nicht mehr den materiel-
      len "Wert".

51   Marx (67), Bd. I, z.B. p. 198.

52   Da Arbeitskräfte nicht "Dinge" sind, spricht einiges für die
      Alternative "Begriffserweiterung"; vgl. dazu Ende 5.2.2.

53   Für die $g \in G'$ ist die Existenzbehauptung natürlich trivialer-
      weise erfüllt: g selbst ist ein zu g wertgleiches Geldgut.
      Man könnte deshalb in (1) statt G auch die Menge der Nicht-
      Geldgüter aus G: $G \setminus G'$ (vgl. die Symbolerläuterungen am Ende
      der Arbeit) einsetzen.

54   Dies ist natürlich nur das Schema einer Definition von M';
      für weitere Eigenschaften von G', die in (1b) einzutragen
      wären, vgl. Diederich/Fulda (78), p. 68 u. 74. - Die Forderung
      (1b) wird in der Regel dadurch erfüllt, daß als Geldgüter die
      Güter einer bestimmten Art, etwa Mengen einer bestimmten Sorte
      Metall, fungieren, deren im Prinzip unbeschränkte Teilbarkeit
      und Zusammenfügbarkeit allen Wertquanta gerecht zu werden ver-
      mag.

55   Vgl. Marx (67), Bd. I, 4. Kap., p. 184 ff.

56   Vgl. Marx, a.a.O., p. 181 ff. für rechtliche und historische
      Bedingungen dafür, daß "der Geldbesitzer die Arbeitskraft
      als Ware auf dem Markt vorfinde ..." (p. 181).

57   Vgl. Diederich/Fulda (78), p. 69 f.

58   Es wäre überdies zu überlegen, ob die Reproduktionsrelation
      universalisiert und mit der universellen Produktionsfunktion
      f zu einer verallgemeinerten Produktionsfunktion zusammenge-
      faßt werden sollte; vgl. dazu ferner die Einführung des Pro-
      duktionsoperators $\oplus$ in 5.3. Vgl. auch die folgende Anmerkung.

59   Eine genauere Analyse der Reproduktionsrelation sollte auch
      die einschlägigen Constraints berücksichtigen.

6o   Vgl. oben den Haupttext bei Anmerkung 57.

61   ... wenn man die Identität als logische Relation akzeptiert.

62   Vgl. Marx (67), Bd. I, 4. Kap., p. 185.

63   Vgl. Diederich/Fulda (78), p. 68 ff.

64   Diese einfacheren Systeme werden gelegentlich "Systeme ein-
      facher Warenproduktion" genannt.

65   Auch bei den Anwendungsbereichen I^0, I', I" gibt es die
      alternative Auffassung einer Inklusions<u>kette</u>, vgl. oben den
      Haupttext bei Anmerkungen 57 und 6o.

66   Wir hoffen, daß dadurch, daß wir verschiedene Rekonstruk-
      tionswege aufzeigen, die Gründe für die besondere Rekon-
      struktion, die wir letzten Endes bevorzugen werden, klarer
      heraustreten.

67   Vgl. zum besseren Verständnis die Schaubilder in den Kapi-
      teln 1 und 3.

68   Da dieser Schritt von vielen nicht-marxistischen Ökonomen
      als besonders problematisch angesehen wird, sollte man ihn
      auch mit Rücksicht auf einen Vergleich mit anderen Theorien
      möglichst unabhängig von anderen, vielleicht weniger an-
      stößigen Schritten halten.

69   Marx entwickelt im "Kapital", erster Abschnitt, seine Geld-
      theorie aus der Warenanalyse, während die eigentliche Kapital-
      Theorie erst im zweiten Abschnitt und im wesentlichen mit der
      Einführung der Ware Arbeitskraft beginnt. Dieser Zäsur ent-
      spricht die Rekonstruktion $K^0 \bar{\sigma} K' \xi K^2$ vielleicht am besten.

70   r^{1+} streicht G', r^{2+} streicht G" und R.

71   Vgl. aber, auch zum folgenden, die Überlegungen von 6.3.

72   Vgl. Anmerkung 99.

73   "Liest" man den linken senkrechten Ast des Parallelogramms
      von oben nach unten, so müßte zweimal anstelle von ε die
      zu ε konverse Relation $\bar{\varepsilon}$ stehen: $K^0 \ \bar{\varepsilon} \ K^1 \ \bar{\varepsilon} \ K^2$.

74   Diederich/Fulda (78), III.2 (p. 73 ff.).

75   Diese Wendung verrät das auf die Zirkulationssphäre gerich-
      tete Interesse an Kapitalverwertung.

76   Marx (67), I. Bd., 4. Kap., bes. p. 162 und 167 für "Kapital"
      bzw. "Kapitalist".

77   Marx, a.a.O., p. 165.

78   Vgl. Marx, a.a.O., p. 175, vgl. auch die Bemerkung zum Han-
      delskapital p. 178 und den "Widerspruch" p. 18o.

79   Marx, a.a.O., p. 181. Vgl. auch oben Anmerkung 56.

8o   "Ein Quantum Arbeitskraft" - von uns oft einfach "eine Ar-
      beitskraft" genannt - ist   die in einem bestimm-
      ten Zeitraum zu verausgabende Arbeitskraft.

81   Vgl. Marx (67), I. Bd., 5. Kap., Abschn. 2: "Verwertungs-
      prozeß" (p. 2oo ff.).

82   Marx, a.a.O., p. 189 ff.

83   Konkurrenz hält ihn davon ab, Willkür walten zu lassen.

84   Zu "Produktionsmittel" vgl. z.B. Marx, a.a.O., p. 183 oder
      p. 196.

85   Marx, a.a.O., p. 99.

86   Die Reihenfolge der Relata ist von der Sicht des Unternehmers
      bestimmt. - Man könnte die Relation E^k dadurch verallgemei-
      nern, daß man Entlohnung in Naturalform zuläßt, also
      $g_1 \in G \setminus G''$ anstelle von $g_1 \in G'$ fordert.

87    $x\overline{E}y$ sei nur eine andere Schreibweise für $(x,y) \in \overline{E}$.

88   Cum grano salis kann man E als aus $\overline{E}$ und B abgeleitet be-
      trachten.

89   Diese Tautologie kann auch als Definition von $\oplus$ aus λ und f
      uminterpretiert werden.

90   Marx nennt g_2' "konstantes Kapital" und g_1' "variables Kapital"
      (a.a.O., p. 223 f.), vgl. unten vor Anmerkung 92.

91   Marx, a.a.O., p. 189.

92   Marx, a.a.O., p. 226 f. - Marx unterscheidet nicht zwischen
      Geldgütern und ihren Beträgen.

93   Letzten Endes wird die Arbeitskraft einer Arbeitergeneration
      natürlich durch die "Produktion" einer neuen Arbeitergenera-
      tion reproduziert; vgl. Marx, a.a.O., p. 185 f.

94   Marx, a.a.O., p. 191.

95   Streng genommen wird natürlich ein anderes Stück Arbeits-
      kraft (re)produziert, während eines verausgabt wird.

96   Güter- und Besitzermengen sind nach unseren Bestimmungen
      einander umkehrbar eindeutig zugeordnet.

97   Die Arbeitskraft g'' ist in der Zeit zwischen a und b zu
      verausgaben.

98   Vgl. Anmerkung 73.

99   Weitere wichtige noch einzuführende Begriffe wären z.B.
      "absoluter Mehrwert" und "relativer Mehrwert"; mithilfe
      dieser Begriffe wären Theoreme zu formulieren, die die nicht-
      stationäre (mittel- und längerfristige) Entwicklung kapita-
      listischer ökonomischer Systeme betreffen. Bisher ist nur
      die Bildung von Mehrwert überhaupt erklärt, noch nicht die

Mechanismen, die die Mehrwertbildung <u>steigern</u>. - Vielleicht
haben die bisherigen Ausführungen glaubhaft machen können,
daß sich die Rekonstruktion prinzipiell auf dieserart Phänomene und Theorieteile ausdehnen läßt. Auch der Rekonstruktion der im III. Band des "Kapital" entwickelten Theorie der
Produktionspreise, der Durchsetzung einer einheitlichen Profitrate bei unterschiedlicher "organischer Zusammensetzung"
des Kapitals in den einzelnen Produktionszweigen, und des
Gesetzes vom tendentiellen Fall der Profitrate dürften keine
grundsätzlich neuen Probleme im Wege stehen. An die Grenzen
der strukturalistischen Rekonstruierbarkeit wird man dagegen
wohl bei den sogenannten historischen Bewegungsgesetzen stos-
sen, die radikale Systemveränderungen betreffen.

<u>Anmerkungen zu Kapitel 6</u>

1   Vgl. die einführenden Kapitel 1 und 2.

2   Kapitel 1, Abschn. 4.

3   Balzer (78a).

4   Vielleicht könnte die strukturalistische Rekonstruktion sogar etwas zur Klärung der mit Marx' besonderer Darstellungsweise verbundenen Probleme beitragen; vgl. 6.3.

5   Vgl. Kapitel 1.

6   Vgl. hierzu Diederich/Fulda (78).

7   Vgl. 5.1.3 (mit Anmerkung 19).

8   Ob Marx' Werttheorie angesichts seiner Vorläufer für sich genommen Originalität beanspruchen kann oder nur die Art und Weise, wie er sie zur Analyse der Produktionsverhältnisse einsetzt, bleibe hier unerörtert.

9   Vgl. Anmerkung 39 zu Kapitel 5.

1o   In dieser Arbeit zuerst in 1.3 vorgestellt.

11   Vgl. 4.4.

12   Vgl. 4.1.2.

13   Vgl. 4.2.3.

14   Vgl. Anmerkung 64 zu Kapitel 5.

15   Natürlich kann es mehrere in diesem Sinne maximale Anwendungsbereiche geben; vgl. 3.1.5.

16   Wenn es neben I noch andere maximale Anwendungsbereiche
      gibt (vgl. die vorige Anmerkung), so hat K^O also außerhalb I
      tatsächlich mögliche Anwendungsfälle, die natürlich auch
      intendiert sein können; $I^O \smallsetminus I \neq \emptyset$ ist also möglich. Dies
      wird durch unsere Annahme $I^O \subset I$ ausgeschlossen.

17   Wir nehmen an, daß $\measuredangle$ eine echte Erweiterung ist und zu einer
      echten Einschränkung des Gehalts führt. - Daß der Gehalt
      höchstens eingeschränkt wird, gilt natürlich für Speziali-
      sierungen $\triangledown$ ebenso wie für Erweiterungen $\measuredangle$. (Man könnte $\measuredangle$
      als Oberbegriff von $\triangledown$ auffassen, wenn man bei $\measuredangle$-Erweiterungen
      die Hinzunahme von O theoretischen Komponenten zuläßt.)

18   Man benötigt dafür eine "nichttheoretische Restriktionsfunk-
      tion", auf deren formale Notierung wir hier verzichten.

19   Die abschwächende Formulierung "(oder jedenfalls genauer)"
      kann man so verstehen: keine der Mengen $\Gamma(\overline{K})$, $\Gamma(\overline{K}')$, $\Gamma(\overline{K}'')$,
      ... soll einen Teil eines Bereichs, der einer anderen dieser
      Mengen zugeordnet ist, enthalten.

2o   Vgl. Adam Smith (76), Book I, Ch. VI: "In that early and rude
      state of society which precedes both the accumulation of
      stock and the appropriation of land, the proportion between
      the quantities of labour necessary for acquiring different
      objects seems to be the only circumstance which can afford
      any rule for exchanging them for one another." (p. 65). -
      Den Hinweis auf diese Stelle verdanke ich H.F. Fulda.

21   Natürlich muß noch die Geldeinheit festgelegt sein.

22   Vgl. diverse Arbeiten von L. Nowak, z.B. Nowak (71) oder
      (76).

23   Marx (57), Einleitung, p. 22. - Inwieweit Marx' explizite
      methodologische Äußerungen in dieser Einleitung mit der im
      "Kapital" praktizierten Methode übereinstimmen, mag hier
      dahingestellt bleiben.

24   "Entwicklung der Anwendungsbereiche" ist hier nicht
       historisch zu verstehen, obwohl Marx nicht immer deut-
       lich trennt zwischen der Entwicklung des Gegenstandes und
       der Entwicklung der (Darstellung der) Theorie.

Literaturverzeichnis

Achinstein, Peter (63): Theoretical Terms and Partial Interpretation, in: Brit. J. Philos. Sci. 14 (1963), 89-1o5.

Adorno, Th.W., et al. (69): Der Positivismusstreit in der deutschen Soziologie. Neuwied/Berlin 1969.

Balzer, Wolfgang (77): Incommensurability and Reduction.
Typoskript, Helsinki 1977, in: Acta Fennica 1979.

--- (78): Empirische Geometrie und Raum-Zeit-Theorie in mengentheoretischer Darstellung. Kronberg/Ts.: Scriptor 1978.

--- (78a): A Logical Reconstruction of Pure Exchange Economics.
Typoskript, München 1978.

--- (79): Ursprung und Rolle von Invarianzen in der klassischen
Kinematik, in: Diederich (Hg.) (79).

--- / Moulines, C. Ulises (79): On Theoreticity, in: Synthese 44 (1980), 467-494.

--- / Sneed, Joseph D. (77): Generalized Net Structures of
Empirical Theories, in: Studia Logica 36 (1977), 195-211 und
37 (1978), 167-194.

Böhme, Gernot (Hg.) (76): Protophysik. Frankfurt/M.: Suhrkamp 1976.

Borsuk, K. / Szmielew, W. (6o): Foundations of Geometry. Amster-
dam 196o.

Callen, H.B. (6o): Thermodynamics. New York 196o.

Carnap, Rudolf (34): Logische Syntax der Sprache. Wien 1934.

--- (42): Introduction to Semantics. Cambridge, Mass.: Harvard
Univ. Press 1942.

Carnap, Rudolf (63): Intellectual Autobiography/Replies, in:
    The Philosophy of Rudolf Carnap, ed. P.A. Schilpp, La Salle,
    Ill.: Open Court 1963, 3-84 / 859-1o13.

Diederich, Werner (74): Konventionalität in der Physik. Wissen-
    schaftstheoretische Untersuchungen zum Konventionalismus.
    Berlin: Duncker & Humblot 1974.

--- (74a): Struktur und Dynamik wissenschaftlicher Theorien, in:
    Philosophische Rundschau 21 (1974), 2o9-228.

--- (Hg.) (74): Theorien der Wissenschaftsgeschichte. Beiträge
    zur diachronen Wissenschaftstheorie. Frankfurt/M.: Suhr-
    kamp 1974.

--- (Hg.) (79): Zur Begründung physikalischer Geo- und Chrono-
    metrien. Bielefeld: Schriftenreihe des Universitätsschwer-
    punkts "Mathematisierung der Einzelwissenschaften", 1979.

--- (81a): Diskussion von W. Stegmüller (79) u. (80), in:
    Erkenntnis, voraussichtlich 1981.

--- (81b): The Structuralist Programme in the Philosophy of
    Science, sowie: Strukturalistische Rekonstruktion der
    Marx'schen Ökonomie. Vorträge an der TH Eindhoven im Januar
    1980. Erscheinen voraussichtlich mit Korreferaten und Er-
    widerungen 1981, TH Eindhoven.

--- / Fulda, Hans Friedrich (78): Sneed'sche Strukturen in
    Marx' "Kapital", in: Neue Hefte für Philosophie 13 (1978),
    47-8o.

Duhem, Pierre (o6): La Théorie Physique: Son Objet, Sa Structure.
    Paris 19o6, 2. erw. Aufl. 1914. Dtsch. Übersetzung Leipzig
    19o8, Nachdruck Hamburg: Meiner 1978.

Falk, G. / Jung, H. (59): Axiomatik der Thermodynamik, in: Hand-
    buch der Physik III/2 (ed. S. Flügge), 1959.

Feyerabend, Paul K. (63): How to be a good empiricist - a plea
    for tolerance in matters epistemological, in: Philosophy of
    Science, The Delaware Seminar, Bd. 2, ed. B. Baumrin, New
    York 1963. Dtsch. Übersetzung in: Erkenntnisprobleme der Na-
    turwissenschaften, hg. v. L. Krüger, Köln/Berlin: Kiepenheuer &
    Witsch 197o, 3o2-335.

Hanson, N.R. (58): Patterns of Discovery. Cambridge 1958.

Hempel, Carl G. (58): The Theoretician's Dilemma, in: Concepts,
    Theories, and the Mind-Body Problem (Minnesota Studies in
    the Philosophy of Science, vol. II), ed. H. Feigl/M. Scriven/
    G. Maxwell, Minneapolis 1958.

--- (7o): The 'Standard Conception' of Scientific Theories, in:
    Minnesota Studies in the Philosophy of Science, vol. IV, ed.
    M. Radner/S. Winokur, Minneapolis 197o.

--- (74): Grundzüge der Begriffsbildung in der empirischen Wissen-
    schaft. Dtsch. Übersetzung von "Fundamentals of Concept
    Formation in Empirical Science", Chicago 1952, mit einem
    Nachwort (1974). Düsseldorf: Bertelsmann 1974.

Krüger, Lorenz (76): Are Statistical Explanations Possible?
    in: Philos. Sci. 43 (1976), 129-146.

Kuhn, Thomas S. (62): The Structure of Scientific Revolutions.
    Chicago 1962, 2. erw. Aufl. 197o, dtsch. Frankfurt/M.: Suhr-
    kamp 1967.

--- (76): Theory-Change as Structure-Change: Comments on the
    Sneed Formalism, in: Erkenntnis 1o (1976), 179-199.

Lakatos, Imre (7o): Falsification and the Methodology of
    Scientific Research Programmes, in: Lakatos/Musgrave (eds.)
    (7o), 91-195.

--- (71): History of Science and Its Rational Reconstructions,
    in: Boston Studies in the Philosophy of Science, vol. VIII,
    ed. R.C. Buck/R.S. Cohen, Dordrecht, Holland: Reidel 1971,
    91-136. Dtsch. Übersetzung in Diederich (Hg.) (74), 55-119.

--- / Musgrave, A. (eds.) (7o): Criticism and the Growth of
    Knowledge. Cambridge 197o. Dtsch. Ausg. Braunschweig 1974.

Marx, Karl (57): Grundrisse der Kritik der politischen Ökonomie.
    (Rohentwurf, 1857-58), Moskau 1939/41, Nachdruck Berlin:
    Dietz, 2. Aufl. 1974.

--- (67): Das Kapital. Kritik der politischen Ökonomie.
    Bd. I: Der Produktionsprozeß des Kapitals (Erstauflage Ham-
    burg 1867), zitiert nach der vierten Auflage (Hg. F. Engels,
    Hamburg 189o), abgedruckt in MEW Bd. 23, Berlin: Dietz 197o.
    Bd. II: Der Zirkulationsprozeß des Kapitals (Erstauflage
    Hamburg 1885, Hg. F. Engels). Abdruck der zweiten Auflage
    (Hamburg 1893) in MEW Bd. 24, Berlin: Dietz 1971.
    Bd. III: Der Gesamtprozeß der kapitalistischen Produktion.
    Abdruck der Erstauflage (Hg. F. Engels, Hamburg 1894) in
    MEW Bd. 25, Berlin: Dietz 1971.

Mayr, Dieter (77): Investigations of the Concept of Reduction II.
    Typoskript, München 1977.

Moulines, C. Ulises (75): A Logical Reconstruction of Simple
    Equilibrium Thermodynamics, in: Erkenntnis 9 (1975), 1o1-13o.

--- (76): Approximate Application of Empirical Theories: A General
    Explication, in: Erkenntnis 1o (1976), 2o1-227.

--- (78): Cuantificadores existenciales y principios-guia en las
    teorias fisicas, in: critica 1o, No. 29 (1978), 59-88.

--- (78a): An Example of a Theory-Frame: Equilibrium Thermo-
    dynamics. Typoskript, Mexico 1978.

--- (78b): Theory-Nets and the Evolution of Theories: The Example
of Newtonian Mechanics. Typoskript, 1978.

--- (78c): Intertheoretical Relations. Typoskript, Bielefeld 1978.

Niiniluoto, I. (78): The Growth of Theories: Comments on the
Structuralistic Approach (First Draft). Typoskript, Pisa 1978.

Nowak, Leszek (71): The Problem of Explanation in Karl Marx's
"Capital", in: Quality and Quantity 5 (1971), 311-337. Dtsch.
Übersetzung in: Zur Wissenschaftslogik einer kritischen Soziologie, hg. v. Jürgen Ritsert, Frankfurt/M.: Suhrkamp 1976,
13-45.

--- (76): On Some Interpretation of the Marxist Methodology, in:
Zeitschrift für allgemeine Wissenschaftstheorie 7 (1976),
141-183.

Nutzinger, H.G. / Wolfstetter, E. (Hg.) (74): Die Marxsche Theorie
und ihre Kritik. Frankfurt/New York: Herder & Herder 1974.

Putnam, Hilary (62): The Analytic and the Synthetic, in:
Scientific Explanation, Space, and Time (Minnesota Studies
in the Philosophy of Science, vol. III), ed. H. Feigl/G. Max-
well, Minneapolis 1962, 358-97.

Quine, Willard van Orman (51): Two Dogmas of Empiricism (1951),
leicht geänderter Abdruck in Quine: From A Logical Point of
View (1953), 2. revid. Aufl. (1961), New York/Evanston:
Harper & Row 1963, p. 2o-46.

--- (63): Carnap and Logical Truth, in: The Philosophy of Rudolf
Carnap, ed. P.A. Schilpp, La Salle, Ill., 1963, 385-4o6.

Schäfer, Lothar (74): Erfahrung und Konvention. Stuttgart-Bad Cann-
stadt: Frommann/Holzboog 1974.

Smith, Adam (76): An Inquiry into the Nature and Causes of the
    Wealth of Nations (1776). Ed, R.H. Campbell/A.S. Skinner,
    Oxford: Clarendon Press 1976.

Sneed, Joseph D. (71): The Logical Structure of Mathematical
    Physics. Dordrecht-Holland: D. Reidel 1971.

--- (76): Philosophical Problems in the Empirical Science of
    Science: A Formal Approach, in: Erkenntnis 1o (1976), 115-146.

--- (78): Theoretization and Invariance Principles.
    Typoskript, Eindhoven 1978.

Stegmüller, Wolfgang (69): Wissenschaftliche Erklärung und
    Begründung. Berlin/Heidelberg/New York: Springer 1969.

--- (7o): Theorie und Erfahrung (Erster Halbband). Berlin/Heidel-
    berg/New York: Springer 197o.

--- (73): Theorienstrukturen und Theoriendynamik (Zweiter Halb-
    band von: Theorie und Erfahrung). Berlin/Heidelberg/New York:
    Springer 1973 (engl. Ausgabe 1976).

--- (73a): Personelle und statistische Wahrscheinlichkeit. 2 Bde.
    Berlin/Heidelberg/New York: Springer 1973.

--- (76): Accidental ('Non-Substantial') Theory Change and Theory
    Dislodgement: To What Extent Logic Can Contribute to a Better
    Understanding of Certain Phenomena in the Dynamics of Theories,
    in: Erkenntnis 1o (1976), 147-178.

--- (77): The Structuralistic View: survey, recent developments,
    and answers to criticisms. Typoskript, Helsinki 1977, in: Acta
    Fennica 1979; deutschsprachige Fassung als Kap. VI in Steg-
    müller (80).

--- (79): The Structuralist View of Theories. Berlin/Heidelberg/
    New York: Springer 1979.

--- (80): Neue Wege der Wissenschaftsphilosophie. Berlin/Heidelberg/
New York: Springer 1980.

Suppes, Patrick (78): The Plurality of Science. Typoskript, Stan-
ford 1978.

Tisza, L. (66): Generalized T rmodynamics. Cambridge, Mass., 1966.

Toulmin, Stephen (61): Foresight and Understanding. Indiana Uni-
versity Press 1961.

Tuomela, R. (78): On the Structuralist Approach to the Dynamics of
Theories, in: Synthese 39 (1978), 211-231.

Wittgenstein, Ludwig (21): Tractatus logico-philosophicus, in:
Annalen der Naturphilosophie 14 (1921), 185-262. Nachdruck
Frankfurt/M.: Suhrkamp 1960.

Wolff, Michael (78): Geschichte der Impetustheorie. Frankfurt/M.:
Suhrkamp 1978.

v. Wright, Georg Henrik (71): Explanation and Understanding.
Ithaca, N.Y.: Cornell Univ. Press 1971. Dtsch. Ausg. Frank-
furt/M.: Athenäum 1974.

Erläuterungen einiger Symbole und Schreibweisen

In der Regel wird bei der Nennung von Symbolen und Formeln
auf Anführungszeichen verzichtet (Konvention der Autonymie).

Junktoren: $\&, V, \supset, \equiv$	Konjunktion, Adjunktion, Konditional, Bikonditional (in der Reihenfolge abnehmender Bindung)
Quantoren: $(x), (\exists x)$	Allquantor, Existenzquantor bezüglich der Variablen x
$(x \in A)$	eingeschränkter Allquantor: für alle x aus (der Menge) A
$P \Rightarrow q$	Aus p folgt q
p gdw. q	p genau dann, wenn q
$X \in \mathfrak{M}$	X ist eine Menge
$x \in X$	x ist Element von X
$\subseteq, \subset$	Inklusion, echte Inklusion zwischen Mengen
$\cap, \cup, \times, \setminus$	Operatoren für Durchschnitt, Vereinigung, cartesisches Produkt und Subtraktion von Mengen
$\mathrm{Pot}(X)$	Potenzmenge (= Menge der Teilmengen) von X
$f: X \to Y$	f ist eine Funktion von X in Y

Die von $f: X \to Y$ induzierte Funktion von Pot(X) in Pot(Y) werde ebenfalls mit f bezeichnet (statt, wie vielfach üblich,
mit $\bar{f}$).

$f: X \twoheadrightarrow Y$	f ist eine surjektive Funktion von X in Y (eine Funktion von X "auf" Y), d.h. $f(X) = Y$ (statt nur $f(X) \subseteq Y$)

$f: X \longmapsto Y$

f ist eine injektive Funktion von X in Y, d.h. aus $f(x) = f(x')$ folgt $x = x'$.

Für eine injektive Funktion $f: X \longmapsto Y$ bezeichnet f^{-1} die Umkehrfunktion von $f(Y)$ in X, also $f^{-1}: f(Y) \longmapsto X$.

$\mathrm{Arg}\,(f)$

Argumentbereich der Funktion f; $\mathrm{Arg}(f) = X$, wenn $f: X \to Y$

$f: X \rightarrowtail Y$

f ist eine Funktion "aus" X in Y, d.h. eine Funktion mit $\mathrm{Arg}(f) \subseteq X$, nicht notwendig $\mathrm{Arg}(f) = X$

$\langle a, b \rangle$

geordnetes Paar aus a und b.

$\mathbb{N}, \mathbb{R}, \mathbb{R}^+, \mathbb{R}^3$

Menge der natürlichen Zahlen, der reellen Zahlen, der positiven reellen Zahlen, der Tripel reeller Zahlen

$\mathrm{Int}\,(\mathbb{R})$

Menge der Intervalle reeller Zahlen

W. Balzer und A. Kamlah (Hrsg.)

Aspekte der physikalischen Begriffsbildung

Theoretische Begriffe und operationale Definitionen

1979. IV, 255 S. DIN C 5 (Wissenschaftstheorie, Wissenschaft und Philosophie —
Skriptum, Bd. 16). Kart.

Nachdem Einstein vor etwa einem halben Jahrhundert die Welt mit seinen Relativi-
tätstheorien konfrontiert hatte, wurde es Mode, für physikalische Begriffe operationale Definitionen zu fordern, so wie es Einstein beim Begriff der Gleichzeitig-
keit vorgeführt hatte. Es entstand der Operationalismus, der später von den analytischen Wissenschaftstheoretikern so heftig kritisiert wurde, daß er bereits als längst
überholt gegolten hat. Doch wie so oft in der Philosophie hat man hier einen Versuch für gescheitert erklärt, noch ehe man sich so recht darauf eingelassen hatte.
So ist es vielleicht auch nicht überraschend, wenn sich bei uns in der Bundesre-
publik Wissenschaftstheoretiker und Physiker aus drei verschiedenen Schulen neuer-
dings mit Erfolg daran gemacht haben, verschiedene operationale Defintionen physikalischer Begriffe zu formulieren und zu diskutieren. Der Operationalismus rüstet
sich zu einem bescheidenen come back, doch nicht als ein Programm, sondern bereits gestützt auf eine Fülle konkreter Ergebnisse.
In dieser Situation trafen sich analytische Wissenschaftstheoretiker, Konstruktivisten und Physiker aus dem Institut G. Ludwigs im Herbst 1977 in Osnabrück, um
ihre Forschungsergebnisse auszutauschen. Der vorliegende Band enthält die Beiträge
zu diesem Kolloquium. Er richtet sich an Wissenschaftstheoretiker, Physiker sowie
Mathematik- und Physikdidaktiker. Gerade in der Physikdidaktik spielen operationale Definitionen eine entscheidende Rolle.